中国工程科技中长期发展战略研究项目

中国工程科技 2035 发展战略研究
——技术路线图卷（一）

中国工程科技 2035 发展战略研究项目组　著
工程科技战略咨询研究智能支持系统项目组

电子工业出版社
Publishing House of Electronics Industry
北京·BEIJING

内 容 简 介

本书是中国工程院和国家自然科学基金委员会联合组织开展的"中国工程科技 2035 发展战略研究"的成果。全书分两大部分，第一部分主要介绍以专家为核心、以数据为支撑的技术预见方法和应用流程；第二部分主要汇总综合交通运输、海陆统筹生态环境与资源巡查、多模态智慧网络、传感器及微系统、洁净煤、电子废物污染防治与资源化、黄河水沙变化与治理、新型智慧城市建设、粮食生产系统适应气候变化、口腔卫生保健、机器人、增材制造 12 个领域的面向 2035 年的技术路线图。

本书汇总的研究成果是对中国工程科技未来 20 年发展路线的积极探索，可为各级政府部门制定科技发展规划提供参考，还可为学术界、科技界、产业界及广大社会读者了解工程科技关键技术与发展路径提供参考。

未经许可，不得以任何方式复制或抄袭本书之部分或全部内容。
版权所有，侵权必究。

图书在版编目（CIP）数据

中国工程科技 2035 发展战略研究. 技术路线图卷. 一/中国工程科技 2035 发展战略研究项目组等著. —北京：电子工业出版社，2020.4
ISBN 978-7-121-38327-4

Ⅰ. ①中… Ⅱ. ①中… Ⅲ. ①工程技术－发展战略－研究－中国 Ⅳ. ①TB-12

中国版本图书馆 CIP 数据核字（2020）第 021961 号

责任编辑：郭穗娟
印　　刷：中国电影出版社印刷厂
装　　订：中国电影出版社印刷厂
出版发行：电子工业出版社
　　　　　北京市海淀区万寿路 173 信箱　邮编 100036
开　　本：787×1 092　1/16　印张：16.75　字数：425 千字
版　　次：2020 年 4 月第 1 版
印　　次：2021 年 1 月第 2 次印刷
定　　价：198.00 元

凡所购买电子工业出版社图书有缺损问题，请向购买书店调换。若书店售缺，请与本社发行部联系，联系及邮购电话：（010）88254888，88258888。
质量投诉请发邮件至 zlts@phei.com.cn，盗版侵权举报请发邮件至 dbqq@phei.com.cn。
本书咨询联系方式：（010）88254502，guosj@phei.com.cn。

前 言
Introduction

工程科技是改变世界的重要力量，是推动人类文明进步的重要引擎。创新是引领发展的第一动力，是国家综合国力和核心竞争力的最关键因素。工程科技进步已成为引领创新和驱动产业升级转型的先导力量，正加速重构全球经济的新版图。

未来的几十年是中国处于基本实现社会主义现代化、实现中华民族伟大复兴的关键战略时期，全球新一轮科技革命和产业变革的来临正值中国转变发展方式的攻关期，三者形成历史性交汇。在这一时期，中国工程院同国家自然科学基金委员会联合开展了"中国工程科技中长期发展战略研究"，包括"中国工程科技 2035 发展战略研究"，旨在通过科学和系统的方法，面向未来 20 年国家经济社会发展需求，勾勒出中国工程科技发展蓝图，以期为国家的中长期科技规划提供有益的参考。

"中国工程科技未来 20 年发展战略研究"是中国工程院与国家自然科学基金委员会联合部署的"中国工程科技中长期发展战略研究"的第二期综合研究。该战略研究以 5 年为一个周期，每 5 年开展一次。2015 年，启动了"中国工程科技 2035 发展战略研究"的整体战略研究。2016—2019 年，分 4 个年度分别启动 4 批不同工程科技领域面向 2035 年的技术预测和发展战略研究。

为切实提高"中国工程科技 2035 发展战略研究"中技术预见的科学性，中国工程院特别重视大数据、人工智能等在技术预见中的应用，于 2015 年启动了"工程科技战略咨询研究智能支持系统（intelligent Support System, iSS）"建设。该系统旨在利用云计算、大数据、人工智能 2.0 等现代信息技术，构建以专家为核心、以数据为支撑、以交互为手段，集流程、方法、工具、案例、操作手册为一体的智能化大数据分析战略研究支撑平台，为工程科技战略咨询提供数据智能支持服务。在 2016 年度的面向 2035 年的工程科技领域发展战略研究中，首次应用了智能支持系统提供的当前技术态势扫描、技术清单制定、德尔菲调查、技术路线图绘制等技术预见功能模块，通过客观的数据分析与主观的专业研判相结合的途径，为工程科技不同领域项目组提供了标准化的流程、客观的数据测度和科学的咨询方法，为提高研究成果的前瞻性、科学性和规范性提供了支撑。

本书是在"中国工程科技 2035 发展战略研究"提出的我国工程科技若干领域发展愿景和任务的基础上，结合我国国情和发展需求，通过客观数据分析和主观科学研判相结合的方法，定位我国在全球创新"坐标系"中的位置，开展工程科技发展技术路线图设计，提出关键技术的实现时间、发展水平与保障措施，绘制若干领域的面向 2035 年的工程科技发展技术路线图。

本书作为"中国工程科技未来 20 年发展战略研究"和"工程科技战略咨询智能支持系统"的系列研究成果，收录若干工程科技领域的技术路线图，以期指引中国工程科技创新方向，引导创新文化，保障工程科技发展战略的实施。本书主要汇编了智能支持系统支撑下 2016—2018 年度的 12 个不同工程科技领域面向 2035 年的技术路线图咨询研究成果，呈现综合交通运输、海陆统筹生态环境与资源巡查、多模态智慧网络、传感器及微系统、洁净煤、电子废物污染防治与资源化、黄河水沙变化与治理、新型智慧城市建设、粮食生产系统适应气候变化、口腔卫生保健、机器人、增材制造 12 个领域的技术路线图，明确 2035 年若干工程科技领域的发展需求和发展目标，拟定领域发展的关键技术路径，提出应重点部署的任务，以及为实现目标所需要的政策、人才、资金等保障措施，全面勾画 12 个领域近期及远期的发展图景，以期为中国面向 2035 年工程科技各领域发展提供有益的借鉴和参考。

本书在汇编过程中得到了"中国工程科技中长期发展战略研究"各领域项目组和中国工程院战略咨询中心的大力支持，在此一并表示感谢。由于时间仓促，本书难免有疏漏，请批评指正。

目 录
Contents

第1章 绪论 /1
1.1 中国工程科技未来20年发展战略研究项目简介 /2
1.2 技术预见与技术路线图/3
1.3 工程科技战略咨询智能支持系统/4
1.4 中国工程科技2035发展战略之技术路线图研究流程/5

第2章 面向2035年的综合交通运输发展技术路线图/10
2.1 概述/11
2.2 全球技术发展态势/12
2.3 关键前沿技术与发展趋势/14
2.4 技术路线图/17
2.5 战略支撑与保障/24

第3章 面向2035年的海陆统筹生态环境与资源巡查发展技术路线图/26
3.1 概述/27
3.2 全球技术发展态势/28
3.3 关键前沿技术与发展趋势/36
3.4 技术路线图/40
3.5 战略支撑与保障/44

第 4 章　面向 2035 年的多模态智慧网络发展技术路线图/45

4.1　概述/46

4.2　全球技术发展态势/47

4.3　关键前沿技术预见/54

4.4　技术路线图/57

4.5　战略支撑与保障/63

第 5 章　面向 2035 年的传感器及微系统发展技术路线图/66

5.1　概述/67

5.2　全球技术发展态势/68

5.3　关键前沿技术与发展趋势/70

5.4　技术路线图/72

5.5　战略支撑与保障/77

第 6 章　面向 2035 年的洁净煤技术路线图/80

6.1　概述/81

6.2　全球技术发展态势/83

6.3　关键前沿技术与发展趋势/87

6.4　技术路线图/91

6.5　战略支撑与保障/94

第 7 章　面向 2035 年的电子废物污染防治与资源化发展技术路线图/96

7.1　概述/97

7.2　全球技术发展态势/98

7.3　关键前沿技术与发展趋势/101

7.4　技术路线图/109

7.5　战略支撑与保障/115

目 录

第 8 章 面向 2035 年的黄河水沙变化与治理发展技术路线图/118

8.1 概述/119

8.2 全球技术发展态势/121

8.3 关键前沿技术与发展趋势/123

8.4 技术路线图/127

8.5 战略支撑与保障/134

第 9 章 面向 2035 年的新型智慧城市建设发展技术路线图/136

9.1 概述/137

9.2 全球技术发展态势/138

9.3 关键前沿技术与发展趋势/142

9.4 技术路线图/146

9.5 战略支撑与保障/155

第 10 章 面向 2035 年的粮食生产系统适应气候变化技术路线图/157

10.1 概述/158

10.2 全球技术发展态势/159

10.3 关键前沿技术与发展趋势/167

10.4 技术路线图/171

10.5 战略支撑与保障/177

第 11 章 面向 2035 年的口腔卫生保健发展技术路线图/179

11.1 概述/180

11.2 全球技术发展态势/182

11.3 关键前沿技术与发展趋势/192

11.4 技术路线图/197

11.5 战略支撑与保障/203

第 12 章　面向 2035 年的机器人发展技术路线图/206

12.1　概述/207

12.2　全球技术发展态势/208

12.3　关键前沿技术与发展趋势/213

12.4　技术路线图/218

12.5　战略支撑与保障/224

第 13 章　面向 2035 年的增材制造发展技术路线图/227

13.1　概述/228

13.2　全球技术发展态势/229

13.3　关键前沿技术与发展趋势/230

13.4　技术路线图/235

13.5　战略支撑与保障/247

参考文献/249

1 绪　论

本书是中国工程院和国家自然科学基金委员会联合组织开展的"中国工程科技 2035 发展战略研究"的成果。全书分两大部分，第一部分主要介绍以专家为核心、以数据为支撑的技术预见方法和应用流程；第二部分主要汇总综合交通运输、海陆统筹生态环境巡查、多模态智慧网络、传感器及微系统、洁净煤、电子废物污染防治与资源化、黄河水沙变化与治理、新型智慧城市建设、粮食生产系统适应气候变化、口腔卫生保健、机器人、增材制造 12 个领域的面向 2035 年的中国工程科技发展技术路线图。

本书汇总的研究成果是对中国工程科技未来 20 年发展路线的积极探索，可为各级政府部门制定科技发展规划提供参考，还可为学术界、科技界、产业界及广大社会读者了解工程科技关键技术与发展路径提供参考。

1.1 中国工程科技未来 20 年发展战略研究项目简介

科技是强国之基，创新是进步之魂，工程科技是科技向现实生产力转化过程的关键环节，是引领与推动社会发展的重要驱动力。当前，中国进入了新时代，党的十九大提出了 2035 年基本实现社会主义现代化的奋斗目标。实现现代化就需要强有力的工程科技支撑，未来 20 年将是中国工程科技大有可为的历史机遇。2016 年，习近平总书记在"科技三会"上指出，"当前，国家对战略科技支撑的需求比以往任何时期都更加迫切。"这是对我国工程科技的发展提出的新期望；还指出，"科技创新的战略导向十分紧要，必须抓准，以此带动科技难题的突破。"这是对我国科技规划的准确性提出的新要求。

中国工程院是国家高端科技智库和工程科技思想库，国家自然科学基金委员会是我国基础研究的主要资助机构，也是我国工程科技领域基础研究最重要的资助机构。为充分发挥"以科学的咨询支撑科学决策，以科学决策引领科学发展"的优势，双方决定共同组织开展"中国工程科技中长期发展战略研究"（以下简称"中长期"研究），并决定每 5 年组织一次面向未来 20 年的工程科技发展战略研究。该项目旨在通过科学系统的方法，面向未来 20 年国家经济社会发展需求，勾勒出我国工程科技发展蓝图，以期为国家中长期科技规划提供有益的参考。2009 年，中国工程院与国家自然科学基金委员会联合开展了第一期的"面向 2030 年的工程科技中长期发展战略研究"。

面向 2035 年的基本实现社会主义现代化的宏伟目标，2015 年，中国工程院与国家自然科学基金委员会在前期合作的基础上，启动了"中国工程科技 2035 发展战略研究"项目，以期集聚群智，按照"服务决策、适度超前"的原则，谋划中国工程科技支撑高质量发展之路，发挥工程科技战略咨询对科技规划的参考作用，促进中国工程科技进步与经济社会发展。

按照"中国工程科技 2035 发展战略研究"项目的总体部署，2015 年的主要工作是"中国工程科技 2035 发展战略研究"的整体战略研究。在 2016—2019 年这 4 个年度分别启动了 4 批不同工程科技领域面向 2035 年的技术预见和发展战略的深入研究。为切实提高"中国工程科技 2035 发展战略研究"中技术预见的科学性，2015 年，本项目首次系统地引入技术预见与技术路线图等支撑性工作，使得战略研究更加系统规范、科学合理。2016 年，中国工程院战略咨询中心主导建设的"工程科技战略咨询研究智能支持系统"（以下简称智能支持系统或 iSS）上线运营。在 2016 年度面向 2035 年的工程科技领域发展战略研究中，首次应用了该智能支持系统提供的包括当前工程科技技术态势分析、技术体系构建、技术清单制定、德尔菲调查、技术路线图绘制等内容的技术预见功能模块，通过以专家为核心、以数据分析为支撑的技术预见方法的应用实践，各领域组完成了系统性的领域技术路线图的绘制，进一步提升了项目研究成果的前瞻性、科学性和规范性，为工程科技规划的制定、国家现代化建设和国家战略的实施提供了智力保障。

1.2 技术预见与技术路线图

技术预见是对科学、技术、经济和社会的远期未来进行系统探索的过程，其目的是遴选对国家经济、社会发展有重大影响的新技术。技术预见也是一种系统的评估方法，其评估对象是对产业竞争力、社会发展和民众生活质量提高能产生强烈影响的科学技术[1]。技术预见还是一个过程，是对未来较长时期内的科学、技术、经济和社会发展进行系统研究，其目的在于确认可能产生最大经济效益和社会回报的战略研究领域和新兴通用技术[2]。技术预见作为世界各国普遍采用的方法，在制定科技战略与规划中得以广泛应用。20世纪90年代以来，发达国家如日本、美国、英国等开展了一系列技术预见研究，旨在更准确地把握未来科技发展趋势，为区域及行业内的科技发展制定更有效的战略政策，将国家、社会及经济的发展和科学技术的发展更紧密地结合起来，实现优化资源配置，争取未来技术发展制高点，赢得科技竞争优势[3,4]。在"中长期"研究项目中，技术预见不仅要考虑工程科技领域技术发展自身的客观规律，而且还要考虑政治、经济、社会等环境因素对技术发展的影响，更要结合中国相关技术发展的特点，有针对性地在目标、发展重点和流程等方面开展研究。

技术路线图是技术预见、技术管理和信息管理中常用的方法与工具，是由一个基于时间的多层级表格组成的可视化方法，呈现战略和创新要素，能够直观地反映各方面专家达成的领域发展共识、技术未来创新发展路径。可以说，技术路线图从一个多维的视角（功能、原则和结构）来描绘未来发展和期望，并展示这些视角之间的关系。在咨询研究中，技术路线图通过探索和描绘各个层级及层级间的系统演变路径，保障各个层级创新和战略的开发和展开，在实施中可被当作一个动态的业务流或系统框架。在技术路线图绘制中需要注意不同层级信息粒度的一致性和层级间的关联性[5]。技术路线图是一种技术创新管理工具，通过明确起点、规划过程、预测未来，获取关于技术（产品、行业）发展的全方位认识，进而对创新过程进行管理。同时，技术路线图也是战略咨询研究的重要结果，技术的发展路线一目了然，具有较好的可视化效果，便于决策者和实施者进行沟通。在技术路线图绘制过程中，需要通过科学规范的方法，组织一批权威的且具有一定专业知识的专家充分交流、反复论证并达成共识，即通过集体智慧的决策，共同构筑关于未来发展的愿景、蓝图。需要注意的是，技术路线图应用层面越高、越宏观，涉及的群体也应越多，尤其是国家战略层面的技术路线图，需要"政、产、学、研"多方面力量的结合。为此，在"中长期"研究项目中，各领域技术路线图通过组织多层面的专家研讨，对相关资料反复迭代，按照里程碑时间节点，将愿景、需求、目标、任务、关键技术、重点产品以及保障措施等进行关联，并最终实现分层展示各领域未来发展路径。

1.3　工程科技战略咨询智能支持系统

近年来，科技创新与产业发展愈加迅速，产业范式产生重大变革（如工业 4.0、"互联网+"等），使得科技、经济、社会发生巨大变化，对传统的技术预见与技术路线图研究方法提出了新的挑战。同时，随着知识爆发式增长和大数据时代的来临，信息化、大数据等技术已成为辅助咨询研究的重要手段，数据分析支撑已成为战略咨询研究的迫切需求。

为提高中国工程院战略咨询研究的前瞻性、科学性和规范性，在发挥院士、专家战略思想和经验的基础上，加强数据挖掘与分析已成为中国工程院提高咨询研究质量的重要途径。2015 年，依托中国工程院的信息平台——中国工程科技知识中心的建设，由中国工程院战略咨询中心牵头，联合清华大学、华中科技大学、湖南大学、浪潮集团等多家单位，着手建设工程科技战略咨询智能支持系统（以下简称智能支持系统）。工程科技战略咨询智能支持系统是以专家为核心、以数据为支撑、以交互为手段，集流程、方法、工具、案例、操作手册为一体的嵌入战略咨询研究的智能化大数据分析支撑平台。目前，智能支持系统已上线运营，并为广大科研人员开展文献数据分析和战略咨询研究提供了流程、方法和工具，具体网址：iss.ckcest.cn。

借鉴国内外在科技战略研究方面的方法理论和经验，引入了技术预见及相关系统性定量分析方法和路线图绘制工具，为展望未来 20 年中国工程科技的发展方向和重点任务、制定各领域技术路线图提供丰富、翔实的数据支撑，以期提高研究的系统性、全面性和规范性。

为支撑"中长期"发展战略研究项目，智能支持系统以技术预见为突破口，在系统总结国内外技术预见理论与方法的基础上，构建了以专家为核心、以数据分析为支撑的当前技术态势扫描、技术清单制定、德尔菲调查、技术路线图绘制四大流程为主体的技术预见功能模块。2016 年，在中国工程科技 2035 发展战略研究的年度项目中首次引入了智能支持系统。

智能支持系统中的技术预见功能模块以专家为核心、以流程为规范、以数据为支撑、以交互为手段。在技术预见类项目研究中，研究人员可以通过智能支持系统完成数据的收集、筛选与分析，并将分析结果与领域专家进行多轮交互，一方面支撑专家们对问题的研判，另一方面引导专家按照规范化的流程开展技术预见工作。同时，在交互过程中，将专家意见融入数据分析，修正分析结果，以便更准确地描述本领域的客观发展态势。为了避免单维数据带来的偏差，智能支持系统建立了包括论文、专利、基金、报告等多源数据库，并集成了来自中经网、国研网、世界银行等关于产业、经济、政策方面的数据。此外，平台引入了基于新一代人工智能方法的大数据挖掘技术对上述多源数据进行挖掘，在传统文献计量分析方法基础上，还开发了路径分析、主题河流图、交叉学科新兴技术识别等分析工具。

在上述多源数据与分析工具的基础上，智能支持系统通过标准化的流程支撑"中长期"

项目的开展，支持专家全面、系统地把握本领域发展态势，在一定程度上提高本领域分析的全面性，降低由于专家特定领域背景不同而带来的偏好性，并保证本领域技术颗粒度的一致性。其主要流程包括技术态势扫描、技术清单制定、德尔菲调查和技术路线图绘制 4 个环节。智能支持系统中的技术预见功能模块如图 1-1 所示。

图 1-1　智能支持系统中的技术预见功能模块

1.4　中国工程科技 2035 发展战略之技术路线图研究流程

中国工程科技 2035 发展战略领域技术路线图在智能支持系统的支持下，利用论文、专利等数据，使用文献计量与机器学习等先进定量方法，支持专家完成技术预见与技术路线图的绘制。具体流程主要体现在以下 4 个方面。

1. 技术态势扫描

技术态势扫描是利用论文、专利等客观数据对本领域进行分析，并将分析结果与专家进行多轮交互和修正，最终形成对本领域技术发展现状的描述。在"中长期"发展战略研究项目中，主要使用中国工程科技知识中心自建的论文专利数据库和第三方的论文数据（来源于 Web of Science）、专利数据（来源于 Thomson Innovation，现更名为 Derwent Innovation），从全球、国家、研究者、研究主题等多个维度进行分析，如相关领域的论文年度发表数量、关键词词频、国家分析、关键作者及机构分析等，技术态势扫描示例如图 1-2 所示。这些分析支持领域组与专家从定量的角度厘清本领域过去、当前的宏观态势，了解中国目前在本领域的国际地位和竞争态势。客观数据的引入有助于降低技术方向分析的偏好性，帮助专家对研究背景形成较为一致的认识，快速开展研究与讨论。同时，以迭代交互的方式将专家意见融入数据分析的过程，可以提高客观数据分析的准确性。

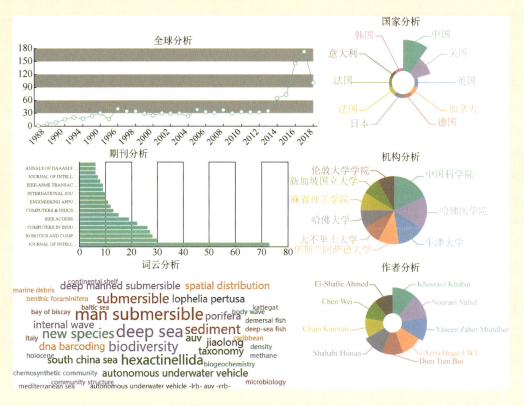

图 1-2　技术态势扫描示例

2. 技术清单制定

技术清单制定就是对面向未来关键技术的遴选。在"中长期"发展战略研究项目中，面向 2035 年的技术清单主要来源于 3 个方面：

（1）通过专家研讨会与专家访谈，由专家提出面向 2035 年的关键技术。

（2）使用智能支持系统的全球清单库，检索本领域其他国家和地区开展的面向未来关键技术的研究内容，整理并分析其中适合我国在本领域发展的条目。

（3）基于领域技术态势分析结果，利用自然语言处理、聚合与分类算法，进行深度挖掘，形成领域知识聚类图，分析本领域内主要的研究主题，经过人工整理后，形成相关技术条目。

将以上 3 个方面的技术条目汇聚后组织专家进行多轮研讨，删除部分条目、合并相似项、补充遗漏的内容、调整技术颗粒度，并对保留的每项技术概念与内涵、未来潜在发展方向等进行描述，最终形成本领域关键的技术清单。技术清单制定示例如图 1-3 所示。

1 绪 论

图 1-3 技术清单制定示例

3. 德尔菲调查

德尔菲调查也称为专家调查法，是通过背靠背征询专家对技术发展的意见，然后对未来技术进行预测的方法。在本次"中长期"发展战略研究项目中，基于遴选的关键技术清单，使用智能支持系统设计并编制问卷，围绕技术的重要性、核心性、带动性、颠覆性、成熟度、领先国家、我国在本领域的发展情况、技术实现时间等方面，面向本领域专家发放调查问卷，广泛征求本领域专家意见。通过对专家意见汇总与分析，梳理本领域重要发展方向与技术发展的重要里程碑。德尔菲调查系统示例如图 1-4 所示。

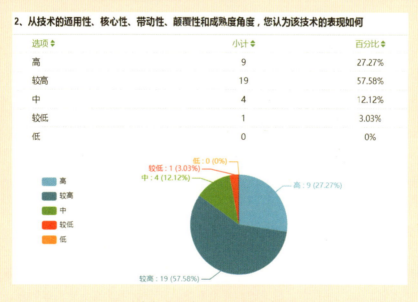

图 1-4 德尔菲调查系统（部分截图）示例

4. 技术路线图绘制

技术路线图是对技术未来发展路径可视化，也是"中长期"发展战略研究项目的重要成果。智能支持系统为各领域提供路线图绘制流程、方法和工具。基于技术路线图绘制流程，通过技术态势扫描对本领域的发展现状进行分析、在技术清单制定过程中对关键技术进行遴选，汇总德尔菲调查系统上的专家意见；组织专家分析本领域的发展愿景、经济社会发展需求、领域战略目标与任务，围绕目标层、实施层、保障层进行多轮细致研讨，明确各层级之间的关联性，确定重要里程碑和关键技术实现突破的时间节点。在此基础上，深入开展重点任务与发展路径研究，分析可能存在的不同技术路径。专家经过一系列讨论，意见趋向收敛，而后使用智能支持系统中的路线图绘制工具，绘制本领域技术路线图。技术路线图示例如图1-5所示。最终，通过技术路径规划指导不同阶段重点任务的执行和未来发展方向，明确我国在本领域的近期、中期、长期发展战略规划。

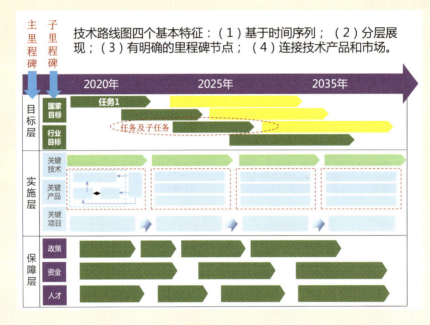

图1-5 技术路线图示例

小结

对中国工程科技发展来说，中国工程科技 2035 发展战略咨询研究项目是一项重要的预见性与引导性咨询工作。2016 年，基于智能支持系统，充分利用论文、专利等数据，构建了机器学习分析模型，规范数据支撑与专家交互的流程，以专家为核心绘制完成技术路线图。这一过程是通过引入大数据分析与新一代信息技术，对中国未来 20 年工程技术发展方向的探索。通过两年的研究，初步形成了一套以数据支撑专家完成技术路线图的流程与方法，培育了一支既懂专业又懂数据分析绘制的战略咨询研究队伍。同时，面向 2035 年的工程科技发展战略研究涉及诸多领域与细分技术，各个工程领域的发展情况不一致，知识体系结构各异，数据类型各异，工作开展方式也不尽相同，在项目实施过程中面临的问题复杂多样，涉及多种学科交叉及其技术转化问题。为此，智能支持系统项目组在统一规范流程与方法的同时，也采用不同的方式支撑各领域组对不同来源数据的分析。技术预见研究是一项长期的任务，基于数据支持的技术路线图绘制方法与流程也处于初步探索和应用阶段，仍需要不断深入研究。智能支持系统项目组将在本期研究成果的基础上，进一步探索数据分析模式、专家数据交互方式，以期为我国工程科技发展战略研究提供更多的支撑。

第 1 章编写组成员名单

组　长：周　济　钟志华
成　员：周艳红　周　源　唐　卓　杨建中　郑文江　穆智蕊　刘宇飞
　　　　邓万民　刘怀兰　惠恩明　张　凯
执笔人：郑文江　刘宇飞　穆智蕊

2

面向 2035 年的综合交通运输发展技术路线图

综合交通运输作为经济社会发展的先导性、服务性行业，是社会经济活动的基础性支柱和重要纽带。但社会经济的发展同时也对交通运输系统的安全、效率、节能和环保水平提出了新的要求。此外，移动互联、云计算、大数据、物联网等新一代信息技术的深度应用与跨界融合，将推动综合交通运输生产方式和发展模式发生革命性变化。面向 2035 年中国经济社会和交通发展的重大需求，本章调研国内外综合交通运输工程科技发展现状和趋势，利用文献和专利统计分析、技术清单制定、德尔菲调查等方法，结合中国综合交通运输领域工程科技发展的愿景与需求，解析中国综合交通运输工程科技发展与国际先进水平存在的差距，进行综合交通运输工程科技预见，凝聚中国综合交通运输工程科技的发展思路、战略目标及总体架构，提出中国综合交通运输工程科技重点发展方向、关键技术及保障措施。

2.1 概述

2.1.1 研究背景

交通运输是国民经济重要的基础性、先导性、服务性行业,是社会生产、生活组织体系中不可缺少及不可替代的重要环节,是支撑引领经济社会发展、促进国家重大发展战略实施的"先行官"。在社会经济快速发展的形势下,中国综合交通运输领域面临交通运输供给能力、服务品质、安全需求、运行效能等方面的新要求,而移动互联、云计算、大数据、物联网等新一代信息技术深度应用与跨界融合,也将推动综合交通运输生产方式和发展模式的革命性变化。

国际上,综合交通运输与智能交通技术深度融合,正在加快现代管理技术与现代装备技术、信息技术的综合集成。与发达国家的同类技术和本国在本领域的重大需求相比,中国综合交通运输服务和多交通方式协调技术的差距明显,智能化车路/船岸协同尚处于起步阶段。而未来中国经济社会将持续快速发展,新型工业化、信息化、城镇化、农业现代化的加速推进将带来旺盛的运输服务需求。与此同时,综合交通基础设施、运输工具、运行管理与服务都将在新一代信息技术的深入渗透下催生出新业态、新格局。在此背景下,提出中国综合交通运输工程科技发展战略与演进路径显得尤为必要。

2.1.2 研究方法

本项目在实际调研、文献和专利统计分析、技术清单制定的基础上,最大限度地吸取国内外相关研究的经验和成果,并充分利用中国工程院和国家自然科学基金委员会的号召力,会聚了本领域的一批高水平专家,开展了广泛和深入的研讨。具体研究方法如下:

(1)实际调研。调研国内外交通运输科技发展的现状、趋势和迫切需求,明确中国综合交通运输工程科技和国际前沿水平存在的差距。

(2)文献和专利统计分析。收集大量文献和专利信息,利用数据分析工具对国内外相关学术研究动态及专利申请动态进行分析。

(3)制定基于大数据的技术清单。依托智能支持系统,结合大数据聚类与人工筛选,辨识综合交通运输工程科技未来发展的热点方向与前沿领域等。

(4)基于德尔菲调查进行技术预见。过程如下:组建预测小组—选择参加调查的专家—进行问卷设计—开展调查—汇总意见。

(5)院士、专家集中分析论证。组织院士、专家开展专题研讨,深入讨论中国综合交通运输工程科技发展思路、战略目标及总体架构。

2.1.3 研究结论

经过前期调研、文献和专利统计分析、技术清单制定、德尔菲调查及院士、专家集中研讨等一系列研究方法，本项目组从全面提升交通运输系统的安全、效率、节能、环保水平，推动交通基础设施、载运工具、运营管理、运输与出行服务等产业的转型升级和持续发展的目标出发，围绕综合运输组织与优化、综合运输协同服务及新一代交通系统三大重点任务，拟定了综合交通运输工程领域的九大关键技术，并提出了一系列需要着重部署的基础研究方向与重大工程专项，以及关于发展措施的意见建议。

2.2 全球技术发展态势

2.2.1 全球政策与行动计划概况

为了统筹协调各种运输方式，合理配置和利用交通运输资源，发挥综合交通运输的整体优势，各发达国家均布署了综合交通运输相关的研究项目，以提升综合交通运输的整体效益、协同运行与服务水平。

美国以《2050年交通运输远景》为战略目标，提出到2050年建成通畅、安全、绿色的综合交通运输系统的目标，实现陆（公路、城市道路、铁路、管道）、水（港口、水路、管道）、空（商用、军用、民航）3种运输服务相互衔接和高效运行，建设具有整体化、国际化、联合化、包容化、智能化、创新化的"6I"型综合交通运输系统。英国以《2030年综合运输网络》为核心，提出将在2030年建立一个能够应对经济和运输需求不断增长，同时也能达到环境目标的运输网络，为旅客和货物的运输提供更加可靠、更加自由畅通的服务，包括可自由选择出行方式及出行时间的公路网，快捷、可靠、有效的铁路运输网，符合需求、可靠、灵活、便利的公交运输网，以及高效便捷的综合交通枢纽。欧盟发布的《综合交通政策白皮书》提出，通过技术集成实现道路网、公交网、铁路网、水运网的合理配置、相互衔接及综合交通枢纽的建设，构建高效协同、绿色环保的综合交通运输系统，形成可持续和谐发展的综合交通运输系统。澳大利亚发布的《综合交通计划》提出要建立高效、协同、可持续的综合交通运输网络，更加关注综合交通运输系统的低成本、高效率、高安全性和环境友好性。德国实施的《联邦交通网发展规划》综合考虑自然环境、区域发展与城市建设的整体利益，建设低排放、低成本、高效率、高协同的环境友好型交通运输网络。日本以《综合交通政策体系》为战略导向，注重交通总体规划和交通方式的集约化，通过构建层次分明的内陆、海岸、航空等综合交通立体架构,实现高效有序的综合交通运输管理。中国也以《综合交通网中长期发展规划》为核心,明确提出综合交通运输基础设施网络中长期的发展目标和任务,即促进各种运输方式从局部最优上升到整体最优,提高交通运输系统的整体效率和综合效益。

综上可知,发达国家以安全、高效、绿色为核心,推进综合交通运输系统向网联化、协同化和智慧化发展。为了不断提升综合交通运输系统安全和效能,发达国家在综合交通运输管理等领域,以高效、便捷、经济、绿色为目标部署了一系列国家战略项目。

2.2.2 基于文献和专利统计分析的研发态势

综合交通运输工程科技已成为交通运输领域最活跃的前沿之一,具有巨大的应用前景和市场潜力,因此,多国政府也制订了一系列针对综合交通运输工程科技的研发计划。通过定性调研和分析美国、欧盟、日本、韩国和中国等国家和地区在综合交通运输工程科技领域的研究现状,结合综合交通运输工程科技研究论文和专利的定量分析,发现综合交通运输工程科技研究呈现出以下特点。

(1)在研究论文数量方面,1996—2017年,综合交通运输工程科技的论文发表热度持续上升。美国在该领域的研究论文发表数量远超其他国家,独占鳌头。中国紧随其后,在综合交通运输工程科技领域的论文发表数量位居第2,并且近年来论文占比逐年上升,表现相当活跃。从发表论文的机构数量来看,美国有5家机构(依次为佛罗里达大学、加州大学伯克利分校、德州A&M大学、马里兰大学、伊利诺伊大学)的论文发表数量排名世界前10,而中国则有2所高校(依次为香港理工大学、北京交通大学)的论文发表数量排名前10。

(2)从论文的研究主题来看,近20年最关注的主题主要集中在公共交通、交通仿真、交通安全、电动汽车、智能交通系统等领域。

(3)在专利方面,综合交通运输工程相关技术从1996年开始受到重视,相关专利申请量逐年快速增加,2015年申请量达到最高值,随后有所下降。中国知识产权局在综合交通运输工程科技领域的专利受理量在全球遥遥领先,美国专利商标局和日本专利局受理的专利数量接近,分别排第2、3位。此外,各国年度专利申请量波动情况基本一致。专利申请量最多的机构是日本的丰田公司,在排名前10的机构中有6家来自日本(依次为丰田汽车公司、电装株式会社、爱信株式会社、日立制作所、住友电气工业株式会社、三菱电机公司),2家来自美国(依次为波音公司、霍尼韦尔国际公司),中国(东南大学)和德国(西门子公司)的机构各占1家。

(4)从综合交通运输工程科技专利的技术布局看,该领域的专利申请基本集中在路径导航、交通流控制、列车运营、车辆网络、多模式通信、信号灯控制、电动汽车、无人航空器、驾驶速度控制、交通安全优化等方面。

（5）从专利质量看，虽然我国的专利申请量大幅度领先其他国家，但是在专利引证指数、专利科学关联性等关键指标上远远落后于发达国家。美国和日本掌握着主要的技术专利，德国的专利申请量虽然不大，但其专利质量具有一定的基础地位。这反映出我国专利整体水平较低、创新性不足。

（6）值得注意的是，美国、日本、德国等综合交通运输工程科技发展较早的国家的专利基本掌握在企业手中；韩国虽然有部分研究院所和高校掌握不少专利，但主要专利权人也是企业；而中国综合交通运输工程科技的专利基本掌握在高校手中，企业几乎没有掌握专利，这种现象严重阻碍了专利的商业化和市场化。

综上所述，中国综合交通运输工程科技应用创新的能力水平仍有待进一步稳定和提高。

2.3 关键前沿技术与发展趋势

2.3.1 多式联运智能化技术

多式联运作为综合运输服务体系的重要组成部分，可以发挥各种运输方式的比较优势，通过密切衔接组织与相互配合，提供出发地到目的地的"门到门"一站式服务，提高整体运输效率。重点研究多式联运中的基础信息共享、运输组织一体化设计、高效自动换装转运、多种运输方式的协同运行组织、全程安全风险防控、面向国际多式联运的作业流程优化等技术，为制定多式联运的专业技术规范和标准提供技术支撑，形成一整套具有前瞻性和原创性的多式联运关键技术体系。未来多式联运将在标准化、集装箱化、规模化、服务多元化、最优化、信息化和智能化等方面飞速发展。

2.3.2 旅客一体化高效出行技术

随着区域城镇一体化的快速发展，迫切需要提高城市群旅客出行的便捷性与高效性。在城际方面，重点研究基于旅客出行意愿与实时移动互联信息相结合的一体化出行链优化设计，多式运输方式能力匹配，换乘点布局设计与优化、旅客出行公共安全保障等技术，形成一整套具有前瞻性和原创性的城市群旅客捷运关键技术体系，支撑城镇化发展；在单个城市方面，重点研究设施选址优化、线网布局优化、区域换乘优化、跨线运营优化等技术，促进多种公交模式的协同运营，为公交优先发展战略的全面实施提供必要的技术支持与保障，保障城乡居民能高效、快速、便捷、安全、可靠地出行。未来旅客一体化高效出行技术将以便民利民、市场主导、创新驱动、统筹协调作为发展的基本原则。

2.3.3 综合交通运输网络状态监测与风险防控技术

研究多方式个体交通行为特征识别与解析、基于大数据的综合交通运输网络状态监测与风险辨识等技术，构建面向综合运输运行风险防控的交通行为风险监测与调控系统；研究多种运输方式下的交通网络运行风险评估及服务优化，构建多种交通运输方式下的交通网络运行风险评估与决策支持平台；研究主干交通运输网络运行风险感知及快速处置技术，形成重点交通对象的通行风险全程化监管体系。未来交通运输网络状态监测与风险防控技术的发展重点在于与大数据、车联网等技术的深度融合。

2.3.4 综合交通运输枢纽协同组织与运行优化技术

综合交通运输枢纽是综合交通运输系统的重要组成部分，其运营效率对综合交通运输系统的运营效率影响较大。重点研究大型综合交通运输枢纽乘客的换乘信息服务、换乘组织优化、换乘工具设计、换乘指挥调度等技术，提高综合交通运输枢纽的转运能力和服务水平；研究货物在综合交通运输枢纽的高效接驳转运、货物分装协同调度、枢纽货物综合信息服务等技术，缩短大型综合交通运输枢纽换乘/换装转运时间。未来的综合交通运输枢纽将更加立体化、集约化、功能综合化、管理统一化，并承担交通运输和城市发展的双重功能。

2.3.5 综合交通运输大数据多元感知与实时协同处理技术

从多源异构的巨量信息中挖掘信息情报和知识资源，可实现对综合交通运输系统运行的精细化评价、精准化调控，这是大数据技术在综合交通运输领域的应用发展方向。重点研究交通网络泛在数据的获取与传输、综合交通多源数据协同处理、高质量数据资源管理、大数据环境下交通行为的建模、分析、预测与挖掘等技术，为综合交通运输系统的安全、有序、高效运行提供数据支持。未来综合交通运输大数据多元感知与实时协同处理技术将与深度学习、人工智能等技术深度融合，走向智能化、高效化。

2.3.6 移动互联环境下的综合交通运输信息服务技术

如何融合多样化的交通信息状态，在综合交通运输网络服务平台上快速处理、传输与交互信息，是实现综合交通运输信息服务"快、准、稳"的关键技术。重点研究在移动互联环境下，多形式、多种类、多方面、多层次的交通信息融合技术，综合网络认知、分布式计算、移动计算等脑智计算技术，实现多态信息资源的共享与协作并搭建一体化综合交通运输信息智能系统；研究综合交通运输信息服务内容的表征与主动辨识、潜在服务需求的挖掘、服务资源的自主搜寻、服务资源的优化配置、移动互联环境下的个性化出行信息服务/多模式信息发布/面向生态驾驶的行为引导与信息服务等技术，建立以服务功能为核心的综合交通运输信息服务系统顶层框架设计理论和方法，构建具有通用性的新一代综合信息智能化服务技术体系，建立基于云计算的综合信息智能化服务系统。未来移动互联环境下的综合交通运输信息服务技术将逐渐走向平台系统化、信息多元化和服务一体化。

2.3.7 协同式无人驾驶与运行优化技术

协同式智能交通是我国交通运输领域发展的前沿之一，而智能汽车的发展推动智能交通逐步走向成熟。随着人工智能和控制技术的日趋成熟，无人驾驶技术将逐渐走向成熟，将对交通运行和组织方式带来革命性变化。重点研究多种交通方式下，在无人驾驶过程中多式交通运行态势精确感知和智能化调控，搭建无人驾驶动态信息共享系统，实现无人驾驶系统的高可靠交互、协同运行优化控制、无人驾驶多模式控制等技术，构建面向环境友好的无人驾驶的多式交通网络系统。未来协同式无人驾驶与运行优化技术将更加智慧、舒适、安全。

2.3.8 移动互联环境下自动驾驶与智慧运行技术

移动互联环境下的智能汽车、智慧交通发展是未来汽车行业发展的必然趋势，而自动驾驶技术则打响了汽车智能化的第一枪。为构建"安全、绿色、高效、便捷"的汽车旅行环境，满足智慧城市发展的需求，重点研究多方式交通条件下提高自动驾驶安全与效率的方法，实现对整个路网的智能感知；针对联网环境下多方式交通并行，构建一体化的智慧交通管理、服务与运行评估中心，为自动驾驶车辆的管理、信息服务以及资源优化配置等提供技术支撑。实现高可靠、高安全、高协同、低延时的自动驾驶及智慧运行，并构建自动驾驶与智能协同系统技术集成测试平台，进行规模化示范应用。未来移动互联环境下的自动驾驶与智慧运行技术将重点融合车联网、人工智能等技术，实现更加智能、安全、高效的自动驾驶。

2.3.9 空地一体无人智能交通系统技术

随着空地、空天、空海、陆海（河）空等多栖交通运输工具的发展，在高精度全球定位、高速无线通信、云计算、云控制等技术的支持下，如何实现无人管控的空中交通、路面交通、水运交通系统的安全高效运行，是空地一体无人智能交通系统技术研究的重要内容。重点研究多栖载运工具的智能化、陆海空立体交通系统接驳及转运中心的优化设计、立体交通系统的信息共享、立体交通系统的协同管控、空地协同快捷物流运输系统等技术，实现多栖交通运输器全维度信息的获取、处理与传递、动态开放，为智能管控空地一体无人驾驶提供技术支撑。集定位、跟踪、监视、控制、指挥于一体，实现空地一体无人交通系统全生命周期的智能化，从而构建"互联、互通、互操作"的空地一体无人智能交通系统，达到海陆空交通运输的无缝链接，开创"空地一体无人智能交通枢纽"。未来空地一体无人智能交通系统技术将实现运输方式立体化、运输服务协同化、运输系统智能化。

2.4 技术路线图

2.4.1 需求分析

1. 综合交通运输发展现状

改革开放以来，我国交通运输基础设施建设与运输服务取得跨越式发展，初步形成以"五纵五横"为主骨架的综合交通运输网，在很大程度上支撑了国家经济社会的快速发展。

2017年，我国交通运输业整体发展良好，有较大进展，具体表现如下。

1）交通基础设施规模增长较快

（1）铁路营业里程达到12.7万千米，比2016年增长2.4%，其中，高速铁路营业里程超过2.5万千米。全国铁路路网密度为132.2千米/万平方千米，比2016年增加3.0千米/万平方千米。

（2）公路总里程达到477.35万千米，比2016年增加7.82万千米。公路路网密度为49.72千米/百平方千米，比2016年增加0.81千米/百平方千米。

（3）内河航道通航里程达到12.70万千米，比2016年减少80万千米。等级航道达到6.62万千米，占总里程的52.1%，比2016年下降0.2个百分点。

（4）2017年底已颁证的民用航空机场有229个，比2016年增加11个。其中，定期航班通航机场达到228个，定期航班通航城市达到224个。

（5）建成城市轨道交通系统4484.2千米，比2016年增加756.7千米。公共汽/电车运营线路总长度为106.9万千米，其中，公交专用车道总长度为10914.5千米，快速公交系统（BRT）线路总长度达到3424.5千米。

2）交通运输运量增长显著

全社会完成营业性客运量184.86亿人次，比2016年下降2.7%；旅客周转量为32812.55亿人千米，比2016年增长5%；货运量为472.43亿吨，比2016年增长9.5%；货物周转量为192588.50亿吨千米，比2016年增长5.6%。城市客运量达到1272.15亿人次，其中，公共汽/电车、城市轨道交通、出租汽车、客运轮渡等完成的客运量占比分别为 56.8%、14.4%、28.7%和 0.1%。

3）交通运输业固定资产投资巨大

2017 年，我国铁路、公路、水路固定资产投资达到 31151.16 亿元，比 2016 年增长 11.6%，占全社会固定资产投资的 4.9%，占国内生产总值（GDP）的 3.8%。

从 2017 年交通运输的发展状况来看，无论是基础设施、运量、固定资产投资的总量规模还是增长幅度，都保持了较快发展，发挥了交通运输在国家经济社会发展中稳增长、促发展、惠民生的重大基础性和保障性作用。

2. 综合交通运输面临的形势和任务

交通运输作为支撑引领经济社会发展、促进国家重大发展战略实施的"先行官"，在国家经济社会发展新常态下，面临以下三大挑战。

1）支撑引领新型城镇化的创新发展

交通运输是城市和城镇群发展的重要基础，在从单中心城市到城镇群的发展过程中，交通运输条件是重要的决定性发展要素，而且随着经济圈的扩大，对交通运输提出了更高的服务要求。但是，目前我国中小城市的交通资源环境不完备，集聚产业和人口的能力不足，产业和人口向特大城市集中的趋势明显。因此，2014 年发布的《国家新型城镇化规划（2014—2020 年）》提出，以综合交通运输网络和信息网络为依托，优化城镇布局，基本形成以陆桥通道、沿长江通道为两条横轴，以沿海、京哈京广、包昆通道为三条纵轴，以轴线上城市群和节点城市为依托，以其他城镇化地区为重要组成部分，构建大中小城市和小城镇协调发展的"两横三纵"城镇化战略格局。为了实现这一宏大目标，要求完善综合运输通道和区际交通骨干网络，强化城市群之间的交通联系，加快城市群交通一体化的规划建设，发挥综合交通运输网络对城镇化格局的支撑和引导作用。依托综合交通枢纽，加强铁路、公路、民航、水运与城市轨道交通、地面公共交通等多种交通方式的衔接，完善集疏运系统与配送系统，实现客运"零距离"换乘和货运无缝衔接。

因此，加快构建覆盖面广、连通性好、服务效能高、安全保障能力强的综合交通运输系统十分紧迫，也是支撑新型城镇化战略的实施、引领城镇布局趋于科学合理的基础性重大任务。

2）适应区域协同发展模式的重大变革

近年来，"新型城镇化""一带一路""京津冀协同发展""长江经济带"等一系列发展战略的实施，推进了区域协同发展，城市间的分工协作和功能互补、城市群一体化发展格局正在逐步形成。自贸区的建立也改变了我国对外经济贸易的发展态势，在更大空间尺度上推进了区域经济合作。在区域协同发展的新形势下，区域间的经济联系、物质流通和人员交往快速增长，资源利用模式和生产要素优化重组正引发我国综合交通运输需求规模和需求结构的重大变化，区域客/货运输个性化、多样化、时效性需求显著增强，综合交通运输体系结构、管理模式的变革与创新迫在眉睫，进而对综合交通运输技术、装备、标准等提出了新的要求。

因此，强化多种交通运输方式组织管理，提升交通运输效率，完善交通基本公共服务和交通安全保障体系，促进我国交通运输由"跟跑型"向"引领型"转变，不仅是促进集聚效率高、辐射作用大、城镇体系优、功能互补强的城市群发展和实现区域协调发展的战略要求，而且是交通运输适应新的生产方式、新的业态模式、新的运输需求的重大挑战，更是综合交通运输自身创新发展与加快变革的时代要求。

3）落实生态绿色发展的重大责任

目前，我国已成为世界最大的能源消耗国，而交通运输业的能源消耗增速已经高于全社会能源消耗增速。2018 年，我国成品油（汽油、柴油、煤油）表观消费总量为 3.24 亿吨，较 2017 年增长 0.6%。我国城镇化发展最快、交通运输最为发达的区域（如华北、华东及成渝地区）往往也是大气环境污染最严重的地区之一。内河船舶对水系的污染日趋严重，除了内河船舶排放的污染物，因事故造成的油品、化学品污染事件也对内河水环境构成了极大威胁。据统计，典型区域的交通运输行业能耗约占总能耗的三分之一，碳排放约占总量的四分之一。除载运工具自身因素外，交通运输效率低、运输结构不合理已成为交通能耗和污染物排放增加的主要根源之一。2015 年，《中共中央、国务院关于加快推进生态文明建设的意见》明确提出，要坚持把绿色发展、循环发展、低碳发展作为基本途径，推动资源利用方式根本转变。在推进节能减排的具体措施中，提出全面推动重点领域的节能减排，优先发展公共交通，优化运输方式，推广节能与新能源交通运输装备，发展甩挂运输；强化管理以减少污染的排放，大力推广绿色低碳出行。要求建立符合生态文明建设领域科研活动特点的管理制度和运行机制，加强对重大科学技术问题的研究，开展关键技术攻关，在基础研究和前沿技术研发方面取得突破。

因此，加快构建低碳、便捷的综合交通运输系统，既是落实国家生态绿色发展的重大使命，又是交通运输实现节能减排发展的重大途径。

3. 综合交通运输系统存在的突出问题

面对国家经济社会发展的重大任务需求，特别是"新型城镇化""京津冀协同发展""长江经济带"等国家发展战略引发的新时期客货/运输需求规模和需求结构的巨大变化，综合交通运输系统需要解决转型发展的重大现实问题，突出表现在以下 5 个方面。

（1）交通基础设施监管能力弱。交通基础设施仍以人工定期检测为主，缺少交通基础设施实时监测设备与系统，监测能力薄弱，不能及时发现道路沉降、破裂、塌陷的征兆，难以预警和防范。而且，交通基础设施宏观管理与养护决策技术手段缺乏，使得交通基础设施服役性能降低，服役寿命远低于设计寿命。

（2）多方式协同运行效率低。铁路、公路、水运、航空各种运输方式之间的竞争大于合作、服务形成孤岛，多方式转运衔接不畅，客运"一票式"和货运"一单制"联程服务还在萌芽状态，多式联运无论在组织体系还是在技术支撑方面都处于低级阶段。多方式转运装备和技术服务系统极为缺乏，使得有利于降低成本、提高运输效率的多式协同运行难以推广应用。例如，集装箱铁水联运量占港口总吞吐量的比重不足2%。

（3）交通系统运行智能化水平低。由于缺乏协同联动和主动控制的理论方法和技术系统，交通控制协同联动能力差，控制决策以模型驱动为主，难以根据交通流的变化实时改变控制策略，导致90%的道路交叉口的交通信号控制系统为单点控制，极大地制约了道路交叉口通行能力的提升，使得这类道路交叉口的通行能力不足相关路段平均通行能力的50%。

（4）交通安全主动防控能力差。重特大交通事故频发，应急救援能力薄弱，道路交通事故死伤总量大，事故发生率和死亡率偏高，万车死亡率是发达国家的2~4倍，水上交通事故死亡率是发达国家的20倍以上。缺乏基于人因的交通事故主动防控技术与装备是交通事故多发的主要技术原因，而应急救助装备技术落后、不能及时有效救援则是死亡率偏高的重要因素。

（5）交通信息共享与集成服务不足。信息共享、互联互通机制没有完全建立，各种交通运输方式中的信息共享存在技术瓶颈，基于移动互联的泛在信息获取、共享与融合技术系统没有形成。而且，对市场提供的交通运输信息服务监管能力不足，缺乏服务信息可信度、准确性评估技术。

4．交通运输综合化、智能化需求极为迫切

针对交通运输存在的突出问题和技术难题，加快科技创新，以"综合"为突破口，提升各种交通运输方式的综合协同运行能力；以"智能"为手段，提升对交通运输系统从设施到运行系统的全链条智能管控能力，融合交通运输组织管理与智能交通技术，对形成完善的可持续发展的综合交通运输系统、破解综合交通运输系统存在的难题、提升运输效能和安全保障能力具有重大作用，是实现综合交通运输"绿色、平安"发展的必经之路，符合国家科技发展的方向。

《国家中长期科学和技术发展规划纲要（2006—2020年）》将"交通运输业"确定为国家11个科技重大发展领域之一，该纲要指出智能化交通服务领域的科技创新和应用方面滞后，综合交通运输系统一体化技术创新、主动安全保障核心技术创新亟待加强。2015年，国务院印发了《中国制造2025》，提出统筹布局和推动智能交通工具的研发和产业化，促进交通运输业与智能汽车、信息、装备制造等行业的相互融合发展，形成能提升我国制造水平的跨行业生态圈和综合创新技术体系。国家发改委在《关于当前更好发挥交通运输支撑引领经济社会发展作用的意见》中提出，全面推进交通智能化，建设多层次综合交通公共信息服务平台、票务平台、大数据中心，逐步实现综合交通运输服务互联网化，建立交通基础设施联网监控

系统。2015年,《国务院关于积极推进"互联网+"行动的指导意见》中,更是明确提出了"互联网+"高效物流、"互联网+"便捷交通两大重点行动,要求加快互联网与交通运输领域的深度融合。2016年,国家发改委、交通运输部印发了《推进"互联网+"便捷交通 促进智能交通发展的实施方案》,要求充分认识并推进"互联网+"便捷交通、促进智能交通发展的重要意义,以旅客便捷出行、货物高效运输为导向,全面推进交通与互联网更加广泛、更深层次的融合,为我国交通发展的现代化提供有力支撑。

5. 面向2035年的本领域相关的经济社会发展情景

2035年,中国将拥有世界第一的经济规模和庞大的人口数量,需要与之相适应的交通运输供给能力;交通运输的服务品质和安全需求也随着生活质量的提高而提升到新的水平;2035年中国将成为全球最大的能源进口国,苛严的节能环保需求,要求综合交通运输系统的运行效能不断提升。

面向2035年,综合交通运输工程科技的不断进步,不仅将交通运输系统的效率、安全、节能、环保水平提升到一个新的高度,而且将推动交通基础设施、载运工具、运营管理、运输与出行服务等产业的转型、升级和持续发展。

6. 需要解决的重大问题及其对综合交通运输工程科技的需求

展望2035年,新型工业化、信息化、城镇化、农业现代化的加速推进将带来旺盛的运输服务需求,综合交通运输工程科技发展面临的重大问题如下:如何全面提高综合交通技术水平,通过智能交通运输系统技术的升级换代,使综合交通运输的量与质实现突破性提升;如何提升交通网络的服务能力与服务水平,建立顺畅、便捷、高效、安全的交通运输保障体系。

这些重大问题对综合交通运输工程领域的科技创新提出了以下要求:

（1）完善道路交通、轨道交通、水上交通及航空交通基础设施及综合枢纽,整合各类交通系统的优势资源,构建不同运输方式的最优组合,实现综合交通运输系统的协调组织和竞合发展,满足城市群、城市带、城镇化发展的交通运输需求。

（2）构建交通物联网技术体系,为客/货运输提供更完善的出行信息服务,满足旅客出行和物流运输的多样化、个性化和动态化需求,提升综合交通运输运营服务的协同能力。

（3）提升载运工具的自动化、智能化和协同运行水平,促进以无人驾驶、遥控驾驶为主要工具的空地一体新型智能交通系统的建设与发展,增强交通事故的主动防控能力。

（4）充分利用移动互联网、大数据技术、云计算平台对综合交通运输多源感知数据进行有效管理、分析、共享与应用,推进多种交通运输信息服务平台的对接和交通共享出行模式的建立,为公众提供精准、人性化的综合交通运输信息服务。

（5）分析人口迁徙规律、公众出行需求、交通枢纽的客流规模、运输工具的行驶特征等,为优化综合交通运输设施的规划与建设、安全运行控制、综合交通运输管理的决策提供支撑，并采用一系列的技术与管理手段，持续降低综合交通运输系统能耗及交通运输系统对环境的影响。

2.4.2 发展目标

1）2025 年目标

到 2025 年，综合交通运输实现较高程度的网联化、协同化和智慧化，基本建成空间布局合理、结构层次清晰、功能衔接顺畅的现代综合交通运输网络；各种交通方式比例合理，技术装备与国际先进水平同步；利用移动互联网、大数据、云计算、物联网等技术实现各种运输方式信息系统的互联互通，极大地改善运输服务与信息服务；初步实现多种运输方式协同组织与运行优化，基本形成一体化的综合交通运输管控与服务体系。

2）2035 年目标

到 2035 年，网联化、协同化、智慧化的综合交通运输工程科技取得重大进展，交通基础设施和技术装备全面达到国际领先水平，多种运输方式协同组织与运行优化趋于完善，形成一体化的综合交通运输服务体系，有力支撑我国经济增长和社会进步；综合交通需求与供给基本平衡，交通拥堵得到有效缓解；各种交通运输方式实现信息共享，提供无缝衔接、高品质、差异化、智能化的综合信息服务。

2.4.3 重点任务

综合交通运输工程科技面向 2035 年的重点任务如下：

1）综合运输组织与优化

未来 15 年仍是中国城镇化、机动化快速发展期，交通运输需求仍会持续增长。为解决供需矛盾问题，需要重点研究综合交通枢纽协同组织与运行优化、货物多式联运智能化、旅客一体化出行等技术，提高综合交通运输效能。

2）综合运输协同服务

不断提升服务品质，是综合交通运输发展的主要目标之一。以大数据和移动互联技术为支撑，提高数据和信息的辅助决策能力，提升综合运输的服务品质。重点研究综合交通大数据的多源感知与实时协同处理、移动互联环境下的综合交通信息服务等技术，提升综合运输服务品质。

3）新一代智能交通系统

随着科技的进步和智能交通的快速发展，网联、无人驾驶等技术将成为未来交通的支撑，并将建立起空地一体的新型立体交通系统。重点研究协同式无人驾驶与运行优化、移动互联环境下的自动驾驶与智慧运行、立体无人智能交通系统等技术，提升综合运输智能化与安全水平。

2.4.4 技术路线图的绘制

面向 2035 年的综合交通运输工程科技发展技术路线图如图 2-1 所示。

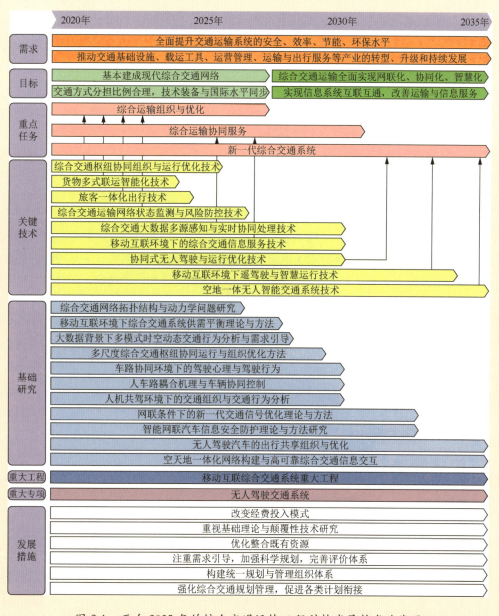

图 2-1　面向 2035 年的综合交通运输工程科技发展技术路线图

2.5 战略支撑与保障

当前我国正处于建设科技强国的关键时期，综合交通运输工程科技发展面临新形势、新需求，面向 2035 年，需要进一步完善综合交通运输工程科技创新的顶层设计，加强综合交通运输工程科技的长远战略部署；加快突破核心技术的壁垒，加速推广重大科技成果的应用；充分发挥综合交通运输工程科技对经济社会发展的引领与直接推动作用，实现我国创新驱动发展的战略目标。具体建议如下：

1）构建统一规划与管理组织体系

为了实现综合交通运输的可持续和谐发展与综合交通运输工程科技研究的有机衔接，应建立综合交通运输发展的统一规划与管理组织体系，通过各种交通方式合理分工与有序竞争，建立有效机制，促进综合交通协同发展。

2）注重引领技术的研发与实用技术选择的平衡

在综合交通运输科技发展上，要注重先进技术的研发，在部分领域达到国际领先水平，并通过持续的投入，保持技术的引领地位，同时推动相关理论和技术的发展与进步。在综合交通运输系统建设上，要避免盲目的技术崇拜，一味地选择最先进的技术，同时要针对国民经济和社会发展的需求，选择最合适、最经济的技术路线开展交通建设。

3）改变重建设、弱管理、规划不协调的经费投入模式

在对重大建设工程提供资金保障的同时，要改变重建设、弱管理、规划不协调的经费投入模式，保证各个发展过程的经费投入，强化交通运输系统建设的合理性和可持续性，充分发挥国家开发性金融在综合交通系统建设中的作用。

4）重视综合交通运输基础理论与颠覆性技术的研究

国家应重视交通运输基础理论的研究，深化对颠覆性技术的规律认识，以指导综合交通运输系统的科学规划，实现各种交通方式有序竞争和协同发展。基础研究要把自由探索和目标导向相结合，对经济社会发展具有重大意义的方向，要超前部署基础研究与关键技术攻关。支持颠覆性技术的攻关与路径探索，对具有战略意义、投入风险大的颠覆性技术方向（如协同式无人驾驶技术），在开展科学评估的基础上，根据颠覆性技术的特点设立技术创新计划，加大投入力度，支持多种技术路线的探索，推动我国在智能交通技术的转型发展中在某些颠覆性技术方向实现赶超、引领。

5）关注无人驾驶、共享出行等新技术与新业态对综合交通运输发展的影响

加强技术预见与技术路径规划，坚持基础研究、关键技术研发和产业化协调发展，促进

原始创新、扩大重大科技成果有效供给。面对无人驾驶、共享出行等新技术、新领域不断涌现的科技发展趋势，密切关注重大前沿技术方向，加强对重大前沿技术发展的预见能力，持续开展技术路线图规划，构建从基础研究、关键技术攻关、工程与产业应用有机结合、合理部署的国家科技创新链条。

6）强化综合交通运输规划管理，促进各类计划衔接，优化组织方式

建立重大规划项目跟踪管理制度，探索新型规划机制和模式，坚持智能服务与开放公平的原则，去中间化，打破不对称，去垄断化，开放共享，形成优势互补、协同配套、权益共享的规划管理新方式。优化规划组织各个过程，有效衔接不同时间、空间尺度的各类规划。

7）将交通发展的重点向既有资源的优化整合方向发展

在交通网络基础设施基本完成的基础上，集中和优先配置资源，强化既有资源的优化整合，提升交通基础设施的利用效能。

8）注重需求引导，加强科学规划，完善技术、经济、社会效益等评价体系

加强交通需求引导与管理，通过城市功能和用地的科学规划，有效抑制过度开发；协调土地利用和交通系统的关系，积极引导城乡用地有序合理开发，重点发展资源占用少、能耗低、污染小的运输方式。注重在需求分析的基础上，完善综合交通运输规划技术、经济、社会效益评价体系，实现交通运输可持续发展。

9）综合交通运输系统建设要充分发挥社会资源的优势，厘清政府、企业、科研院所的职责

要充分发挥社会资源在运营模式创新、服务创新方面的优势，充分发挥政府、企业、科研院所、高校在基础理论研究、关键技术研发、应用技术开发、运营与服务等方面的比较优势，通过分工合作，推动综合交通发展。

第 2 章编写组成员名单

组　长：张　军

副组长：王云鹏　郭小碚　石宝林　贾利民　严新平　王长君　李　强

成　员：鲁光泉　陈　鹏　陈晓博　孙小年　秦　勇　吴超仲　代磊磊　邵显智

执笔人：王云鹏　鲁光泉　陈　鹏　陈晓博　孙小年　王　莉　马晓凤　代磊磊　邵显智

3

面向 2035 年的海陆统筹生态环境与资源巡查发展技术路线图

  海洋在支撑社会经济和沿海地区高速发展的同时，也承受着生态环境恶化的巨大压力，海洋污染与陆域污染密切相关。迫切需要综合考虑海洋与陆地的资源开发及其对环境的影响，系统研究海陆统筹生态环境与资源巡查技术，以保障资源开发与环境保护的协调发展，进一步为我国沿海、沿流域城市建设、海洋经济开发与生态环境协调发展提供关键技术保障。

  因此，海陆统筹的生态环境与资源巡查工程科技发展战略研究根据海陆一体化建设指导思想和海陆统筹原理及发达国家的海陆统筹发展经验，结合我国海陆一体化建设需求，对海陆统筹的生态环境与资源巡查进行了技术预见和长期建设规划，为推动我国实现海陆统筹的环境防治、资源开发利用、自然灾害预警和维护海洋权益与国防安全提供重要参考。

本项目基于科睿唯安公司的 Web of Science 数据库，获取海陆统筹生态环境与资源巡查技术相关的文献和专利数据，对该领域的研究论文和专利进行定量分析，总结了该领域的全球研究态势，并依据我国当前的研究现状与需求分析，进一步利用 Thomson Data Analyzer 对全球先进巡查技术进行统计分析和未来发展趋势预见分析，提出了我国在该领域未来需要发展的核心关键技术。在此基础上，借助中国工程院战略咨询智能支持系统（iSS），生成了海陆统筹和巡查相关的技术清单，绘制了面向 2035 年的海陆统筹的生态环境与资源巡查发展技术路线图。

研究结果表明：

（1）面向海陆统筹的生态环境与资源巡查技术的研发态势逐年增加，多国对相关技术的研究和资助都保持了较快的增长趋势。近年来，我国在资源巡查领域的技术、专利研发数量上具有一定优势，但相关专利、技术创新性不高，并且主要集中在高校和科研院所，商业化程度相对低。

（2）本研究领域的关键技术有海洋环境立体观测技术、先进遥感技术、海洋生态系统损害评估技术、海洋生态环境管理技术、无线传感器网络技术、机器人监测生态环境技术等，以及波浪能/潮汐能/风能等海洋新能源设备研发、石油钻探技术开发和海洋数据传输等方面的技术。

（3）为满足国家中长期发展的宏观需求，确保海陆统筹生态环境与资源巡查领域技术未来的国际竞争力，就必须提炼和形成本领域有发展前途的战略产品和核心技术，并从体制建设、系统设计与部署、组织管理和业务运行方式 4 个方面，提出了符合海陆统筹特点的技术路线图。

3.1 概述

3.1.1 研究背景

海洋资源开发严重影响海洋生态环境，但当前人们在海洋开发过程中对海洋生态系统的作用与价值认识不足，缺乏应有的科学、慎重和节制态度，致使海洋生态遭到破坏。不合理的围海造田、港湾建设、海底管线铺设、跨海工程建设等大量海洋工程的实施严重改变了沿岸生态环境，使得海湾泥沙淤积、生态功能退化，无法实现可持续利用。在开发海洋资源的过程中，应该充分注意对人类生存环境可能带来的危害，科学、全面地进行策划，防患于未然，最大限度地造福于人类。

随着政府和公众的生态环境保护意识不断强化，现有的生态监测体系无法满足生态环境保护的需求，其中首要的问题是缺乏海陆统筹的巡查和监测技术体系。海洋污染主要来自陆源污染，超过80%的海洋污染源来自陆地活动。中国近海海域受人为影响及入海河流污染影响严重。海陆统筹思想是关系环境保护和资源开发等国计民生问题的必然要求，是生态环境与资源巡查工程科技战略研究的根本原则。

3.1.2 研究方法

基于文献统计数据和专利数据，利用统计分析的方法，通过 Thomson Data Analyzer（TDA）、中国工程院战略咨询智能支持系统、Excel 等多种可视化工具，分析生态环境与资源巡查工程方面的全球技术发展态势、核心技术的研究热点及国内外研究现状，并绘制技术路线图。此外，通过召开专家咨询会、展开德尔菲调查等，进一步完善面向2035年海陆统筹的生态环境与资源巡查工程科技战略的研究工作。

3.1.3 研究结论

通过对本领域论文及专利的统计分析发现，全球多国对面向海陆统筹的生态环境巡查技术的研发力度逐年增长，多国对海洋生态环境巡查技术的研发投入整体上呈增长趋势，对该领域的研发愈加重视。面向海陆统筹的生态环境巡查技术的专利记录量在全球范围内整体上呈指数级增长的趋势。

对当前基于海陆统筹的生态环境与资源巡查技术的研究进展进行了归纳分析，利用文献统计工具进行分析，以及对相关文献资料进行查阅，提出本领域的关键技术。

基于本领域的特点及国家战略研究的输出需要，绘制了技术路线图，技术路线图的框架包括需求目标、重点任务、关键技术、关键项目、政策分析、人才、资金方面的内容。

3.2 全球技术发展态势

3.2.1 全球政策与行动计划概况

多年来，欧美等发达国家和地区在海洋监测方面进行了长期的探索和研究，发起并参与了众多大型国际调查计划，积累了丰富的经验，对本国及全球海洋污染问题的认识较为全面，并发布了一系列科学理论和管理政策。

美国海洋观测系统（IOOS）基于国家或地区间合作，致力于提供新的工具和预测方法，以改善生态环境，发展经济的同时保护环境。IOOS主要研究内容包括动物遥测网络、生物多样性观测网络、水下滑翔机、高频（HF）雷达、沿海和海洋建模测试台、海洋观测技术转型、质量保证/实时海洋数据质量控制等。海洋观测研究计划是关于海洋科学家和渔民之间的合作研究计划，用渔具（如蟹罐等）作为传感器平台，加装了小型温度和溶解氧传感器，对近海底部的温度和溶解氧等环境参数进行实时观测[1]。

欧盟是世界海洋综合管理的典范之一，通过栖息地指令、野鸟保护指令、水框架指令及海洋战略框架指令的制定，建立了一套综合、统一的海洋环境保护与管理机制[2]。欧洲下一代低成本多功能网络海洋传感器系统（NeXOS）是2013年由欧盟委员会第七框架计划（FP7）资助的合作项目，总体目标是开发具有创新性的多功能传感器，发展移动或固定的海洋观察平台，用于海上环境和相关海事活动的现场监测，为全球海洋观测系统（GOOS）、欧洲海洋水域良好环境状况（海洋框架战略指令）和欧洲共同渔业政策（CFP）开展下游服务[3]。其中，德国在日耳曼湾和波罗的海建立了海洋环境监测网，并应用自动化监测系统获取海洋物理及海洋生物化学参数的信息[4]。德国在展开海洋环境监测工作时，充分考虑各个合作协议之间的协调性和统一性，合理布局监测资源，形成满足监测需要的综合监测网络[2]。加拿大的海底科学观测网（Ocean Networks Canada，ONC）是目前国际上规模最大、技术最先进的综合性海底长期观测网。ONC的战略目标包括两个部分，即促进卓越的科学研究和实现加拿大的国家利益。ONC计划支持创新性研究，鼓励和造就新一代的科学家和工程人员；提升对加拿大有重要意义海域的认知，包括海域内的海洋变化、生物资源、能源和自然灾害等；提升观测网的设计、增强先进技术的研发等[5]。

对美国、德国、加拿大、法国、日本等传统海洋强国的涉海、流域管理机构及大型综合性监测系统特点总结如下：

1）多部门统筹、海陆统筹

基于海洋及海洋强国理念的重要战略地位，国际海洋强国大多建立了由政府统筹的跨部门的海洋综合监测架构。美国、德国、日本、芬兰等国家的环境保护机构与海洋监测机构统筹开展工作，统筹执行、管理、评估、发展本国的河流、湖泊、海洋的环境监测工作。

2）布局合理、共享协作

美国、欧盟等国家和地区在海洋环境监测/巡查制度的建立方面已有一定经验，保障环保、海洋与大气、海警等机构能在海洋环境工作中各司其职、分工明确、合理协作，甚至对监测数据上报和信息共享等都有详细的规定。这样，监测数据能在各机构间互通有无，共享利用，最大限度地发挥监测数据的服务效能。

3）多平台整合、实时巡查

以美国的IOOS系统为例，该系统整合了11个区域观测系统、300多个海洋站、100余套浮标、全海岸线地波雷达和海洋卫星观测系统，以及水下滑翔机等观测系统，监测内容包括动物遥测网络、生物多样性观测网络、水下滑翔机、高频（HF）雷达、沿海和海洋建模测试台、海洋观测技术转型、质量保证/实时海洋数据质量控制等。

4）从生态环境监测向更深层次应用转变

欧美等发达国家和地区的生态环境监测体系逐渐向高分辨力、大尺度、实时化和立体化发展，覆盖了生活环境、海洋放射性、水体富营养化等的监测与研究。近年来，海洋监测目标越来越注重生态功能，关注焦点从传统意义上的污染监测和评价，逐步转向海洋生物多样性保护、海洋环境可持续开发利用、海洋环境保护措施和人类健康等更深层次的问题。

5）国际合作、数据共享

海洋环境问题是全球海洋国家的问题，欧美等发达国家和地区在海洋环境保护及管理方面进行了长期的探索和研究，发起或组织了众多大型国际调查计划（如 WOCE、GEOTRACE、CLIVAR 等），充分调动多国的资源和力量进行海洋环境的监测。例如，波罗的海遭受严重的陆源污染，其沿岸国家（丹麦、爱沙尼亚、芬兰、德国、拉脱维亚、波兰、俄罗斯和瑞典）成立了波罗的海海洋环境保护委员会（也称为赫尔辛基委员会，简称 HELCOM），签署了旨在保护波罗的海海洋环境的《赫尔辛基公约》，并出台了《波罗的海海洋环境联合监测项目海洋监测指南》，对这几个国家的监测区域、监测内容、监测参数都有明确的规定；同时还对数据的报送和共享做了详细说明，各成员国合理分工、互相协作、数据共享。

3.2.2　基于文献和专利统计分析的研发态势

SCI 论文作为重要科研成果的载体，为分析学术领域的研究动态提供了一条有效途径。Thomson Innovation（TI）检索平台可以提供与本研究领域相关的专利信息。通过 SCI 论文与相关专利的计量分析，可以反映研究领域的研发态势。

1. 生态环境巡查方面

该领域的研究论文发表数量基本上呈现逐年增加的态势，在论文发表数量及增长速率方面，可分为 3 个阶段：1990—1999 年，研究处于起步状态时，论文发表数量较少，增长缓慢；2000—2009 年，论文发表数量增加，且增长较为快速；2009—2016 年，论文发表数量持续增加，且保持在较高水平，如图 3-1 所示。从美国在该领域研究论文年度发表数量的变化趋势（见图 3-2）可以看出，美国研究论文的发表情况与全球研究论文年度发表数量的变化趋势基本保持一致，这也从侧面说明了美国在该领域的研究水平及科研能力居于世界核心地位。对比中国在该领域的研究论文年度发表数量变化趋势（见图 3-3）可以发现，中国在该领域的研究起步较晚，2000 年以前的论文发表数量很少，2000—2008 年处于技术起步阶段，论文发表数量逐渐增长，2008 年以后发展迅速，科研水平提高，如图 3-3 所示。

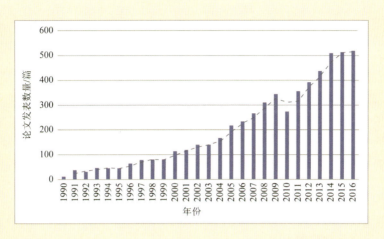

图 3-1　全球面向海陆统筹生态环境巡查技术领域的研究论文年度发表数量变化趋势

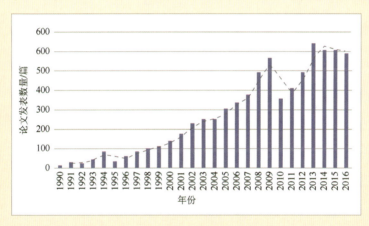

图 3-2　美国在面向海陆统筹生态环境巡查技术领域的研究论文年度发表数量变化趋势

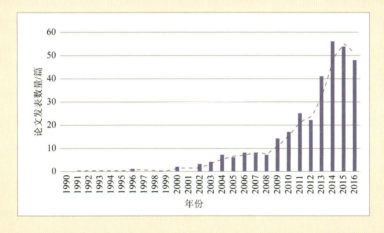

图 3-3　中国在面向海陆统筹生态环境巡查技术领域的研究论文年度发表数量变化趋势

对 SCI 论文进行统计分析发现，该领域论文发表数量排名前 10 的国家的论文发表数量占世界总论文发表数量的 73.8%，而其他国家的论文发表数量只占 26.2%。其中，美国的论文发表数量占绝对优势，是排在第 3 位的中国论文发表数量的 4 倍多，占世界总论文发表数量的 27.6%。这表明美国在面向海陆统筹的生态环境巡查技术方面的研究居于世界领先地位，对该领域的科研活动有积极性且研究充分，具备很强的科研实力。英国的论文发表数量排名第 2，占世界总论文发表数量的 7.3%，中国、法国的论文发表数量相差不大，分别占世界总论文发表数量的 6.2% 和 6.1%，如图 3-4 所示。

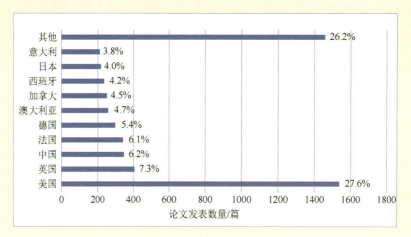

图 3-4　主要对标国家面向海陆统筹生态环境巡查技术领域的研究论文发表数量对比

整体来看，全球在该领域的专利收录数量基本保持指数级增长（见图 3-5），表明该领域的技术水平在以后的发展中仍具备较大潜力。其中，中国的专利申请量排名第 1，并且中国与韩国的专利申请总量占全部专利申请量的 68.8%。这说明中国在生态环境巡查技术方面具有一定的创新能力与专利保护意识，中国已逐渐注重该领域技术竞争力水平的提升。但是，中国专利的大部分申请是在本国申请的，缺少真正具有创新性的、在国际上有核心价值的专利。这些情况表明，中国在生态环境巡查技术领域中的核心技术方法有待提高。

对比中国、韩国、日本、美国、印度面向海陆统筹生态环境巡查技术领域的专利申请数量随最早优先权年变化的趋势（见图 3-6），可以发现，中国面向海陆统筹的生态环境巡查技术起步晚于美国和日本，在 2005 年以后发展迅速，且整体上呈指数级增长。美国、日本等发达国家在该领域的技术发展起步较早，属于该领域的先行国家，整体上呈现较为平稳的发展态势。韩国在该领域的技术开发趋势与中国类似，但在专利申请的数量及速度上落后于中国。印度在该领域的发展较为平稳，专利申请数量随最早优先权年的变化不大。

图 3-5 TI 数据库面向海陆统筹生态环境巡查技术领域的专利收录数量

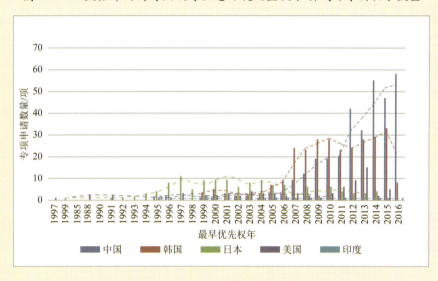

图 3-6 主要对标国家面向海陆统筹生态环境巡查技术领域的
专利申请数量随最早优先权年变化的趋势

相较其他国家，我国在生态环境巡查技术方面的专利研究和申请主体是高校和研究院所，而其他国家的专利权人主要为企业。这表明其他国家注重将专利应用于实际商业中，将科学技术转化为生产力，这样更有利于实现专利的商业化价值。在中国排名前 20 位的专利权人中仅 3 家为企业，见表 3-1。

表 3-1 主要对标国家专利申请数量排名前 20 位的专利权人构成数量（单位：个）

国别 \ 机构类别 数量	高校	企业	科研院所
中国	13	3	4
韩国	3	14	3
日本	0	19	1
美国	3	17	0

2. 资源巡查方面

在资源巡查研究中，我们统计了从 1989 年到 2016 年 SCI 论文的年度发表数量。根据论文年度发表数量的变化，可以把资源巡查的研究分两个阶段：

（1）1989—2004 年（平稳阶段），该领域的研究处于起步阶段，论文发表数量较少，论文年度发表数量为 50 篇左右。

（2）2005—2016 年（快速发展阶段），论文发表数量整体上呈快速增长趋势，并有保持快速增长的态势，论文发表数量在 2015 年达到了最高值，即 261 篇。近年来，与资源巡查相关的论文发表数量快速增长，反映了世界各国对资源巡查工作的重视与迫切需求。

各国在资源巡查领域的论文发表数量统计情况显示，相关研究主要集中在美国、中国、英国、日本、挪威、韩国、意大利、法国、加拿大、德国 10 个国家。这 10 个国家的论文发表数量占世界总论文发表数量的 69.87%，而其他各国的论文发表总量仅占 30.13%，表明资源巡查相关研究具有极度不平衡性。在资源巡查研究领域，美国的论文发表数量最多，占世界总论文发表数量的 18.02%，中国紧随其后，论文发表数量占世界总论文发表数量的 15.7%。中美两国在该领域的论文发表数量占世界总论文发表数量的 33.72%，占绝对优势。这在一定程度上反映了中国与美国在资源巡查研究领域的活跃度，同时也反映了中美两国较强的研究实力。英国和日本的论文发表数量大体相同，分别居第 3、4 位，论文发表数量分别占世界总论文发表数量的 8.15% 和 7.01%，其余各国的论文发表数量占世界总论文发表数量的百分值均低于 5%。

根据全球各研究机构关于资源巡查论文发表数量的统计，挪威科技大学、俄勒冈州立大学、奥尔堡大学、爱丁堡大学、哈尔滨工程大学、中国海洋大学、斯塔万格大学、东京大学、里约热内卢联邦大学、中国科学院 10 所大学/研究机构的论文发表数量居前 10 位，论文发表数量占世界总论文发表数量的 10.43%。我国共有 3 所大学/研究机构入围前 10 名，分别是哈尔滨工程大学（排名第 5）、中国海洋大学（排名第 6）、中国科学院（排名第 10）。国内资源巡查领域的论文发表数量最多的 9 所机构全部为科研院所，共发表相关论文 144 篇。

本项目组获取了近 30 年资源巡查领域论文数据库信息，利用 TDA 工具对这些论文的关键词进行分析，结果显示资源巡查领域最受关注的关键词是"波浪能"，出现的频次为 296 次；其次是"波浪能转换器"，出现的频次为 93 次，"可再生能源"出现的频次为 72 次，"波浪能转换"出现的频次为 49 次，"漏油"出现的频次为 40 次，"锰结核"出现的频次为 30 次，"风能"出现的频次为 29 次，"振荡水柱"出现的频次为 28 次，"潮汐能"出现的频次为 28 次，"直线发电机"出现的频次为 26 次。可见，在资源巡查研究领域中海洋可再生能源的研究是最受关注的，特别是波浪能发电和相关技术的研究。

综上所述，经过多年的研究，海洋生态环境与资源巡查技术已成为海洋环境保护、资源探勘的重要手段，多国政府、科研单位和能源公司都在持续对该领域进行研究开发。本章通过定性调研，分析美国、英国、法国、德国、挪威、俄罗斯、日本、韩国和中国等国的研究现状，结合对研究论文和专利的定量分析，发现海洋生态环境与资源巡查技术研究呈现出以下特点：

（1）各对标国家对海洋生态环境与资源巡查技术的研究保持高度重视，整体上资助呈增长趋势。

（2）从研究论文发表数量来看，对海洋生态环境与资源巡查技术的研究保持了很高的热度。美国是研究论文发表最多的国家，而中国已成为论文发表数量居第 2 的国家，表现相当活跃。

（3）从论文的研究主题来看，近年来最受关注的主题主要侧重浮游植物、初级生产力、气候变化、富营养化等的监测，以及波浪能、潮汐能、风能等海洋新能源的开发。

（4）从专利情况来看，中国在生态环境与资源巡查技术方面的专利申请量在国际上名列前茅。

值得注意的是，虽然近年来随着中国经济的发展，中国在资源巡查领域的论文发表数量具有了一定优势，但美国、英国、法国、日本、德国、韩国等发达国家在资源巡查领域的发展早，技术积累雄厚，跟他们相比还存在较大差距，主要表现在以下两方面：

（1）在论文方面，中国所发表论文与前沿科学研究的相关性较小，创新性较低。

（2）在专利技术方面，中国专利与国际的合作性少，竞争力差，或者不具备原始创新性。

此外，发达国家的专利基本掌握在企业手中，可以更好、更快地实现商业化，而中国专利申请的研究主体为高校，这种情况不利于专利技术快速实现商业化价值。因此，中国在以后的相关研究开发中应重点针对这些方面的不足加强原始创新，强化科技成果的商业化应用。

3.3 关键前沿技术与发展趋势

3.3.1 海洋环境立体观测技术

海洋环境立体观测技术包括卫星遥感技术、水体声学通信及组网观测技术、动态连续监测技术、高频雷达技术、水下滑翔机智能观测技术、海洋立体观测平台业务化示范系统技术、定点观测技术等。建成海洋立体观测体系并实现有效运行，对海面及水下重点海区多要素进行立体观测，对关键海区进行连续的立体观测，能够为海洋认知、海洋经济与军事活动提供实况信息，基本满足海洋环境保护、海洋领域应对气候变化、海洋权益维护方面的需求[6]。

美国、德国、加拿大、日本等发达国家在海洋环境立体观测技术方面已有一定水平，建立了多个全球和区域性的海洋环境长期观测网络。当前我国已初步建立覆盖所管辖海域的海洋监测网络，具备了一定的海洋观测能力，但与国外先进技术相比仍有一定差距。波丘派恩河海底平原观测平台（PAP-SO）是欧洲海域最长的开放式海洋多学科观测站，实现了温度、盐度、叶绿素 a 荧光、硝酸盐和二氧化碳分压（pCO_2）的实时监测，该网站已经生成了高分辨率数据集，整合了大约 20 年来从海表面到海底的环境和生态相关变量[7]。全球观测和生物多样性信息门户 GLOBIL 是世界自然基金会的新平台，通过基于云端的 ArcGIS Online 对全球 150 多个活跃的地理信息系统（GIS）用户的地理空间数据进行统一、集中、规范与可视化[8]。GLOBIL 正在提高透明度，为监测和评估提供基线数据，同时向公众宣传海洋保护方面的内容。IRAMSWater 项目是用于监测河流和近海水域污染物的创新型遥感系统，是由波兰国家研究与发展研究中心资助建立的。其主要目标是建立基于高光谱传感器的遥感系统，实时监测和分析所检测水域的生物、物理和化学污染物，基于污染物的光谱特征进行分析[9]。澳大利亚综合海洋观测系统（IMOS）旨在成为一个完全一体化的国家体系，涵盖物理、化学和生物变量。IMOS 科学计划的 5 个主要研究课题为长期的海洋变化、气候变化和极端天气、边界流、大陆架和沿海过程、生态系统响应[10]。IMOS 主要通过以下 10 个技术平台或设施采集数据：Argo 浮标、船舶、深水系泊、海洋滑翔机、自主式水下潜器、国家系泊网、海洋雷达、动物追踪、无线传感器网络、卫星遥感。

3.3.2 先进遥感技术

遥感技术广泛应用于环境污染监测、海洋监测、测绘等方面，利用先进遥感技术建立长时间序列遥感数据集，开发卫星生态遥感应用综合业务平台，有助于生态环境保护体制机制的建立，支撑建设天地一体化空间监测体系。遥感技术总的发展趋势如下：提高遥感器的分辨率和综合利用信息的能力，研制先进遥感器、信息传输和处理设备，以实现遥感系统全天候工作和实时获取信息，以及增强遥感系统的抗干扰能力[11]。先进遥感技术包括高精度激光雷达技术、星载大气测量雷达技术、合成孔径声呐成像技术、碳评估海洋辐射计、星上智能化信息实时提取与应用技术、遥感载荷定标与数据校验场网技术、紫外遥感技术、空间先进遥感载荷及多探测要素融合技术等。

用于碳评估的海洋辐射计（ORCA）是关于海洋生物和生物地球化学卫星下一代遥感的新设计。ORCA 的配置满足气溶胶、云和生态学、海洋生态系统辐射计和 ACE 前气候数据连续性任务（PACE）的要求。2007 年，在美国国家航空航天局空间与地球科学研究计划（ROSES）和仪器孵化器计划（IIP）的资助下，戈达德太空飞行中心（GSFC）的一个团队一直致力于研究高光谱成像仪的功能[12]。多轴差分光吸收光谱（MAX-DOAS）是一种有前景的无源遥感技术，可以利用从多个观察方向接收的散射光，导出对流层下游的对象气体（如臭氧、二氧化硫和二氧化氮）的垂直柱密度。该技术具有结构简单、运行平稳、无源遥感和实时在线监控的优点[13]。

地球静止海洋彩色成像仪（GOCI）是由韩国发射的第一颗地球静止水色卫星，能够实时监测海洋环境。GOCI 衍生的海洋水色数据可用于有效监测海洋现象，如潮汐引起的沉积物重悬、海洋光学和生物地球化学特性的日变化等[14]。

地理信息系统（GIS）和遥感数据结合，可以用来进行溢油监测平台架构的分析、海岸线时空变化动态监测、分析污染源废水排放量等。在具体应用 GIS 的过程中，可采用分析空间统计量、避免信息丢失和重叠的 GIS 技术及人机交互式遥感解译方法，对生态环境动态监测进行分析。

3.3.3 海洋生态系统损害评估技术

海洋的过度开发已经对国家生态安全构成威胁，对海洋生态环境和生物的多样性造成了损害。因此，需要对海洋资源进行科学的保护性开发，实现海洋可持续发展。利用地理信息系统与遥感数据相结合的方法，对污染源进行分类，建立海水生态系统损害评估模型，通过开发数据集识别现在与未来可能的污染物来源，对海洋生态系统进行综合评估，有利于维护海洋生态系统平衡。

3.3.4 海洋生态环境管理技术

通过开发基于环境保护综合技术的智能环境管理和信息系统，实施环境管理战略，进行沿海和近海生态系统的可持续管理，维护海洋生态环境平衡。通过监测系统和设备，对水体及沿海陆域环境状况进行监测，扩大监测范围，监测污染物的排放、气候变化，并开发可长期监测生态环境季节性和年度变化的技术，进行海洋空间规划，整合陆地和海洋规划。

3.3.5 无线传感器网络技术

对水下观测和海底监测系统日益增长的需求激发了我国对水下无线通信技术的研究。这种通信技术将在调查气候变化、监测海洋和湖泊环境中的生物地球化学/生态/生物变化等方面发挥重要作用，有助于控制、维护和使用无人驾驶水下航行器（UUV）、船舶浮标和潜艇[15]。无线传感器网络技术是具有网络结构特征的重要海洋环境监测技术之一，需要开发先进的无线传感器网络来收集、存储、处理和解释沿海系统的数据[16]，发展低成本的无线传感器网络技术，尽可能地扩大研究区域。

3.3.6 机器人监测生态环境技术

使用智能水生移动传感器（如鱼形机器人）以检测和监测某些对水生环境有害的物质扩散过程（如化学污染物）。机器人传感器能够识别污染物扩散过程的特征，包括源位置、排放物质量及其随时间的变化，并且机器人传感器能够重新定位自身以逐渐提高精度。多机器人系统可用于帮助科学家进行环境监测任务，与在异地的科学家进行交互，从多个尺度和媒介自动收集关于水下区域的多方面资料[17]。

3.3.7 资源探查技术

1. 海上钻井船技术

勘探开发深海油气资源的关键装备是深水钻探装备，深水钻探也是制约我国进军深海的主要瓶颈。钻井船的特点是工作水深大和机动灵活等，是深海资源开发的主要装备之一。为了适应日益复杂的深海资源勘探，新一代钻井船向大作业深度、高精度动力定位、大功率深井钻机以及高强度钢和优良船型及结构等方向发展[18]。

2. 海洋能监测与发电技术

目前，海洋能主要包括海上风能、潮汐能、潮流能、温差能和盐度差能等清洁能源。海洋能是清洁的可再生能源，开发和利用海洋能对缓解能源危机和环境污染具有重要的意义。海上风能发电技术呈现风机功率大型化、应用超导及新材料、海上风场离岸化、多种输电技术和并网方式共存等发展趋势。潮汐能发电技术呈现电站大型化、单向与双向潮汐能电站并存、注重电站综合利用等发展趋势。潮流能发电技术呈现应用直流发电机和最大功率点跟踪技术等发展趋势。温差能发电技术呈现机组功率大型化、应用新型热交换器材料、采用闭式循环电站技术等发展趋势。盐度差能发电技术呈现采用压力延迟渗透系统、开发新型廉价高效渗透膜和生物污染防护渗透膜等发展趋势[19]。

3. 海底矿产资源勘查技术

从 20 世纪 80 年代起，中国就开始在国际海底区域开展多金属结核资源勘查，深拖、深海浅钻、电视抓斗等海底矿产资源勘查技术快速发展，各类水下机器人的近海底探测也在海底矿产资源勘查中得到了应用。但与世界先进水平相比，仍存在较大差距，关键技术自给率低，高端勘查装备缺乏。目前，自主研发的探测技术与设备尚不能满足海底多金属矿床的精细勘探要求，仍需大力发展近海底三维勘查技术及大范围、高分辨率深海物探测和水下自主探测系统。

4. 海底矿产资源的采矿与扬矿技术

开发海洋所蕴藏的丰富资源逐渐成为多国新的战略目标。深海采矿与扬矿的工作环境恶劣，对设备要求较高，技术难度大。通过对比国内外在深海采矿系统试验方面的投入力度发现，提升矿浆泵动力、提高矿浆泵使用寿命、粉化细粒级沉降脱水、减小运输压力损失和减少海洋环境污染是未来采矿与扬矿技术的研究热点[21]。

5. 海洋天然气水合物开采技术的实际应用

天然气水合物是具有极大开发潜力的新型能源矿产，具有潜在的战略意义和可观的经济效益[22]。目前的研究结果和试采活动证明，天然气水合物开采技术中的降压法和二氧化碳—甲烷置换法最具发展前景[23]，并呈现开采过程可视化的趋势[24]。

3.3.8 信息、通信与电子技术

1. 海洋长期连续监测所用的电磁波充电式传感器研究

在低功耗的无线监测网中，有限能量传感器节点的应用，影响了整个监测网的运行。电磁波充电式传感器通过能量接收装置将电磁波转化为电能，并将电能存储下来，用于传感器的长期运行。电磁波充电式传感器的设计研发呈现超低功耗、便携性、能量高效性、采用无线通信方式及可扩展性等发展趋势[25]。

2. 智能传感器与新型能量转换与存储技术

随着物联网技术在海洋环境中的广泛应用，传感器技术也向新原理、微型化、智能化、数字化、集成化、多功能化、无线化和超强环境适用能力方向发展[26]。通过构建无线传感器网络和采用智能激活传感器节点技术，减少网络成型时间，降低功耗和复杂度，延长无线传感器网络的生存时间，保证传感器能够长时间对海洋环境进行实时监测和信息采集，对未来海洋环境保护和资源开发具有重要意义[27]。

3. 海洋波浪能驱动式探测机器人技术

波浪能驱动式无人水面机器人（WUSV）是一种利用波浪能获得驱动力，并通过太阳能来补充控制器、传感器等电子器件电能消耗的一种新概念海洋机器人。目前，关于WUSV的研究转向大负载能力、可扩展性、灵活性及数据实时传输等方面[28]。

3.4 技术路线图

基于海陆统筹的生态环境与资源巡查技术的研究在保护生态环境、促进经济发展方面具有重大的应用前景和重要意义。海洋在为社会经济和沿海地区的高速发展提供资源的同时，也承受着生态环境恶化的巨大压力，近岸局部海域污染严重，海岸带自然生态环境退化明显，海洋生物的多样性降低，海洋生态环境遭到破坏。海洋污染与陆源污染密切相关，近海海域生态环境受人为活动影响及入海河流的影响严重。国际社会曾提出了"从山顶到海洋"的污染防治策略，我国也在"十三五"规划纲要中明确提出"坚持陆海统筹，发展海洋经济，科学开发海洋资源，保护海洋生态环境"。因此，海陆统筹既是贯彻落实国家重大方针政策的指导思想，又是改善生态环境、推动生态保护区域联动的重要依据，对推进海洋生态文明建设、加强海洋治理现代化、加快建设海洋强国具有重要意义。

在环境保护方面，对海洋资源的开发利用及由于陆域人类活动所产生的污染物，对海洋生态环境造成了严重损害。建筑人工岛、填海造地等人工活动又进一步加大了我国海岸线的生态压力，尤其是沿海地区的近海一带污染加重，生物的多样性如果遭到破坏，就很难恢复海洋的生态健康。因此，必须实施海域与陆域统筹治理和防护，实施陆海联动、统筹规划，才能解决海洋环境污染与生态破坏的问题。

在灾害预警方面，沿海省份是中国重要的工业基地和经济中心，而沿海省份又是海底地震、海啸、风暴潮等海洋灾害高发区。海陆统筹的生态环境与资源巡查工程不仅能够长期实时监测、预警海啸、台风等灾害，有效减少沿海经济损失，而且可对海底地震进行评级、定位，从而提高海洋设施修复效率，为沿海经济的发展提供保障。

在维护国防安全方面，中国拥有 18000 千米长的海岸线，海上邻国多达 8 个且多数与我国存在海洋主权争端。尤其是近年来随着人们海洋意识的增强，各国都将海洋所蕴藏的石油、天然气等资源，作为国家战略目标。中国的黄海、东海、南海均存在海洋权益和安全问题，海洋发展形势严峻。海陆统筹的生态环境与资源巡查工程不仅可应用于生态保护与资源勘探开发，而且可实现对海洋的长期、实时、不间断、大范围监测，为我军全面掌握敌方潜艇/舰艇信息提供数据支撑，保障我国领海权益和国防安全。

各国对海洋的竞争在很大程度上也是科技与综合国力的角逐。继地面、海面观测和空间观测之后，海洋观测将成为未来各国竞争的新领域。美国、加拿大、日本、欧盟等国家和地区都已建成区域性海洋观测网，以进一步提升海洋探测能力。因此，海陆统筹的生态环境与资源巡查工程不仅可以促进中国社会经济可持续发展、防范自然灾害、勘探海洋资源、维护国家国防安全，也是国家综合国力的重要体现。

3.4.1 发展目标与需求

党的十九大对坚决打赢污染防治攻坚战进行了重要部署，把 2017—2020 年确定为全面建成小康社会的决胜期，把生态环境根本好转作为基本实现社会主义现代化的基本目标之一。十九大报告指出，到 2035 年中国将实现社会主义现代化，中国经济实力、科技实力将大幅度跃升，跻身创新型国家前列。基于中国当前的需求与 2019—2035 年经济社会发展情景分析，本领域工程科技在 2035 年的愿景是突破本国基于海陆统筹的生态环境与资源巡查的核心技术及关键仪器设备（2019—2025 年），并且实现由生态环境监测向生态功能及人类健康等更深层次的转变（2026—2035 年）。2019—2020 年，首先需要形成具有海洋生态环境监测网络的全局规划，2021—2025 年，挖掘监测数据应用潜力。

根据所确定的整体需求，确定了本领域 2035 年需要达到的发展目标：海洋生态环境巡查技术进入世界先进行列（2019—2025 年），建立多部门统筹管理的海洋环境与资源巡查体制机制（2026—2035 年）。2019—2020 年，基本实现全国海洋生态环境监测网络的科学布局，2021—2025 年，建立生态环境监测信息共享平台。美国、欧盟、日本等已经具备较为完善的海洋环境监测制度，由政府统筹协调各部门，统一协作，而我国在此方面仍有欠缺。生态环境监测目的应该由保护环境向更高层次发展。

3.4.2 重点任务

基于发展目标，确定了各项目标对应的重点任务及时间节点。当前，自然资源部发布的相关规划及意见表明，到 2020 年我国需要建成全国海洋生态环境监测网络。因此，2019—2020 年的重点任务是统筹规划海洋环境质量监测。基于 2021—2025 年的发展目标及我国在某些核心技术及设备层面与国际先进水平存在的差距，2021—2025 年的重点任务是逐步掌控关键核心技术，突破具有近海河口通用、实时快速观测能力的核心关键装备与技术体系。基于前期的文献专利数据分析，我国在该领域的研究机构多为科研院所，缺乏企业单位参与，表明我国将科学技术转化为生产力的能力有待提高。2026—2030 年的重点任务是提高业务化与工程化水平，2031—2035 年的重点任务是全面实现规范化和统一性，进入全球技术领先行列。

3.4.3 技术路线图的绘制

本领域的学术论文、专利统计情况可以反映本领域的研究进展及趋势，并且通过专家研讨，完成了关键技术选择，并将关键技术与重点任务、阶段目标关联起来，绘制了面向 2035 年的海陆统筹生态环境与资源巡查发展技术路线图，如图 3-7 所示。

分阶段突破关键技术，具体如下：

2019—2020 年，需要突破的关键技术是卫星遥感技术和动态连续监测技术等。

2021—2025 年，需要突破的关键技术是水下生态环境与资源监测技术、海陆生态环境与资源监测发展的基础支撑技术。

2026—2030 年，需要突破的关键技术是海底资源及生态环境监测技术、海洋声学监测技术、水生生物资源水生定量评估技术。

2031—2035 年，需要突破的关键技术是海洋生态系统损害评估技术、海陆生态环境与资源综合应用管理技术。

基于目前的发展状况、所需突破的关键技术的发展要求，提出需要提前部署的基础研究项目。具体如下：

2019—2020 年，突破海洋环境立体观测技术，需要有效整合社会环境监测资源，健全和完善海洋监测体系。

2021—2025 年，借鉴国际环境监测先进技术，自主研发具有高时空分辨率的环境监测关键核心技术及设备。

3 面向2035年的海陆统筹生态环境与资源巡查发展技术路线图

里程碑	子里程碑	2019年	2025年	2030年	2035年
目标层	需求	突破本国基于海陆统筹的生态环境与资源巡查的核心技术及关键仪器设备		由生态环境监测向生态功能及人类健康等更深层次的转变	
		具有海洋生态环境监测网络的全局规划	挖掘监测数据应用潜力	实现资源开发利用对生态环境影响的监测	
	目标	基本实现全国海洋生态环境监测网络科学布局	建立生态环境监测信息共享平台		
		海洋生态环境巡查技术进入世界先进行列		建立多部门统筹管理的海洋环境与资源巡查体制机制	
实施层	重点任务	统筹规划海洋环境质量监测	逐步掌控关键核心技术	提高业务化与工程化水平	达到全球技术领先行列
	关键技术	卫星遥感技术	水下生态环境与资源监测技术	海底资源及生态环境监测技术	海洋生态系统损害评估技术
		无线传感器网络技术	海陆生态环境资源监测发展的基础支撑技术	海洋声学监测技术	海陆生态环境与资源综合应用管理技术
				水生生物资源水声定量评估技术	
	关键项目	有效整合社会环境监测资源，健全完善海洋监测体系总体布局	与国际环境监测先进技术接轨	大数据、云处理、人工智能等高新技术与环境监测数据结合应用	政府统一协作各机构进行海洋环境可持续开发利用，海洋生物多样性保护，保障人类健康等项目
			自主研发高时空分辨率的环境监测关键核心技术及设备	研究成果应用于产业，形成从研究开发到生产应用的产业链	
保障层	政策分析	健全海洋生态环境监测网络运行管理机制	建立环境监测设施共建模式	建立技术研发与业务应用结合的鼓励机制	构建推动海洋产业绿色健康发展的政策体系
		进一步明确机构海洋生态环境监测权	落实监测信息公开制度		
	人才	培养海洋生态环境全局规划人才	引进具备关键技术专业素质的人才	实现海陆统筹生态环境资源巡查技术业务化的人才	多部门统筹海洋生态环境管理人才
	资金	设置专项资金加强近岸海域生态环境监测与治理	加大对突破核心关键装备与技术的资金投入	重点支持研究成果产业化的资金投入	加强对合理协调完善生态环境巡查制度的资金支持
		支持企业设立固定监测站或自动在线监测设施	加大对资源巡查立体观测网建设的资金投入	加大对跨部门、跨专业合作的资金支持	

图 3-7　面向2035年的海陆统筹生态环境与资源巡查发展技术路线图

2026—2030年，基于发展需求，把大数据、云处理、人工智能等高新技术与环境监测数据相结合的研究项目及研究成果应用于产业，形成从研究开发到生产应用的产业链。

2031—2035年，重点项目是政府协调各机构进行海洋环境可持续开发利用、保护海洋生物多样性、保障人类健康等项目。

3.5 战略支撑与保障

根据所提出的重点任务以及关键技术,分析阻碍本领域工程科技发展的不利因素,提出相应的政策建议、人才支撑、资金支持。

2019—2020 年,需要健全海洋生态环境监测网络运行管理机制,进一步明确各机构对海洋生态环境的监测权。在人才支撑方面,需要培养海洋生态环境全局规划人才;在资金支持方面,需要设置专项资金,以加强近岸海域生态环境的监测与治理,支持企业设立固定的监测站或自动在线监测设施。

2021—2025 年,与国际环境监测先进技术接轨,需要建立环境监测设施共建模式,落实监测信息公开制度,引进具备关键技术专业素质的人才,加大对突破核心关键装备与技术的资金投入,重点突破具有近海河口通用和实时快速观测能力的核心关键装备,形成覆盖我国管辖流域和海域的监测体系。

2026—2030 年,把大数据、云处理、人工智能等高新技术与环境监测数据相结合应用,需要建立技术研发与业务应用相结合的鼓励机制,需要能够实现海陆统筹生态环境与资源巡查技术业务化的人才,重点支持针对研究成果产业化的资金投入,强化运行近海河流与海洋的生态环境和资源巡查机制。

2031—2035 年,全面实现规范化和统一性,需要构建能推动海洋产业绿色健康发展的政策体系,建立统一的、跨学科的水环境监测技术标准规范体系,培养多部门统筹的海洋生态环境管理人才,最终形成统一的海洋环境与资源巡查管理体制机制。

第 3 章编写组成员名单

组　　长:李家彪

成　　员:王迪峰　白　雁　方银霞　王雪冰　管清胜　孙湫词

执笔人:王迪峰　王雪冰　管清胜

4

面向 2035 年的多模态智慧网络发展技术路线图

面对互联网与经济社会深度融合发展带来的专业化服务承载需求，现有互联网基础架构及由此构建的技术体系在智慧化、多元化、个性化、高健壮性、高效能等方面面临一系列挑战。许多国家均已抢先在新型网络领域基础研究和产业创新等方面开展布局。在推动互联网增量式部署和演进式发展的基础上，对互联网架构和技术体系进行基础性变革，促进技术研发由外挂式向内生性转变，构建智慧化、多元化、个性化、高健壮性、高效能的多模态智慧网络是重要的发展趋势。本章首先分析了国内外当前信息网络技术领域的发展态势，形成多模态智慧网络的关键前沿技术预见清单，然后分别从发展目标与需求、关键技术研发布局、核心产品与产业发展、示范工程建设与应用、战略支撑与保障等方面，给出了面向 2035 年的多模态智慧网络发展技术路线图。

4.1 概述

4.1.1 研究背景

随着信息通信网络技术的不断发展，互联网已成为与国民经济和社会发展高度相关的重要基础设施，对提高社会生产力、助推经济社会升级转型、创造新的经济增长点与就业机会等具有深远的影响。目前，互联网与人类社会生活的融合日益深入，用户对互联网的使用需求从简单的端到端模式转变为对众多内容的获取，并发展出移动互联网、物联网、云计算等新的需求模式。中国互联网协会发布的《中国互联网发展报告（2018）》指出，我国网民规模从 2008 年 12 月的 2.98 亿人激增到 2018 年 12 月的 8.29 亿人，并且个性化的新型互联网应用发展迅猛：网络约车业务年增长率达到 40.9%，在线教育年增长率达到 29.7%，网上外卖、互联网理财和网络购物用户的规模也高速增长，短视频的使用率更是高达 78.2%。互联网在当前社会中扮演的角色日益增多，多元化终端类型、接入方式不断发展，人与人、人与机、机与机、网与网通信等成为常态，要求网络必须为巨量业务提供多元化、个性化、高效化等服务。

面对上述需求的演变，现有互联网的技术内涵与外延发展不充分、不平衡，存在网络结构僵化、IP 承载单一、未知威胁难以抑制等基础性问题，在质量、安全、融合、扩展、可管可控、效能、移动等方面的支持能力低下，已无法满足泛在场景下各类型各层次用户对高质量用网体验的需求。因此，新型网络已成为全球的竞争焦点，美国、欧盟、日本等国家和地区已抢先在新型网络领域基础研究和产业创新等方面进行顶层布局，我国也明确将"加快构建高速、移动、安全、泛在的新一代信息基础设施"列为当前的重要任务。

因此，在推动互联网演进式发展的基础上，建立具有自主知识产权的新型网络架构和技术体系，提升我国在网络空间方面的国际话语权和规则制定权，孵化具有国际竞争力的创新型企业，培育覆盖前沿理论、工程技术、系统测试和产业应用的科研平台和团队，为我国网络强国战略的实施提供核心技术与能力支撑，这也是我国信息通信网络技术发展的紧迫任务。

4.1.2 研究方法

学术论文和发明专利作为科研成果的重要载体，可以有效地反映该领域的研究态势。全球各技术创新主体均重视所属地的论文发表和专利申请情况。本项目组借助中国工程科技知识中心平台，以"关键词+手工代码"的方式构建检索策略，采用机器自动检索和人工判读相结合的方式确定可供分析的数据范围，在新型网络体系架构与核心技术方面，对 1997—2017 年在 SCI 期刊发表的文献和相关专利进行分析，利用统计分析的方法从全球总体发展水平、主要国家发展水平及研究热点 3 个方面,分析新型网络体系架构与核心技术的研究趋势。

本项目采用的主要检索词包括 network architecture、routing、switching、forwarding、quality of service、intelligent network、resource management、cooperation control、adaptive allocation 等。

4.1.3 研究结论

近十年来,新型网络技术一直都是全球学术界和产业界关注的焦点。在强大的外部需求牵引和自身技术发展规律的驱动下,现有互联网的僵化、封闭技术框架的坚冰正逐步被打破。广大科技人员提出了各种解决思路及相应的技术和方案,并且已在多种场景下得到初步应用,展现出了强大的生命力,部分技术已逐步成为信息基础设施建设的主流并进入推广应用阶段。全球网络信息基础设施加速向高速率、全覆盖、广普及、智能化等方向发展,传输网络向 400Gb/s 速率发展,移动通信即将步入 5G 时代,卫星通信、平流层通信等技术的发展为实现空天一体覆盖提供了支撑,软件定义网络/网络功能虚拟化(Software Defined Network/Network Function Virtualization,SDN/NFV) 等技术的应用将加快网络智能化重构等。

因此,在推动互联网增量式部署和演进式发展的同时,充分吸收和利用新思路、新方法,对互联网技术体系进行基础性变革,构建面向 2035 年的新型网络体系架构和技术体系是大势所趋。在未来需求的牵引下,通过加强网络技术的创新,促进技术研发由外挂式向内生性转变,发展开放、融合、安全的新架构,以全维度可定义的全新开放架构适配多元化、个性化业务需求,吸收和整合新兴技术,助力网络发展,构建具有智慧化、多元化、个性化、高健壮性、高效能等特性的多模态智慧网络,使得新型网络能够为用户提供新服务、新智慧和新安全。促进网络空间和物理空间的服务融合,支撑网络的智慧化传输、管理和运维,以及增强网络的"高可靠性、高可用性和高健壮性"三位一体服务是重要的趋势。

4.2 全球技术发展态势

4.2.1 全球政策与行动计划概况

近年来,世界许多国家纷纷强化新型网络技术的顶层设计和战略部署,力图在新一轮科技和产业竞争中占据优势。

美国不断通过发布相关发展计划或战略来引导网络技术的发展方向,先后启动了规模宏大的 GENI、FIND、FIA 等计划,并于 2016 年启动 "网络和信息技术研发计划(NITRD)",将高容量计算及基础设施、大规模数据管理与分析(LSDMA)、机器人与智能系统(RIS)、网络安全与信息保障（CSIA）、软件设计与生产（SDP）等作为研发重点。2018年9月20日，特朗普发布了《国家网络战略》，该战略概述了美国网络的4项支柱、10项目标与42项优先行动，旨在维持美国在网络架构与技术领域的领导地位。

欧盟为了保持信息网络领域的科技和产业竞争优势，先后启动了 Future Internet 和 FIRE+ 计划，资助了相关研究，累计超过400余项。同时，欧盟发布"地平线2020（Horizon 2020）"科研计划，提出在2014—2020年，强化信息技术的创新与应用。其中，信息技术领域的投资占总投资的46%。该技术关注重点包括下一代计算技术、未来互联网技术和服务、内容的技术和信息管理、先进机器人及机器人智能空间、信息与传播技术和关键使能技术。2017年，国际电信联盟（ITU）成立 Network 2030 焦点组（Focus Group on Network 2030），旨在探索面向2030年及以后的网络架构新技术发展方向。

日本先后启动了 NWGN 和 JGN2+计划等，并提出泛在战略（U-Japan），即建设泛在的物联网；日本发布的《科学技术创新综合战略2016》聚焦超智能社会建设，综合部署人工智能技术、设备系统、应用的研发与产业化。韩国也提出了为期10年的 U-Korea 战略，将信息网络确定为本国重点发展战略。

中国也对新型网络技术领域给予了高度的关注和重视。近年来，以《国家信息化发展战略纲要》《创新驱动发展战略》《关于积极推进"互联网+"行动的指导意见》等重大战略规划为引领，中国不断完善顶层战略布局。2018年，十八届五中全会通过的《中共中央关于制定国民经济和社会发展第十三个五年规划的建议》明确提出，实施网络强国战略及与之密切相关的"互联网+"行动计划，把加快构建高速、移动、安全、泛在的新一代信息基础设施作为拓展基础设施建设空间的重要内容；中央全面部署实施"宽带中国"战略，提出加快网络、通信基础设施建设和升级，全面推进三网融合。2018年，科技部启动国家重点研发计划——宽带通信和新型网络等重点专项，力争到2022年之前，在具有自主知识产权的芯片、一体化融合网络、高速光通信设备、未来无线移动通信等方面取得一批突破性成果，掌握自主知识产权，制定产业标准，开展应用示范，打造完善的产业协同创新体系。

4.2.2 基于文献和专利统计分析的研发态势

本项目组以科睿唯安公司的 Web of Science 数据库为数据源，对1997—2017年在SCI期刊上发表的相关文献进行检索分析（统计数据截至2017年3月），给出了1997—2017年论文年度发表数量变化趋势，如图4-1所示。相关趋势表明，随着各类应用对新型网络技术和系统的需求日益增长，全球范围内该研究领域的论文发表数量整体上呈快速上升趋势。特别是随着软件定义网络、网络功能虚拟化等技术的出现和推广应用，以及人工智能技术在网络架构和机制方面的应用，国际上出现了新型网络技术研发热潮。

4 ▪ 面向 2035 年的多模态智慧网络发展技术路线图

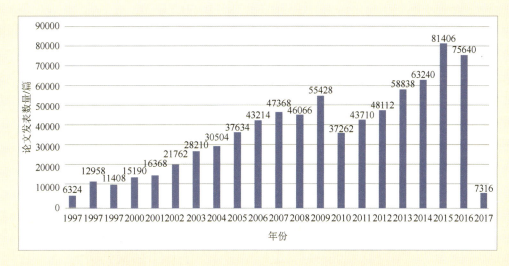

图 4-1　1997—2017 年论文年度发表数量变化趋势

图 4-2 为 1997—2017 年主要对标国家在新型网络技术领域的研究论文发表情况对比。论文发表数量最多的前 10 个国家依次为美国、中国、意大利、德国、英国、西班牙、加拿大、法国、韩国和日本。这 10 个国家发表的总论文数量占世界总论文发表数量的 69.53%，而其他国家加起来的论文发表数量仅占 30.47%。其中，美国在网络智慧化管理技术领域的科研活动十分活跃，论文发表数量占世界总论文发表数量的 19.05%。中国的论文发表数量排名第 2，占世界总论文发表数量的 12.21%，意大利、德国和英国的论文发表数量相差不大，分别排名第 3 位、第 4 位、第 5 位，依次占世界总论文发表数量的 5.84%、5.79% 和 5.72%。

图 4-2　1997—2017 年主要对标国家在新型网络技术领域的研究论文发表情况对比

图 4-3 为 1997—2017 年主要对标国家论文年度发表数量变化趋势。从世界发表论文最多的前 10 个国家的论文发表数量随年份的变化趋势来看，美国的论文发表数量在 1997—2009 年间整体上呈现上升趋势，于 2009 年达到第一个研究热潮（11166 篇），自 2010 年开始呈现稳中下降的趋势；2010—2013 年，论文发表数量分别为 9305 篇、8827 篇、9844 篇和 9122

篇;从2014年开始,再次呈现上升趋势,2016年进入新的热潮(13861篇)。排名第2的中国论文发表数量整体上呈现比较清晰的增长趋势,在2004年前,中国在该领域的论文发表数量不足300篇,到2005年开始呈现迅速上升趋势,并于2015年超过美国,论文发表数量达到1620篇。其余8国的论文发表数量整体上均呈现上升趋势,但是相比美国和中国,仍有较大的差距。

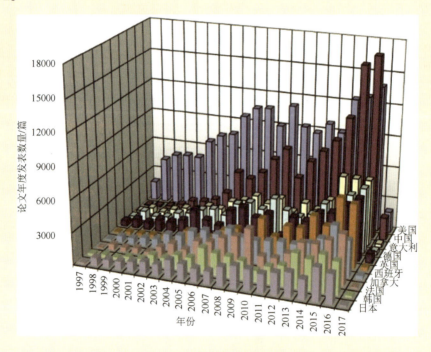

图4-3　1997—2017年主要对标国家论文年度发表数量变化趋势

基于上述统计,以下着重针对全球论文发表数量排名前6位的美国、中国、意大利、德国、英国、西班牙进行分析。通过计算文献的相关指标,包括文献相对产出率、文献平均引证指数、单位GDP的文献产出率和文献成长率,总结并归纳网络智慧化管理技术领域的研究趋势。

文献相对产出率为某国家或地区在某一领域的论文发表数量与全部竞争者的发表数量的比值,用于判断各个国家的竞争实力,文献相对产出率越高,竞争实力越强。

图4-4为美国、中国、意大利、西班牙、英国、德国六国在新型网络体系架构和技术领域的文献相对产出率对比。从图中可以看出,1997—2007年,美国的文献相对产出率远高于其余5国,竞争实力处于世界第一位,但从整体上讲,其发展呈现出下降趋势,在2015年到达最低点,从2016年开始回升;中国的竞争力一直呈现上升趋势,在2013年和美国持平,

并于 2015 年超过美国。而意大利、英国、德国和西班牙 4 国的文献相对产出率一直处于平稳状态，竞争实力相对较弱。

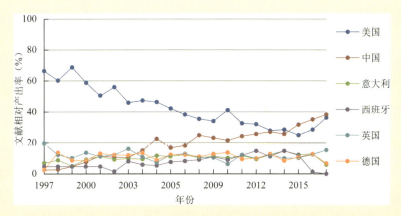

图 4-4 美国、中国、意大利、西班牙、英国、德国六国在新型网络体系架构和技术领域的文献相对产出率对比

文献平均引证指数是某国家或地区在某一领域的文献被后继文献引用的绝对次数与该国家在此领域的论文发表数量的比值，用于判断该国家拥有基础性或领先性技术的能力。文献平均引证指数较高，代表该文献处于核心研究地位或是位于研究交叉点。

图 4-5 为美国、中国、意大利、西班牙、英国、德国六国的文献平均引证指数对比。从图中可以看出，1997—2013 年，美国、意大利、西班牙和英国四国在争取研究核心和基础地位上一直处于胶着状态，德国在 2006 年前的研究地位略低于上述四国，在 2007 年差距增大，但于 2013 年重新追赶上来；中国的研究核心性无法与其余五国抗衡，但是从整体上说，中国的文献平均引证指数一直处于逐步上升的状态，并于 2015 年超过了意大利。

文献成长率为某国家或地区在某段时间获得的文献数量与上一个时间段的文献数量的比值，用于计算文献数量增减的幅度，由此判断各国在某一领域的成长稳定性。

图 4-6 为美国、中国、意大利、西班牙、英国、德国六国和全球的文献成长率对比。从图中可以看出，全球的文献成长率基本维持在 1 左右；美国、中国、意大利的文献成长率也维持在 1 左右，并与全球文献成长率的波动基本保持一致，说明这三国在网络智慧化管理领域的研究发展稳定，且处于领先地位。而德国、西班牙和英国的文献成长率分别于 1998 年、2003 年和 2011 年出现了明显的波动，代表其在对应年份出现了一定的研究热潮，文献发表数量较上一个时间段出现了大幅度的提升，但在下一个时间段出现了回落，成长稳定性有待提高。

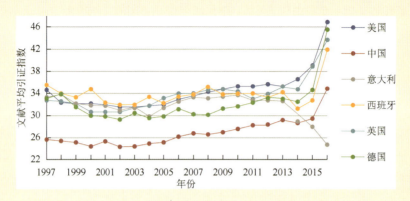

图 4-5 美国、中国、意大利、西班牙、英国、德国六国的文献平均引证指数对比

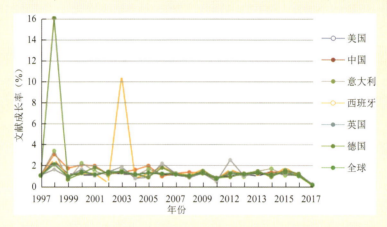

图 4-6 美国、中国、意大利、西班牙、英国、德国六国和全球的文献成长率对比

本项目组以德温特创新索引数据库和 TI 平台数据为数据来源，利用"关键词+手工代码"的方式构建检索策略，采用机器自动检索和人工判断相结合的方式确定所需分析的数据范围，并借助 TDA 和 TI 等工具，从专利的年度申请量变化趋势、专利受理机构、专利权人和专利的技术布局、发展趋势等全球各专利机构受理的专利情况进行分析。由于专利的公开存在 18 个月的时滞，因此实际的数据分析时段为 1997—2015 年。

图 4-7 为 1997—2015 年网络智慧化管理技术领域全球专利年度申请量变化趋势。从图中可以看出，1997—2015 年，该领域的专利申请量呈现快速增长的趋势；1997—2013 年，以年平均增长率 39.1% 的速度增长；到 2013 年达到申请量的高点，全球申请量达到 727 项，表明网络智慧化管理技术领域的专利技术发展具有很大潜力。

4 ■ 面向 2035 年的多模态智慧网络发展技术路线图

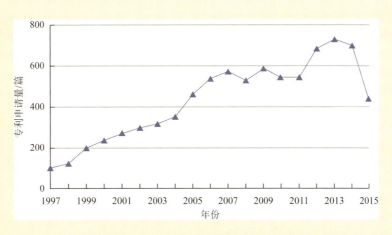

图 4-7　1997—2015 年网络智慧化管理技术领域全球专利年度申请量变化趋势

图 4-8 为美国、中国、日本、韩国、英国和德国六国专利相对产出率。从图中可以看出，1997—2007 年，美国和日本的竞争实力较强，其专利相对产出率长期高于其余四国，且美国的竞争实力一直居高不下，而日本的竞争实力从 2007 年起开始有所回落。随着中国对网络智慧化管理领域关注度的提高，从 2001 年开始，中国在全球的竞争实力保持稳步提升状态，并于 2008 年超过日本。英国、德国、韩国三国的相对专利产出率一直处于平稳期，竞争实力相对低。

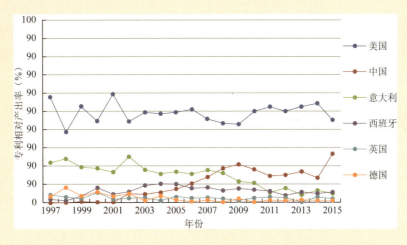

图 4-8　美国、中国、日本、韩国、英国和德国六国专利相对产出率

图 4-9 为美国、中国、日本、韩国、英国和德国六国的专利成长率对比。从图中可以看出，全球网络智慧化管理技术领域的专利成长率基本维持在 1 左右，美国和日本在该领域的专利成长率也维持在 1 左右，并且与全球的波动情况基本保持一致，说明美国和日本两国一直在网络智慧化管理技术领域保持领先地位，成长稳定性较好。韩国的专利成长率在 1999 年出

现了明显的波动，中国的专利成长率在 2001—2002 年出现了明显的波动，英国的专利成长率在 2014 年出现波动，而德国整体上专利成长率浮动更为剧烈，呈现明显的锯齿状，成长稳定性有待提高。

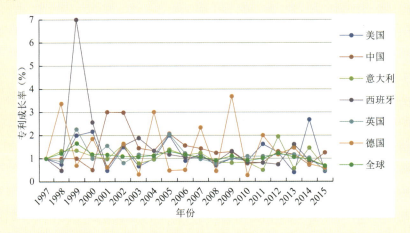

图 4-9 美国、中国、日本、韩国、英国和德国六国专利成长率对比

从该领域的研究论文和专利来看，美国是研发投入最多的国家，同时也处于领先地位，实力远超其他国家。中国已成为网络智慧化管理技术领域论文发表数量第二的国家，并且在 2013—2015 年，是所有国家中发表论文总量最高的国家，表现相当活跃。该领域的研究热点主要集中于软件定义网络、物联网、云计算和服务质量保证等，同时该领域的研究不断发展，每年都有新主题词出现。值得注意的是，美国、日本、韩国在该领域的研究和开发基本由企业主导，而我国在该领域的研究和开发基本由科研院所和高校主导。

4.3 关键前沿技术预见

面向信息网络与经济社会各领域深度融合，以及万物互联趋势下的高效率、智慧化、高可靠性、低时延与内生安全等发展需求，多模态智慧网络采用全维度可定义机制来打破传统网络刚性架构，将"结构可定义"贯穿网络的各个层面，采用软件定义互连/转发、软件定义硬件、网络功能编排、软/硬件协同处理等手段，建立从底层到上层全维度可定义的灵活、通用"魔方"网络结构，实现网络结构按照"功能、性能、效能、安全"等需求定义。在此基础上，多模态智慧网络面向垂直行业的需求构建多模态的网络生态，以网络资源的虚实结合调度为手段，实现网络各层结构多模态呈现，提供多模态的寻址路由、交换模式、互连方式、传输协议、管理控制、服务属性等，从而满足网络的智慧化、多元化、个性化、高健壮性、高效能等需求。

本项目组借助中国工程科技战略咨询智能支持系统，对相关文献进行分析和聚类，初步形成了 20 项多模态智慧网络方向的关键前沿技术备选清单，并先后发起了两轮专家投票和评审，最终形成了如下 18 项技术预见清单。

1）路径分布、调度与服务质量评估

建立网络路径分布视图，以路径的暂态服务质量评估结果为基础进行网络数据传输调度，实现全网范围内的数据传输优化。

2）基于知识的分布式网络建模与性能分析

针对业务的复杂不确定特性，建立基于知识的分布式网络模型，利用知识库并基于给定的运行规则进行网络性能分析。

3）动态路由与交换

设计依据网络状态而自适应变化的网络动态路由算法与协议，使得网络能够依据业务特性调整路由，并据此分配资源进行数据交换，实现网络的高效传输与利用。

4）动态柔性化网络组织技术

通过网络结构的自组织、功能的自调节和业务的自适配，最大限度地弥合网络能力与业务需求之间的时变鸿沟。其核心目标是构造并保持能够跟随业务特征变化的时变网络结构，由时变的结构提供时变的服务能力，最终实现网络服务对应用要求和特征的动态适配。

5）以信息和内容为中心的网络命名与路由转发机制

采用信息和内容名称作为网络传输标识，并以该标识为核心构建网络协议栈，实现信息和内容的命名与解析、路由与转发、数据缓存等功能。

6）多模态寻址与路由机制

网络通过个性化定制呈现出功能特定、安全特定、服务质量特定等的多模态寻址与路由特性，形成满足具体应用各种约束属性的寻址与路由实例，并支持多类型寻址与路由技术的多模态共存与互联互通。

7）数据流接入与拥塞控制技术

针对未来网络泛在接入时网络资源访问冲突、拥塞等问题，设计高效的数据流接入与拥塞控制机制，基于网络资源的全局视图形成接入和拥塞控制策略，以提供高效、灵活、公平的资源分配与共享。

8）网络结构优化与智能软/硬件

针对网络服务多样化的需求，对基础网络的拓扑、协议、接口、功能等进行全维度定制，基于智能软/硬件技术动态适配资源，优化网络结构，提升服务能力。

9）网络广义健壮控制技术

通过广义健壮控制使网络在不确定扰动下仍能动态调节，保持其稳定的功能品质，即通过高健壮性构造消除不确定扰动的影响，实现网元健壮构造、网络健壮控制和服务健壮提供。

10）分布式协同控制

面向分布式巨复杂网络系统的高效控制与运行需求，通过节点间的通信、合作、协调、调度、管理等对系统的结构、功能和行为进行控制，使得自治的网络节点之间能利用有限的局部信息交换实现全局优化控制。

11）基于智能学习的网络优化

针对当前僵化且单一的网络管理和资源配置方式下网络资源管理、运行维护等复杂性倍增等难题，引入包括群体智能、深度学习等人工智能技术，建立"感知—决策—适配"一体化的网络智慧化管理运维机制，优化网络功能和性能等。

12）存储、计算与传输一体化

构建互联网中计算、存储和传输资源的池化机制，通过各类资源间的协同调度和按需分配，使得网络能够根据业务动态的变化优化资源调度，提高网络效能。

13）内生的非特异性网络构造技术

从网络构造技术入手，研究内生的非特异性网络结构及其运行方法，使得网络在面临已知或未知风险时能够依据自身调节实现服务的持续提供。

14）基于泛在感知的网络大数据

将未来天、地、海、空等各类空间融为有机整体，基于各类传统或新型通信技术对泛在网络空间进行可定义感知、测量以及一体化控制，并基于大数据分析提供按需、随遇、灵活、统一的接入方式和网络服务。

15）随选网络

对网络资源和功能等进行按需调度和自动配置，实现网络的连接随选和功能随选，使得用户在终端上可灵活按需定制整个网络，获得"所见即所得"的极致业务体验。

16）网络智能监测与自愈

针对网络拥塞、节点/链路失效、通信故障等问题，利用网络状态的智能监测实现数据的持续可靠传输，并采用可信路由、网络备份、故障恢复等技术，实现网络的快速自愈。

17）软件定义网络与功能虚拟化

采用转发与控制分离、开放可编程、功能虚拟化等技术，对网络路由、功能等进行灵活、按需调度和管理，支持差异化用户需求的网络隔离和多服务质量保障，实现网络的可编程、可扩展和可演进。

18）云网协同

通过"云网"间资源协同管理控制与调度，及时动态按需调度各类资源，实现资源的自动化部署和智能优化，提高网络资源的调度效率、服务弹性、敏捷性和用户体验。

4.4 技术路线图

本项目组在明确新型网络技术发展需求的基础上，形成了多模态智慧网络技术发展的总体战略目标和分阶段实施目标，并分别从技术研发布局、核心产品和产业发展、示范工程建设与应用等方面进行前瞻性布局，讨论了多模态智慧网络技术发展所需要的战略支撑和保障条件，最终形成面向2035年的多模态智慧网络发展技术路线图，如图4-10所示。

4.4.1 发展需求与目标

近年来，互联网的应用外延迅速拓展，"如何充分用好网络"的问题基本解决。然而，面对互联网与经济社会深度融合发展带来的专业化服务承载需求，互联网技术内涵的发展却未能充分支撑网络应用外延的拓展，制约了其在更广、更深层次上支撑经济社会发展。主要发展需求归纳如下：

（1）网络空间不断充实和扩大，面向人、网、物三元的万物互联需求激增，大融合、大连接、大数据、新智能等逐步渗透信息网络的各个方面。新型网络需满足多元化的万物互联需求，并为其提供巨量数据的高效处理服务。

（2）工业、电子消费、汽车和医疗等领域对新型网络设备与系统的市场需求持续扩大，垂直行业领域要求新型网络能够支持其专业化、定制化的服务。

（3）认知计算、大容量存储及高速传输等新技术的出现与发展，使得网络平台资源和能力得到极大提升，促进了网络技术创新发展，以便充分利用网络资源，为用户提供更好的用网体验。

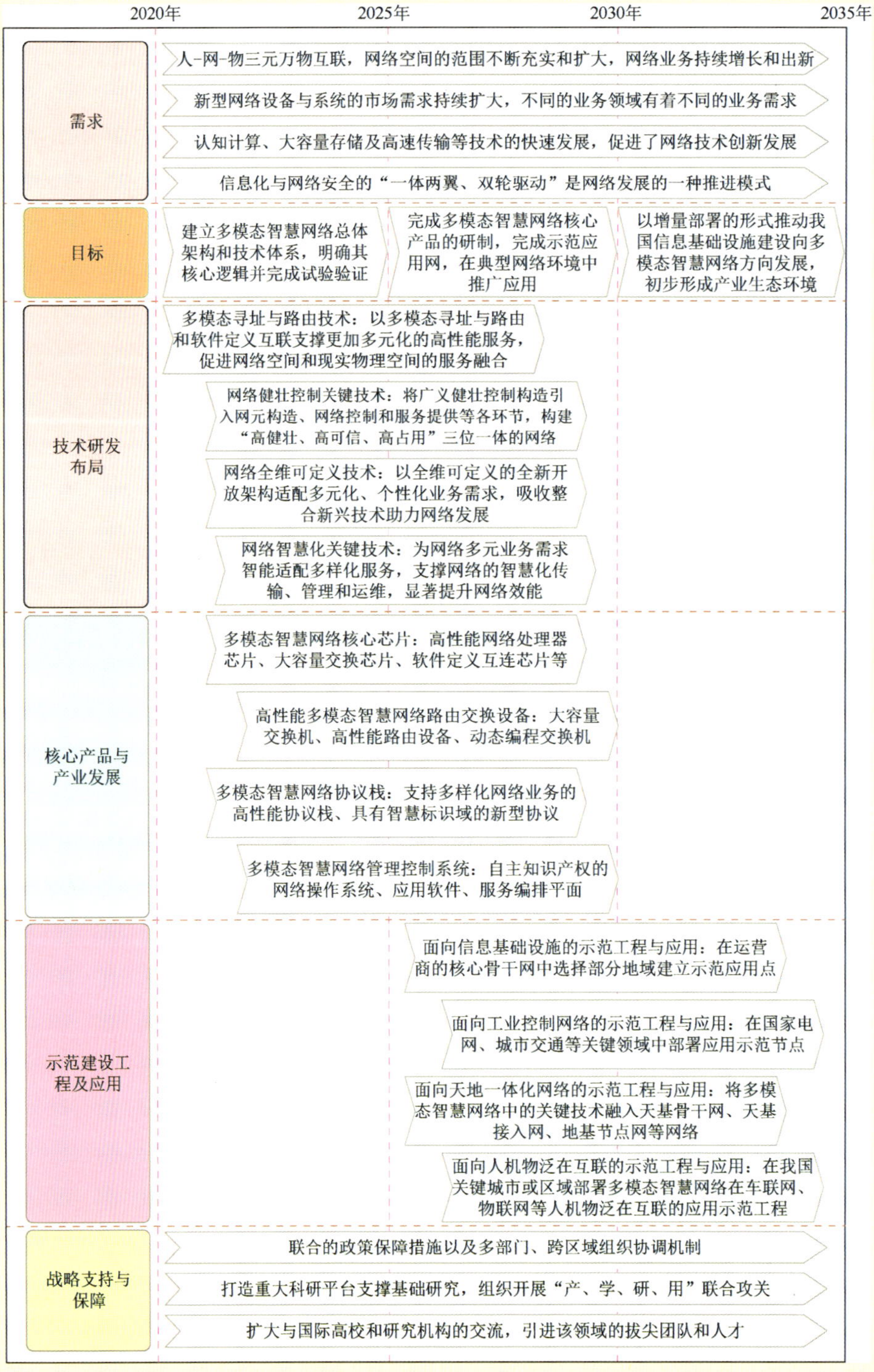

	2020年	2025年	2030年	2035年
需求	人-网-物三元万物互联，网络空间的范围不断充实和扩大，网络业务持续增长和出新			
	新型网络设备与系统的市场需求持续扩大，不同的业务领域有着不同的业务需求			
	认知计算、大容量存储及高速传输等技术的快速发展，促进了网络技术创新发展			
	信息化与网络安全的"一体两翼、双轮驱动"是网络发展的一种推进模式			
目标	建立多模态智慧网络总体架构和技术体系，明确其核心逻辑并完成试验验证	完成多模态智慧网络核心产品的研制，完成示范应用网，在典型网络环境中推广应用		以增量部署的形式推动我国信息基础设施建设向多模态智慧网络方向发展，初步形成产业生态环境
技术研发布局	多模态寻址与路由技术：以多模态寻址与路由和软件定义互联支撑更加多元化的高性能服务，促进网络空间和现实物理空间的服务融合			
		网络健壮控制关键技术：将广义健壮控制构造引入网元构造、网络控制和服务提供等各环节，构建"高健壮、高可信、高占用"三位一体的网络		
		网络全维可定义技术：以全维可定义的全新开放架构适配多元化、个性化业务需求，吸收整合新兴技术助力网络发展		
		网络智慧化关键技术：为网络多元业务需求智能适配多样化服务，支撑网络的智慧化传输、管理和运维，显著提升网络效能		
核心产品与产业发展	多模态智慧网络核心芯片：高性能网络处理器芯片、大容量交换芯片、软件定义互连芯片等			
		高性能多模态智慧网络路由交换设备：大容量交换机、高性能路由设备、动态编程交换机		
		多模态智慧网络协议栈：支持多样化网络业务的高性能协议栈、具有智慧标识域的新型协议		
		多模态智慧网络管理控制系统：自主知识产权的网络操作系统、应用软件、服务编排平面		
示范建设工程及应用			面向信息基础设施的示范工程与应用：在运营商的核心骨干网中选择部分地域建立示范应用点	
			面向工业控制网络的示范工程与应用：在国家电网、城市交通等关键领域中部署应用示范节点	
			面向天地一体化网络的示范工程与应用：将多模态智慧网络中的关键技术融入天基骨干网、天基接入网、地基节点网等网络	
			面向人机物泛在互联的示范工程与应用：在我国关键城市或区域部署多模态智慧网络在车联网、物联网等人机物泛在互联的应用示范工程	
战略支持与保障	联合的政策保障措施以及多部门、跨区域组织协调机制			
	打造重大科研平台支撑基础研究，组织开展"产、学、研、用"联合攻关			
	扩大与国际高校和研究机构的交流，引进该领域的拔尖团队和人才			

图 4-10 面向 2035 年的多模态智慧网络发展技术路线图

（4）信息化与网络安全的"一体两翼、双轮驱动"发展模式，要求新型网络在技术创新与演进过程汇总，需兼顾网络的安全性和健壮性，引入内生安全网络机制来提供高可靠网络服务。

（5）新型网络是网络发展的一种推进模式，网络的发展在更加信息化和智能化的同时，需要新型网络创建内生的安全机制，保障网络的健壮性。

在基于上述需求分析的基础上，本章给出多模态智慧网络技术发展的总体战略目标：以承接国家战略为导向，聚焦网络结构僵化、IP承载单一、未知威胁难以抑制等基础性问题，建立可增量部署的新型网络架构及其技术体系，形成系列化国内外标准规范和专利群，为构建"智慧高效、安全可信"的新型网络基础设施，提供一套具有相当国际影响力的"中国方案"，力争引领我国新型网络架构与核心技术实现突破性发展，助力孵化具有国际竞争力的创新型企业，培育覆盖前沿理论、工程技术、系统测试和产业应用的科研平台和团队，为我国网络强国战略的实施提供相应的核心技术与能力支撑。

统筹考虑新型网络技术进步潜力、网络建设规模和成本下降潜力等因素，结合国家网络技术发展和建设需求，确定多模态智慧网络技术发展的阶段性目标和时空布局，具体如下：

（1）2020—2025年，建立多模态智慧网络总体架构并明确其核心运行逻辑，研制原理验证系统并进行验证，建立多模态智慧网络的技术体系，形成多模态智慧网络测试评估机制和标准规范，初步形成涵盖科学研究、技术开发、设备制造和网络运营的多模态智慧网络技术与产业生态环境。

（2）2025—2030年，完成多模态智慧网络核心芯片/设备/系统研制，完成试验网络建设并提供应用示范；完成多模态智慧网络核心部件与设备/系统的产业布局，并在典型网络环境中推广应用。

（3）2030—2035年，以增量部署的形式，推动我国信息基础设施建设向多模态智慧网络方向发展，逐步在基础设施核心网络、数据中心网络、行业网络及其他典型应用环境中部署应用，形成协同共进的技术和产业发展生态环境；多模态智慧网络技术和产品开始普惠民生，产生显著的经济效益和社会效益。

4.4.2 关键技术研发布局

1. 自主创新的多模态智慧网络架构方面

针对信息网络的智慧化、多元化、个性化、高健壮性、高效能等发展需求，彻底打破传统网络僵化的刚性架构，建立面向泛在化场景需求的开放型融合网络架构。通过将"网络功能定义"由最上层深入到最底层，构建全维度可定义的全新开放的网络新架构。依据全方位解构和全要素开放的思想，对网络功能的基本元素重新进行认知与提炼，基于网络虚拟功能服务的思想，池化网络资源，提高部署业务的灵活性和高效性，同时也能进一步提供资源的利用率。吸收和利用新型技术助力网络发展，将内生安全和人工智能技术嵌入到多模态智慧网络体系中，打造全方位健壮和智慧的架构体系；将多模态寻址路由和软件定义互连技术应用于网络数据的转发，以支撑更加多元化的高性能服务。基于开放融合的思想，构筑以"全维度可定义、多模态寻址路由、网络智慧化、内生安全构造"为核心的多模态智慧网络技术体系，支撑业务多元化、服务个性化、运维智慧化和构造健壮优化的发展趋势。通过网络结构的自组织和业务的自适配来满足未来网络业务高效率、智慧化、高可靠性、低时延与内生安全等的发展需求，使得网络具备开放可扩展、可增量部署和异构融合等能力，支持网络按需重构以及新业务的快速部署，为新型网络的发展提供了持续演进动力。

2. 多模态寻址与路由技术

针对多模态异构标识寻址与路由技术，研究支持 IP、地理空间、内容、身份等的多模态异构标识寻址与路由技术，支持与现有网络地址的兼容；针对多模态寻址路由间的互联互通技术，研究多种模态寻址路由间的互联互通技术，支持面向用户端到端传输需求的寻址路由模态间的互联互通；针对多模态路由表项管理技术，研究支持多种模态寻址的统一查表与转发技术，支持寻址模态的扩展和可定义；针对多模态寻址路由需求，研制支持广域网络的实时状态感知、编程控制和终端接入标识管理等，且具有内生安全属性；针对多模态协议适配技术，研究基于全维度可定义平台的多模态协议定义与适配技术，支持软件定义的协议栈结构和动态适配，实现多模态协议栈的跨平台支持；针对用户业务传输需求，研究多模态寻址路由的智慧协同机制，由网络自动选择最优的路由模态进行传输。

3. 网络全维度可定义技术方面

针对电路/分组双模交换技术，研究数据层电路/分组双模交换技术的融合协同机制，支持业务和服务的自动适配，为用户提供更多选择和更好的体验；针对光电协同路由与交换技术，研究基于资源池化与精细粒度的 IP 网络与光网络协同架构技术，构建多种机制融合的协同解决方案；针对软/硬件协同处理架构，研究软/硬件协同的数据层处理架构、开发语言和前后端交叉编译机制，实现高效能数据处理；针对多模接入，研究有线/无线多模信道接入、动态/静态多模信道接入，支撑多模态智慧网络应用场景的空、天、地、海全覆盖；针对软/硬件协同处理算法，研究数据层处理关键模块如软件定义包解析模块、软件定义适配动作模块等的设计结构和算法形成 IP 核；针对软件定义互连，研究基于 SEDERS 接口的软件定义互连协议、交换结构、分组处理技术；针对软件定义转发，研究拓展协议无关转发的数据层抽象处理模型，研究优化支持软件灵活定义的网元处理数据包的逻辑流程；针对软件定义测量，研究网络软件定义测量感知技术，提供细粒度可定制的精细化网络感知能力，为多模智慧网络智慧平面提供支撑。

4. 网络智慧化关键技术方面

研究基于人工智能、大数据分析等的网络智慧化机制，支持"感知—决策—适配"一体设计，支持支持网络的智能感知、自主决策、自动执行；针对网络资源全局协调控制技术，以提高业务质量一致性为驱动，研究基于用户体验的网络资源全局协调控制技术；针对业务智能适配的服务承载技术，研究业务智能适配的服务承载技术，设计高效、可靠的智能传输优化机制，实现网络资源的快速拟合；针对复杂不确定情景建模与拟合方法，建立强变时空尺度特性的网络模型，研究复杂情景到网络模型的数学拟合方法，支持基于情景拟合的资源智能适配；针对网络细粒度感知与测量技术，研究业务分布与网络资源等深度感知技术，实现高层感知语义的统一描述体系；研究网络情景视图的邻域继承机制；针对网络传输智能优化技术，研究网络传输智能优化技术，避免全网结构性拥塞，实现基于用户体验的网络资源全局协调控制。

5. 网络健壮控制关键技术方面

针对网络节点或链路随机性失效、网元系统包含漏洞后门等在内的不确定扰动因素，研究网络广义健壮控制机理、形式化描述方法和评价方法；在网络体系结构层面引入动态化、异构化、冗余化及动态重构等机制，研究基于闭环负反馈控制的网络健壮构造架构；研究网络地址、拓扑、路由等网络要素的动态化、随机化、异构化方法；基于健壮控制构造的不确定性呈现特点，研究动态随机调度、相异性设计、输出矢量策略判决等关键技术；在典型网络设备环境上开发相应系统，研究如何在数据、平台、网络、运行环境等层面上有效配置实施健壮控制机制，构建"高可靠性、高可信度、高可用性"三位一体的新型健壮网络。

4.4.3 核心产品与产业发展

研发多模态智慧网络的核心产品，引导相关产业快速发展并努力形成较强竞争力，助力孵化具有国际竞争力的创新型企业，培育覆盖前沿理论、工程技术、系统测试和产业应用的科研平台和团队。主要核心产品列举如下。

1. 多模态智慧网络核心芯片方面

研发全维度可定义网络数据平面的路由器/交换机系统关键芯片，包括高性能网络处理器芯片研发，高速无阻塞大容量交换芯片研发，研究并实现芯片的智能缓存算法，提高芯片的缓存利用率，并进一步降低功耗；研究并实现核心芯片的大容量流表数据结构及高效率查找算法，使得网络设备能够以较低成本支持大规模的流表规则集，提升网络设备分组处理能力。

2. 高性能多模态智慧网络路由交换设备方面

研制超大容量无阻塞以太网交换机，支持多机架互联以组建堆叠系统线性扩展设备容量；研制高端路由器设备，支持未来网络高容量数据转发的需求，具备集群扩展能力；研制支持多模态统一寻址的新型路由设备，支持扩展和定义多模态的路由寻址方式；研制支持网络虚拟化业务的高动态编程交换机，交换机处理逻辑可动态编程，可同时支持多个不同的业务处理逻辑；研制高可靠性交换机，具备独立控制平面、转发平面和监控平面，提高网络的健壮性。

3. 多模态智慧网络协议栈方面

研发适配多样化网络业务的高效能多模态协议栈，支持网络服务的个性化定制，兼顾协议处理的灵活性和高效性；研制多协议共存的协议标准，支持跨平台跨媒介的数据路由与转发，支持多模态协议的快速转化；研发具有智慧标识域的新型协议，支持数据的智能路由，支持网络的智能运维，支持故障的自动恢复；研发基于通用计算平台的高性能网络协议栈，支持数据包跨内核处理，支持网络处理性能随 CPU 多核平行扩展，支持多网络业务，支持与传统网络业务的完全兼容，大幅度提高网络吞吐率并降低网络处理延迟。

4. 多模态智慧网络管理控制系统方面

研发具有完全自主知识产权的、运营商级别的多模态智慧网络管理控制系统，支持全网的统一管理、智能调度和数据分析，支持传统设备控制功能，兼容当前主流网络操作系统的框架，并适应控制平面未来技术的演进趋势；研发操作系统中多元化、智能化的中间件和应用软件，支持资源抽象与自动化运维管，支持网络视图的分布式生成与一致性维护，支持全网故障与冲突自动检测等技术，形成多模态智慧网络发展的技术生态环境；研发资源管理编排平面，支持计算、存储、传输等资源的灵活调度、联合优化和综合管理的。

4.4.4 示范工程建设与应用

应用示范验证是网络技术发展的"试验田"，能够为网络体系结构基础理论与核心技术等提供有力的实验数据，有助于探索网络科学模型与持续演进的发展机理。多模态智慧网络技术能够积极推动传统产业的转型升级，将万千应用与业务融入百姓生活，服务经济发展和社会民生，加快推进业务生态化、网络智能化、运营智慧化，打造智能连接、智慧家庭、物联网、互联网金融等业务生态圈。基于此，多模态智慧网络可在如下 4 个典型领域部署应用示范工程，以推广其在支撑经济社会发展、普惠民众的典型业务中的应用。

1. 面向信息基础设施/运营商网络的示范工程与应用

在运营商的核心骨干网中选择部分地域建立应用示范点，开展多模态智慧网络的实施研究：验证对传统网络业务的支持能力，支持网络的快速升级与扩容；部署多元化、个性化的多种新业务，开展新服务的深度测试，支持新业务的部署与多业务的融合；选择典型案例场景，开展网络智慧运维、用户移动性、网络健壮控制、网络虚拟化管理和虚拟化开通及跨域、跨层业务的大客户业务快速定制能力等的应用示范，支持网络的智慧管理和多模态运行。

2. 面向垂直行业网络的示范工程与应用

在国家电网、城市交通、工业互联等关键垂直行业的网络中部署应用示范节点，针对其高健壮性、多样性的需求开展研究测试，验证多模态智慧网络对多协议接入的兼容能力，支持自定义协议的多模寻址与路由；在特殊行业场景中验证多模态智慧网络对随机扰动和不确定性攻击的抵抗能力，支持网络的广义健壮控制；针对垂直行业互连中的多元化业务需求，开展多模态智慧网络的全维度可定义平台应用，支持灵活高效地适配不同的互连场景。

3. 面向天地一体化网络的示范工程与应用

针对国家战略需求，将多模态智慧网络技术融入天基骨干网、天基接入网、地基节点网等网络，建立面向天地一体化网络的示范工程，同时与面向信息基础设施的示范网络互联互通，建成"全覆盖、广接入、可定制、高健壮性"的新型天地一体化信息网络体系。主要开展广基带多模接入、私有协议转换、多类别用户智能管理、巨量数据高速转发等方面的示范研究，支持广域时空范围的高可靠连续通信。

4. 面向人机物泛在互联的示范工程与应用

在中国关键城市或区域部署面向车联网、物联网等人机物泛在互联的应用示范工程，进一步激发新领域的创新活力，驱动新技术和社会经济的快速增长。开展多协议自组网、数据分布式协作等关键技术的研究与实验，将多模态智慧网络中的智能基因深度融合到泛在互联网中，支持节点与网络的智慧化管理和功能需求的自动适配。同时，在该应用示范中研究验证多模态智慧网络对新型网络技术和新网络业务需求的支撑能力，进一步挖掘技术创新点。

4.5 战略支撑与保障

结合新型网络技术发展的特点，针对中国基础前沿技术整体实力较弱、标准规范国际影响力较小、"产、学、研"结构分散而不成熟等现状，提出以下几点建议。

1. 制定政策保障措施，建立多部门联合、跨区域的组织协调机制

充分发挥《中共中央、国务院关于深化体制机制改革加快实施创新驱动发展战略的若干意见》提出的发挥好政府在资源配置中的决定作用，破除制约因素，激发社会创新热情，强化科技与经济结合，多部门联合、部省联动，营造并形成大众创业、万众创新环境等各项政策的促进作用。积极推动科技创新和科技成果转化，促进科技与经济的深度融合，整合利用创新资源，促进科技资源开放共享等方面的保障措施。

同时，建立跨部门组织协调机制，由科技部牵头，协调工业和信息化部、教育部、中国科学院、国资委等相关部门，进行科学决策和规范管理，保证专项工程的各项目标顺利实现。

2. 打造重大科研平台支撑基础研究，组织开展"产、学、研、用"联合攻关

有机整合国内外优势科技资源，加强开放合作，统筹部署，建设面向新型网络领域的多学科交叉、会聚一流人才的重大科研平台，建立集中力量办大事的科学组织形式，致力于解决该领域国家重大战略需求、行业重大科技问题、产业重大瓶颈问题，探索前沿基础原始创新，为开展自主创新的科研成果在国家经济和国防建设中的实施提供重要支撑。

同时，采用"产、学、研"相结合的合作模式，充分发挥市场在资源配置中的决定性作用，更好地发挥政府的引导作用，以企业为主体，激励产业技术战略联盟、行业协会、科研院所、高等院校和投融资机构等共同参与，建立有效的协调机制，促进创新创意与市场需求和社会资本的有效对接。

3. 扩大与国际高校和研究机构的交流和合作，引进该领域的拔尖人才

借鉴改革开放的模式，形成"引进来，走出去"的发展思路，加强我国的新型网络建设，需要扩大与国际高校和研究机构之间的交流和合作，将国外的先进成果迅速吸收和转化，打破技术和体制的壁垒，逐步缩小与技术先进国家之间的差距。同时，注重人才队伍的建设，形成长期有效的人才引进和培养机制。

小结

针对未来网络的发展需求，结合国内外的研究态势，本章研讨了面向 2035 年的新型智慧网络技术的发展趋势，制定了多模态智慧网络发展技术路线图。以全维度可定义的全新开放架构为基础，融合人工智能、多模态、内生安全等基因，构建"中国智造"的新型网络，以推动我国网络技术由"跟跑"到"领跑"，实现由"通信产业大国"到"通信技术强国"的转变。

第 4 章编写组成员名单

组　长：邬江兴

成　员：兰巨龙　陈鸿昶　伊　鹏　胡宇翔　李军飞

执笔人：胡宇翔

5

面向 2035 年的传感器及微系统发展技术路线图

传感器是一项关系到国家安全和国民经济发展的基础性、关键性、战略性前沿科学技术。以微机电系统（MEMS）技术为基础，实现传感器微型化、集成化、低功耗和低成本，同时通过与信号处理和控制电路、微执行器的相互集成，形成具有一定完整功能的微系统已成为未来研究热点和投入重点。本项目重点研究基于 MEMS 技术的传感器及微系统面向 2035 年的发展技术预测，依托战略咨询智能支持系统对传感器及微系统发展战略进行了全球技术清单制定，提交专家审核、评定后，得到 14 项全球交互式技术清单；开展了德尔菲调查并对结果进行了分析；结合调研和专家研讨结果，梳理并总结了当前传感器及微系统领域国际先进水平与前沿问题，以及我国技术发展水平、行业现状和差距；展望了传感器及微系统领域技术发展态势，制定了面向 2035 年的传感器及微系统发展技术路线图，梳理出各阶段重点基础研究项目、关键科学问题、产业发展思路等；为推进和保障该技术路线图的实施，对比了国内外产业发展政策和管理机制，提出了推动我国传感器及微系统领域发展的政策工具、管理措施和对策建议。

5.1 概述

5.1.1 研究背景

传感器是一项关系到国家安全和国民经济发展的基础性、关键性、战略性前沿科学技术。许多工业发达国家都把传感器作为未来具有重要战略利益的重点研究方向之一。例如，美国国家关键技术委员会提出了对美国国家长期安全和经济繁荣至关重要的 22 项技术，其中第 6 项即传感器与信号处理技术；欧洲把传感器技术列入尤里卡计划中；日本把传感器技术列为国家重点发展的六大先进技术之一。传感器作为现代信息系统的三大支柱之一，无论是在智能制造、智慧城市领域还是在物联网领域，都是关乎产业发展的核心技术。通过把微型化、集成化、低功耗、低成本的基于 MEMS 技术的传感器与信号处理和控制集成电路（IC）芯片、微执行器件集成，形成相对完整功能的微系统，已成为研究热点和投资重点，其规模效应和应用拓展前景，将给个人消费、交通运输、工业控制、军事国防等众多领域带来革命性的影响。因此，从我国经济社会发展的需求出发，提出传感器及微系统领域技术预见和发展建议，对推动该技术领域的发展及其在产业中的应用具有重要意义。

5.1.2 研究方法

依托智能支持系统、德尔菲调查等方法，结合专家调研、研讨等形式，充分发挥传感器及微系统领域专家的智慧，开展本领域的调研和统计分析，对国内外现有技术预见成果、文献和专利进行交叉分析和数据融合。根据社会需求，研究面向 2035 年的传感器及微系统相关技术需求。最后，结合社会需求与技术预见成果，提出本领域的发展目标、需开展的重大科技专项，以及其中包含的关键技术、重点产品等，并对推动工程化应用提出建议。

5.1.3 研究结论

依托智能支持系统对传感器及微系统的发展战略进行全球技术清单制定，提交专家审核、评定后，得到 14 项全球交互式技术清单；开展了德尔菲调查并对结果进行了分析，梳理出当前传感器及微系统领域国际先进水平与前沿问题，以及我国技术发展水平、行业现状和差距；制定了面向 2035 年的传感器及微系统发展技术路线图，梳理出各阶段重点基础研究项目、关键科学问题、产业发展思路等；对比国内外产业发展政策和管理机制，提出了推动我国传感器及微系统领域发展的政策工具、管理措施和对策建议。

5.2 全球技术发展态势

5.2.1 全球政策与行动计划概况

传感器及微系统在国家安全、战略高科技以及社会经济领域均有着重要的战略意义和应用价值，因此，世界主要技术先进国家无不把传感器及微系统视为发展的重中之重。经过短短几十年的发展，目前全球传感器及微系统领域已形成了年产值超过千亿美元的新兴产业，除国防安全、航空航天外，传感器及微系统在装备制造、基础设施、规模生产、能源环境、交通运输、医疗健康、食品安全、电力电子、信息通信、消费电子等众多领域均有着重要的应用价值和广阔的市场前景，并将为这些领域的发展带来深刻的影响和变革。

美国作为传感器及微系统概念、技术、产业的发源地之一，尽管在传感器及微系统领域的发展水平领先世界，但仍十分重视与之相关的基础研究、技术攻关、应用开发及产业发展。美国军方从20世纪90年代开始在武器装备中应用传感器及微系统技术，美国国防高级研究计划局（Defense Advanced Research Projects Agency, DARPA）从1992年就开始设立微系统技术办公室（Microsystem Technology Office, MTO），组织开展传感器及微系统技术的创新研究及应用，将其列为国防需求开发探索的核心技术之一，每年在核心技术领域投入约3~4亿美元专项经费。美国政府也通过出台相关政策推动传感器及微系统的广泛应用。例如，要求所有汽车配备胎压监测系统、电子稳定系统，推动了传感器及微系统技术在汽车电子中的应用。目前，美国在传感器及微系统领域的学术、研发、技术、产品、资金等各环节已经十分健全，相关应用也在向军事、民用等多领域全方位快速渗透和发展。

作为欧洲领先的独立研究机构，1984年在比利时成立的校际微电子研究中心（Interuniversity Microelectronics Centre, IMEC）一直致力于研究传感器及微系统技术。目前，来自全球80个国家的4000多名研究人员在IMEC从事世界领先的IC芯片、硅基微加工与集成技术，以及MEMS、微米/纳米器件、微能源等传感器及微系统技术相关的创新研发，该中心每年来自合作者的协议与合约的收入就超过1.2亿欧元。除此之外，2001—2008年，在各主要国家及欧盟的大力支持下，由法国原子能和替代能源委员会（CEA）、德国弗劳恩霍夫协会（FhG）、瑞士电子与微技术中心（CSEM）和芬兰国家技术研究中心（VTT）四大研究机构合作，成立了欧洲协同技术联盟（Heterogeneous Technology Alliance, HTA）。HTA联合开展传感器及微系统相关的尖端研究和技术转让服务，目前已经成为欧洲在传感器及微系统领域最大的网络化科技研发组织。

日本早在 1991 年就开始实施为期 10 年、总投资 2.5 亿美元的"微型机械技术"大型传感器及微系统研发计划。进入 21 世纪，日本在 2010—2011 年投资近 4 亿美元建设了一处纳米科技与微系统相关研究的基础设施——筑波纳米科技基地，该基地设立了日本 MEMS 联盟（Japan MEMS Enhancement Consortium, JMEC）的专门机构。JMEC 主要以传感器及微系统为对象，投入 4000 万美元用于相关项目的研发，还进行设计、试制服务及人才培养，并计划成为与欧洲 IMEC 类似的"官、产、学、研、用"协同研究机构。

基于 MEMS 技术的传感器及微系统在我国的发展历史始于 20 世纪八九十年代，国家自然科学基金委员会在 1989—1990 年批准了最早的传感器及微系统科研项目；在"八五"和"九五"期间，国家科技部、教育部、中国科学院和原总装备部开始大规模支持基于 MEMS 技术的传感器及微系统科研工作，总投资超过 1.5 亿元人民币，在"十五"期间，正式将其列入国家高技术研究发展计划（"863"计划）中，加上其他政府部门、军队及地方、企业的投资，总经费超过 3 亿元。进入 21 世纪，在传感器及微系统领域，我国多个优势单位在基础理论、设计技术、加工技术、封装技术、测试技术、应用技术等各个技术层面都表现出稳健且快速发展的趋势。

与技术先进国家相比，我国传感器及微系统领域存在的问题及差距也十分突出。

（1）在研究主体方面，国内主要以高等院校和科研院所为主，研究水平处于应用基础与器件开发的阶段，而技术先进国家的研究主体还包括众多的公司和企业。

（2）在研发投入方面，国内关于传感器及微系统制造的专门设施较少，研发投入也较少，无法高效、系统地开展工作。而技术先进国家的研究单位基本都具备比较完善的专用生产线，测试、质量控制与标准相对完善，同时投入大量的研发经费。

（3）在芯片性能方面，由于工艺成熟度与专用设施的不足，与技术先进国家的差距明显，特别是在高端传感器及微系统芯片方面。

（4）在制造与集成工艺方面，尚无国产化关键设备，与技术先进国家仍有较大差距。

（5）在标准与可靠性方面，国内尚未开展系统研究。

（6）在环境影响方面，技术先进国家抗环境干扰能力强，而国内则刚刚起步。

（7）在系统集成方面，技术先进国家将传感器芯片和专用集成电路（ASIC）芯片以单片（SOC）/多片（SIP）集成为主，实现了真正意义上的芯片级微系统。而国内由于缺乏 ASIC 集成，导致不能充分体现传感器及微系统技术本身的优势，进而影响其应用。

（8）在产业化方面，技术先进国家的多家公司已具备批量生产的能力，并已推出批量产品，而国内仍处于工程化应用研究的初级阶段。

（9）在基于传感器及微系统技术的智能微系统、新概念装备方面，国内还处于探索阶段，技术先进国家在这面的技术相对成熟。

5.2.2 基于文献和专利统计分析的研发态势

依托智能支持系统及 TI（Thomson Innovation）专利平台，进行传感器及微系统领域的文献检索分析。

通过文献分析可知，传感器及微系统领域的研究分 3 个阶段：1997 年前，该领域的研究处于起步状态，文献数量较少，呈稳步发展阶段；1997—2011 年，该领域的文献数量增速加快；2012—2017 年，该领域文献数量出现了爆炸式增长，迅速翻番。

从传感器及微系统领域的发展历史来看，20 世纪 90 年代之前是探索时期，因此文献数量较少。进入 21 世纪后，尤其在 2010 年之后，随着微纳加工技术的发展，以及各领域需求的牵引，传感器与及微系统领域逐渐进入成熟阶段，文献数量激增。近年来，该领域的文献数量保持了高增速和高数量，反映了其研究热度仍在持续，技术发展潜力很大。

通过对文献及专利关键词的聚类分析，选取高频词，得出全球专利技术预见方向，作为技术预见备选清单。

5.3 关键前沿技术与发展趋势

技术预见备选清单经专家审核、评定后，得到含 14 项技术的预见清单。经过德尔菲调查，对技术的核心性、通用型、带动性等要素进行分析，得出以下关键前沿技术与发展趋势。

1. 微纳制造技术

在基础科研及制造行业中，微纳制造技术的研究从其诞生起就一直处于行业的尖端位置，已经发展成为 21 世纪最前沿和热门的技术领域。而微纳制造技术作为 MEMS 传感器的实现手段，直接决定了传感器的性能与制作成本，是传感器可产品化和批量化制造的前提。

2. 微系统集成技术

利用特殊集成设计和工艺，例如，与互补金属氧化物半导体（Complementary Metal Oxide Semiconductor，CMOS）兼容的 MEMS 加工技术和芯片上集成系统（SoC）技术，可把构成传感器的敏感元件和电路元件制作在同一芯片上，能够完成信号检测和信号处理，构成功能强大的智能传感器，满足传感器微型化和集成化的要求。微系统集成技术是实现传感器小型化、智能化和多功能的重要保证。

3. 生物传感技术

生物传感技术指通过提取动/植物发挥感知作用的生物材料（包括生物组织、微生物、细胞器、酶、抗体、抗原、核酸、DNA等），使生物材料感受到的持续、有规律的信息转换为人们可以理解的信息，并将信息通过光学、压电、电化学、温度、电磁等方式展示给人们，为人们的决策提供依据的技术。如果实现生物材料或类生物材料的批量生产，反复利用，就可以有效地降低检测的难度和成本。

4. 仿生传感技术

仿生传感器是采用固定化的细胞、酶或者其他生物的活性物质与换能器相配合而组成的传感器。仿生传感技术是近年来生物医学和电子学、工程学相互渗透而发展起来的一种新型的信息技术。仿生传感器按照使用的介质可以分为酶传感器、微生物传感器、细胞传感器、组织传感器等。在仿生传感器中，比较常用的是生体模拟的传感器，利用它可以对人的各种感觉（如视觉、听觉、感觉、嗅觉、思维等）行为进行模拟的功能，从而研制出能够自动捕获和处理信息并能模仿人类行为的装置，使机器人可以具有超过人类五官的感知能力。

5. 柔性传感技术

柔性传感器能与服装充分结合，具有体积小、可洗涤、安全舒适等其他金属传感器所不具有的优良特点，无论是在电子电工领域，还是在医疗和运动器材等领域，关于它的应用研究都特别受科研工作者的青睐，并已经取得了一些成果。智能柔性传感器作为重要的高级智能可穿戴器件，有着更广阔的市场前景。目前研制的智能柔性传感器如光纤传感器、压电传感器、微芯片传感器等在各领域的应用已经取得一定成效，未来的智能柔性传感器应具有更强大的功能。

6. 基于量子效应的传感技术

量子通信、量子精密测量等被运用到各个领域，基于量子效应的MEMS传感器也快速发展。基于量子效应的MEMS传感器以量子力学为理论基础，采用MEMS加工方法，通过量子态的读取实现物理量的测量。量子传感器自身发展有着微型化的趋势，不可避免地将与MEMS工艺相结合，基于量子效应的传感技术将在精密测量领域得到广泛应用。

7. 网络化的智能传感技术

MEMS传感器和智能传感器是新型传感器的代表，具有集成化和智能化的特点，体现了传感技术的发展方向，是未来工业领域和国防军事领域的关键技术之一。网络化的智能传感器充分利用计算机的计算和存储能力，对传感器的数据进行处理，并能对其内部的工作状况进行调节，使采集的数据最佳，使其具有自补偿、自校准、自诊断的功能，具备了数值处理、双向通信、信息存储和记忆及数字量输出等功能。网络化的智能传感器将利用人工神经网络、人工智能、信息处理技术，具有分析、判断、自适应、自学习的功能，还可以完成图像识别、特征检测和多维检测等复杂任务。

8. 自供电传感微系统技术

目前，大部分传感器需使用电池供电，并且通过导线与信号处理设备连接，限制了传感器的应用环境和使用寿命。基于 MEMS 技术的无源无线传感器或基于微能源技术的自供电传感器，无须外部电源供电或无线供电，而且无须导线引出，从而可以在一些特殊的环境下工作。基于自供电传感微系统技术的传感器可广泛应用于人体参数测量、食品质量监控、密闭容器内的液体参数测量、车胎压力测量、恶劣环境下的参数检测、无人值守环境下的检测等方面。

5.4 技术路线图

传感器及微系统广泛应用于通信电子、消费电子、工业生产、汽车电子、智慧农业、环境监测、安全保卫、医疗诊断、交通运输、智能家居、机器人技术等众多领域，因此，下游行业的需求状况将直接影响传感器行业未来的市场规模。总体来看，传感器及微系统产业链下游行业发展迅速，因为物联网、汽车电子、环境与健康电器和智能仪表等下游行业对产品智能化的要求不断提升，使得传感器市场以较快速度持续增长。

1. 传感器及微系统技术是物联网构建的基础

市场研究机构 IDC 预测，物联网的市值在 2020 年将激增至 1.7 万亿美元。传感器作为物联网的硬件基础、数据采集的入口，是物联网三大件中的基础器件，发展前景较好。随着科技的进步及产业链的完善，传感器的多元化应用将推动物联网各垂直细分行业格局的形成，如通信电子、消费电子、工业、汽车电子、智慧农业、环境监测、安全保卫、医疗诊断、交通运输、智能家居、机器人等。

2. 传感器及微系统技术对于社会经济安全至关重要

基于 MEMS 技术的智能传感器是国民经济的基础性、战略性产品，在国防设施、重大工程和工业生产中是必不可少的基础技术和装备核心元器件，直接影响经济安全和社会安全。

在国防安全方面，智能传感器技术不但在武器装备的信息化改造与提高作战效能方面发挥重要作用，而且为下一代的新概念武器装备的发展提供技术支撑。在航空航天方面，智能传感器在航空发动机、载人航天、深空探测等重大战略工程中已经开始发挥不可替代的作用。在轨道交通方面，高铁、道路监控、桥梁健康检测等应用均离不开智能传感器；在能源环保方面，新能源、节能环保、绿色低碳等新兴产业的发展同样离不开智能传感器；在工农业生产、医疗健康等方面，智能传感器更有用武之地。

3. 传感器及微系统技术对于创新驱动发展战略作用非凡

传感器在国家大力推动的新一代信息技术产业、高档数控机床和机器人、航空航天装备、海洋工程装备及高技术船舶、先进轨道交通装备、节能与新能源汽车、电力装备、农业装备、新材料、生物医药及高性能医疗器械10大重点领域中均至关重要。而且，传感器及微系统技术是多学科深度交叉融合的产物，汇集了电子、机械、材料、物理、化学、生物等不同学科和由设计、制造、检测等技术衍生出来的诸多尖端科学技术，是现代科学技术创新的集成结果。因此，传感器及微系统技术必将带动多个相关领域的创新发展。

5.4.1 发展目标与需求

为支撑国家2035年科技强国的战略规划，2035年传感器及微系统领域的总体目标是全面达到世界先进水平，部分产品和技术达到世界领先水平。

1. 阶段目标

1）2025年目标

突破制约型号应用的瓶颈技术和工艺，用自主生产的各类MEMS传感器逐步替代进口产品，实现自主可控。

2）2030年目标

突破核心元器件关键技术，开展基于MEMS技术的传感器及微系统工艺装备、核心工艺材料和基础理论的研究，提升国产化率。

3）2035年目标

实现传感器及微系统工艺装备、原材料、关键工艺技术、理论基础的全面突破，MEMS、NEMS（纳机电系统）等各类传感器产品全面达到世界先进水平，部分产品达到世界领先水平，并且引领世界传感器及微系统的发展方向。

2. 传感器市场总体需求情况

传感器属于核心部件，下游行业的需求状况直接影响传感器行业的市场规模。2016年，全球智能传感器市场规模达到258亿美元，2019年预计达到378.5亿美元，2020年的数据受疫情影响较大，难以估计，而2019年的最终数值尚未确定。年复合增长率超10%。从应用需求来看，消费电子是智能传感器应用最广泛的领域，2016年智能传感器在消费电子领域的市场份额接近70%。

消费电子领域对传感器的需求高速增长，全球消费电子市场主要由国际巨头企业把控。虽然我国本土企业快速跟进，但由于起步晚、技术积累弱等因素，整体仍存在企业规模较小、产品生产线单一、解决方案供给能力弱等问题。

汽车传感器产品市场相对集中，全球汽车传感器90%以上的市场份额被国际零部件巨头瓜分。中国的汽车传感器产品与国外同类产品相比，技术水平相差较大，高端汽车传感器严重依赖进口。

工业传感器在国内具备一定基础，2016年，传感器在工业领域的应用规模达350亿美元，其中智能传感器规模仅为15亿美元，整体占比较低。不过，工业物联网将促进工业传感器市场规模的迅速增长。对于压力、温度等基础工业传感器，我国具备一定基础，在石油化工等流程工业可基本实现国产化。但在高端工业传感领域，90%的产品依赖进口。

医疗传感器的需要保持高增长，市场被国际巨头垄断。2015年，医疗传感器市场规模为98亿美元，预计到2024年将增长近一倍，达到185亿美元。医疗仪器属于高价值传感器领域，该领域使用的高价值设备包含了很昂贵的特殊传感器。中国医疗传感器的布局基本空白，仍高度依赖进口。

在航天强国建设中，未来火星着陆、外太空探测等领域对各类传感器及微系统有明确的需求，如飞行器姿态测量、稳定与控制、导航与定位、发动机系统参数测量、舱内环境测量、星体表面大气环境测量等方面的需求。

作为交通强国的重要支撑，未来各类客机、战斗机、直升机、运输机、无人机等需要大量的传感器及微系统产品，实现姿态测量、稳定与控制、导航与定位、发动机参数测量等。

传感器及微系统作为未来武器装备的"眼、耳、口、鼻、舌"，在深海装备、战略战术导弹、无人作战系统、武装车辆等方面发挥重要的作用，实现姿态测量、环境测量、平台稳定、导航与制导等应用。

随着我国对各类先进工业装备的重视和投入，未来高端工业装备、智能工业装备、机器人等也将采用大量传感器及微系统产品，实现无人装备、高精密装备、智能装备的研制。

5.4.2 重点任务

未来我国传感器及微系统总体发展技术路线，应围绕国家战略、科技发展方向、产品应用需求等方面，强调材料、装备、工艺协同发展；加强基础研究的地位，预见在新材料、新工艺、标定校准技术等方面可能出现的突破性技术，结合传感器及微系统领域的前沿热点，重视"传感器芯片"的研发与投入。

1. 前沿传感技术重点突破方向

前沿传感技术重点突破方向包括量子传感器、柔性传感器、石墨烯传感器、高档Ⅲ-Ⅴ化合物传感器、智能传感器、生物传感器、自供电传感器系统。

2. 制造及集成技术重点突破方向

1）硅基传感器

技术先进国家在该领域的研究早、技术成熟、产品系列化、工艺装备复杂昂贵、产业化水平高，中国要想突破和超越它们难度极大。只能在现有技术和基础上，进行集成和融合，重点实现低功耗 MEMS 传感器、IC 与 MEMS 集成传感器、多功能一体化智能传感器。

2）非硅基传感器

印刷技术、3D 打印技术在传感器制造中实现应用，直写传感器技术取得突破，实现激光直写传感器的自主研发和制造，使产品成本降至 15 美分以下。

3. 传感器设计及加工工艺技术

研究硅工艺兼容材料（单晶硅、多晶硅、氧化硅、氮化硅、金属等）的力学、热学、电学等在高温下的基本特性与加工工艺条件的关系，为传感器结构设计提供理论依据。研究设计合理的工艺条件和工艺参数，解决微加工工艺制造中关键工艺（如键合、离子注入等）实现的共性问题，实现批量制造。研究热循环与热冲击对传感器的影响，如漏气、芯片黏结失效、键合失效等，提高传感器的可靠性。

4. 传感器封装技术

研究封装材料与硅基质材料在高温环境下的热匹配特性、高温环境下传感器热隔离或热传导、电隔离或电通路等封装结构技术基础；研究高温环境下低应力失配的封装新结构，研究封装材料工艺的兼容性与环境相容性，针对高铁的极端恶劣应用环境研究不同封装形式对传感器性能的影响，实现特殊封装结构设计加工。

5. 传感器专用电路技术

研究微弱信号检测设计、低失调低噪声运算放大器设计、温度补偿设计、电路结构设计等，同时考虑电磁干扰/射频干扰（EMI/RFI）及工频电压的兼容特性，形成传感器专用单片测控与保护电路。

6. 基础研究方向

基础研究方向见表 5-1。

表 5-1　基础研究方向

序号	分类	研究主题
1	共性技术	智能传感器基础理论
2		传感器可靠性设计方法
3		协同边缘感知自适应网络技术
4		非线性传感机理
5		信息融合理论和核心技术
6	工艺方向	微系统集成制造工艺
7		微纳系统的异质集成融合技术
8	原理方向	量子传感器
9		太赫兹传感器
10		仿生传感器
11		石墨烯传感器及量产技术
12		磁流体传感器
13	材料方向	生化传感器
14		柔性传感器
15		自供电 MEMS 传感器技术

5.4.3　技术路线图的绘制

面向 2035 年的传感器及微系统发展技术路线图如图 5-1 所示。

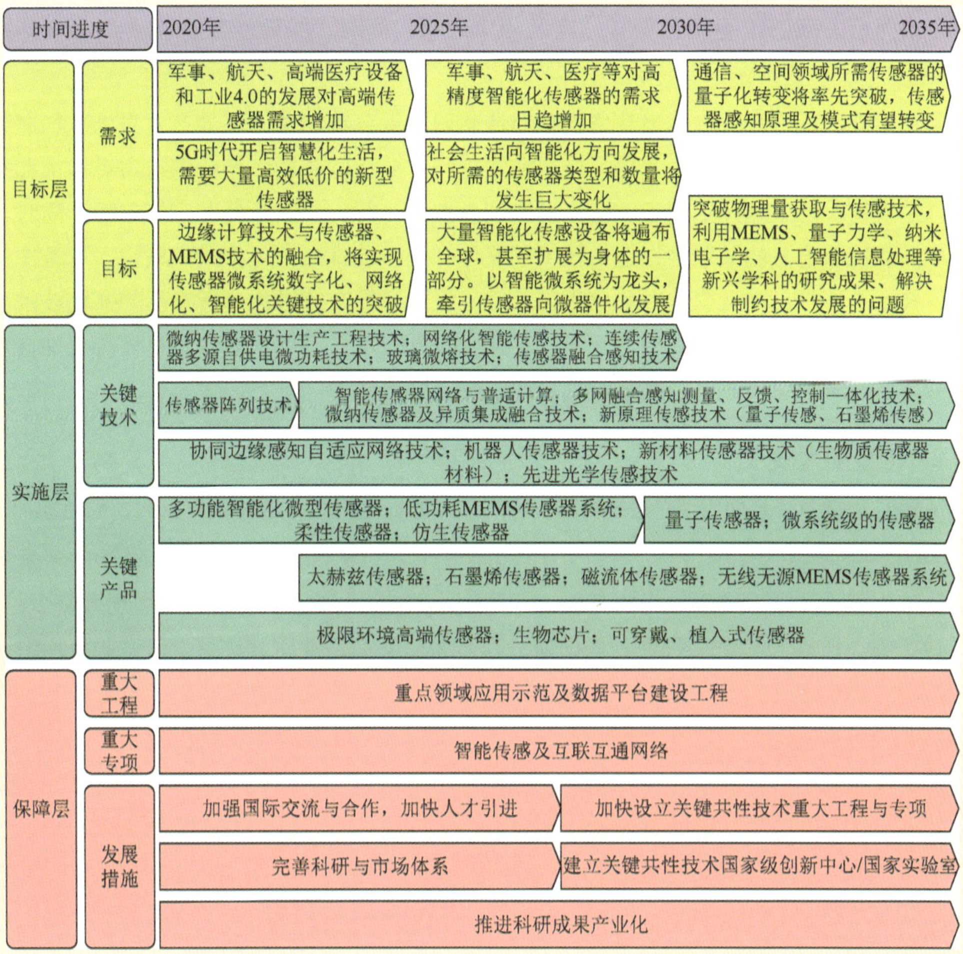

5 ■ 面向2035年的传感器及微系统发展技术路线图

时间进度	2020年	2025年	2030年	2035年
目标层 — 需求	军事、航天、高端医疗设备和工业4.0的发展对高端传感器需求增加	军事、航天、医疗等对高精度智能化传感器的需求日趋增加	通信、空间领域所需传感器的量子化转变将率先突破,传感器感知原理及模式有望转变	
	5G时代开启智慧化生活,需要大量高效低价的新型传感器	社会生活向智能化方向发展,对所需的传感器类型和数量将发生巨大变化		
目标层 — 目标	边缘计算技术与传感器、MEMS技术的融合,将实现传感器微系统数字化、网络化、智能化关键技术的突破	大量智能化传感设备将遍布全球,甚至扩展为身体的一部分。以智能微系统为龙头,牵引传感器向微器件化发展	突破物理量获取与感传技术,利用MEMS、量子力学、纳米电子学、人工智能信息处理等新兴学科的研究成果,解决制约技术发展的问题	
实施层 — 关键技术	微纳传感器设计生产工程技术;网络化智能传感技术;连续传感器多源自供电微功耗技术;玻璃微熔技术;传感器融合感知技术			
	传感器阵列技术	智能传感器网络与普适计算;多网融合感知测量、反馈、控制一体化技术;微纳传感器与异质集成融合技术;新原理传感技术(量子传感、石墨烯传感)		
	协同边缘感知自适应网络技术;机器人传感器技术;新材料传感器技术(生物质传感器材料);先进光学传感技术			
实施层 — 关键产品	多功能智能化微型传感器;柔性传感器;仿生传感器	低功耗MEMS传感器系统	量子传感器;微系统级的传感器	
		太赫兹传感器;石墨烯传感器;磁流体传感器;无线无源MEMS传感器系统		
	极限环境高端传感器;生物芯片;可穿戴、植入式传感器			
保障层 — 重大工程	重点领域应用示范及数据平台建设工程			
保障层 — 重大专项	智能传感及互联互通网络			
保障层 — 发展措施	加强国际交流与合作,加快人才引进		加快设立关键共性技术重大工程与专项	
	完善科研与市场体系		建立关键共性技术国家级创新中心/国家实验室	
	推进科研成果产业化			

图 5-1 面向2035年的传感器及微系统发展技术路线图

5.5 战略支撑与保障

国内传感器及微系统领域面临的严峻挑战,也是历史赋予我们的发展机遇。在践行创新驱动发展的国家战略中,全社会应共同关注传感器及微系统,重视并加大投入力度;持续突破核心技术、关键软/硬件、基础前沿并形成研发体系;加快公共服务平台建设并实现"官、产、学、研、用"相结合的传感器及微系统产业生态。

1. 制定国家战略

明确将传感器及微系统纳入国家科技计划之列,建立国家传感器及微系统战略规划管理机构，协同相关部门统筹规划安排，制定相应政策。同时，组建专家咨询委员会，支持科学决策。

由相关部门与专家咨询委员会依据现有传感器及微系统相关领域的产业技术、科研院校机构与企业的创新资源和能力水平、产业聚集度和行业地位基础，牵头进行市场需求和重大目标产品梳理、产业路线图制定、全产业链创新任务分解、创新任务制定等工作。同时，各方向之间要求有充分的关联性，包括技术关联性、创新链连通性、集成关联性、设备支撑共用性、技术重要性、产业影响性和应用带动性。重点开展支撑重大目标产品的共性技术、关键技术、共性产品及其标准化的创新研发工作，提升技术关联度、技术共享性和共性技术的扩散共享，提升整个传感器及微系统领域的研发、生产能力。

2. 持续加大投入

传感器及微系统是面向21世纪的军民两用技术的应用典范，战略意义重大，应持续加大投入力度，并设立国家层面的传感器及微系统技术基础研究、应用开发、产业化技术等重点专项。

针对传感器及微系统领域内的高校、科研院所及创新型企业，在研发层面加大资金投入，引导其在核心技术、关键软/硬件、基础前沿等方面形成完整的研发体系。引进政策和激励机制，创造科研、创新的良好条件，让传感器及微系统领域的人才创造活力竞相迸发、聪明才智充分发挥，让投入有的放矢。

对传感器及微系统领域内的企业，通过有效的资金投入，探索形成完善、紧密合作的产业链，形成在重大应用市场需求和目标产品牵引下，前期以政府引导资金为主，企业合理投入，后期以企业投入为主，政府资金为辅，建立"官、产、学、研"产业上下游并行化紧密合作的协同创新组织和运行体制机制，形成新型有效的收益分配和"产、学、研"合作激励机制，形成新的项目管理和过程监管模式，提升政府引导资金使用效益。

3. 加快协同创新

目前，国内传感器及微系统技术研发主要集中在高校和科研院所，工业部门、企业投入分散，尚未形成真正的传感器及微系统产业化能力，应尽快建设完善高水平传感器及微系统公共平台，"产、学、研、用"相结合，国有、民营相结合，构建我国传感器及微系统技术创新发展体系，推动传感器及微系统工程科技发展。

通过政府引导、政策扶持、科研投入、战略合作、项目合作、投资合资、市场合作等多元化方式，紧密整合企业、科研院所、高校的科研能力。形成既有核心责任主体，又有网络化、模块化、可快速重构、具备紧密经济关联性、产业上下游协同创新的运作模式。协同科研创新机构、产品开发公司、集成应用企业、产业基金等多方面资源，共同促进传感器及微系统产业逐步发展壮大。

第5章编写组成员名单

组　　长：蒋庄德

副组长：尤　政　朱险峰

成　　员：赵立波　赵嘉昊　张　莉　林启敬　杨　娟　王琛英　仙　丹
　　　　　杨艳明　张　真

执笔人：赵立波　赵嘉昊　张　莉　林启敬　杨　娟　王琛英　仙　丹

6 面向 2035 年的洁净煤技术路线图

洁净煤技术是指能减少污染排放、提高利用效率的煤炭清洁利用技术，满足世界各国构建高效、经济、清洁、低碳能源体系的发展要求，是当前世界各国解决能源环境问题的主导技术之一。研发更高参数的发电技术、现代煤化工制备装备以及低成本的二氧化碳减排技术已成为全球洁净煤技术的热点方向。发展洁净煤技术是立足我国国情，满足我国煤炭清洁高效利用新兴产业的发展需求，实现能源绿色低碳发展和煤炭强国战略的国家需要。

本章分析了全球洁净煤技术发展态势，重点介绍了 700℃ 超超临界发电技术、IGCC/IGFC 技术、二氧化碳捕获、利用和封存技术和煤炭深加工技术等洁净煤前沿技术的研发现状，提出了我国洁净煤技术的发展目标和重点任务，编制了面向 2035 年的洁净煤技术路线图。

6.1 概述

6.1.1 研究背景

洁净煤技术（Clean Coal Technology，CCT）最早源于美国，旨在减少污染排放与提高利用效率，是煤炭发电、深加工等过程中燃烧、转化及污染控制、废物综合利用等技术的统称[1,2]。煤炭是我国的主体能源和重要原料，燃煤发电在我国电力结构中的基础地位长期不会改变[3-5]，同时煤制油、煤制天然气、煤制化学品等示范项目持续推进建设，我国煤炭深加工产业发展已初具规模[6]，发展洁净煤技术对我国煤基能源的可持续发展、保障国家能源安全和治理环境问题都具有重要意义。

随着全球能源环境问题的日益突显，清洁低碳燃煤发电、现代煤化工和低阶煤综合利用等洁净煤技术呈现出巨大的应用前景和市场潜力，洁净煤技术成为最受关注的能源新技术之一。全球煤炭约86%用于燃煤发电，美国、欧盟、日本、澳大利亚等发达国家和地区均高度重视洁净煤发电技术的开发与示范[3,6,8]，包括突破先进超超临界燃气高效发电技术，并实现规模化应用，如现役超超临界发电技术性能提升、700℃超超临界发电技术等；开发先进煤气化及多联产发电技术，如整体煤气化联合循环（IGCC）发电技术、整体煤气化燃料电池（IGFC）发电技术等。二氧化碳减排是燃煤发电技术未来发展的主要瓶颈，也是燃煤发电技术发展的热点和难点。世界各主要国家不断推进相关工作，已建成年捕获百万吨级的示范装置，正在积极研发和推动相关技术的商业化。二氧化碳减排主要涉及的技术包括推进燃煤电厂污染物近零排放及二氧化碳捕获、利用和封存（CCUS）技术[3]。

开展洁净煤技术路线图编制工作，有助于燃煤发电、煤化工和资源综合利用等诸多领域的基础研究提前布局、关键技术研发和重大工程示范，对煤炭产业的清洁生产、清洁利用发展具有重要战略意义。进入21世纪，为推动科技发展和提升科技竞争力，美国、日本、欧洲等国家和地区积极开展技术预见工作[8]，制定了国家科技战略规划，如美国的年度重大科技战略计划、欧洲的2020战略、日本的技术预见调查等。我国也十分重视技术创新领域的技术预见工作，例如，科技部、中国科学院、中国工程院在2002年前后相继开展了短期（5年）、中长期（以未来10年、20年为主）的技术预见研究工作。在能源领域，我国形成了较系统的研究成果，包括《能源技术革命创新行动计划（2016—2030）》《中国工程科技2035中长期发展战略研究》等。

6.1.2 研究方法

1. 文献分析方法

以 Web of Science 数据库作为全球洁净煤技术研究的数据源，对洁净煤技术的相关研究论文进行检索。基于文献数据信息展开的客观定量分析属于数据挖掘研究范畴，是对客观数据信息特征进行的统计分析。定量分析方法的特点是基础数据不受主观因素的影响，为研究人员提供洁净煤技术文献研究统计信息，注重客观性，但如果出现数据量不足或不全、分析指标建立不正确等问题将严重影响技术预见结果的准确性。

2. 定性分析方法

主要是使用了德尔菲法，其中德尔菲调查是通过多次不记名问卷调查实现的，最大限度地综合专家的判断，对未来技术的进行预见，制定技术备选清单；再召开多轮的现场专家咨询会议，实现对技术备选清单的定性分析与修正，确定最终关键技术清单及关键技术发展目标与重点任务，为制定洁净煤技术路线图提供支撑。

6.1.3 研究结论

为实现煤炭清洁高效利用，美国、欧盟、日本、澳大利亚等发达国家和地区均高度重视洁净煤发电技术的开发与示范，特别是先进燃煤发电及二氧化碳减排等洁净煤技术。我国作为全球最大的煤炭生产和消费国，长期致力于洁净煤技术研究，根据文献分析结果，我国已成为洁净煤技术研究最活跃的国家，2000—2016 年该领域的论文发表总量、论文被引用次数均居全球第一。以中国科学院、中国矿业大学等为代表的我国研究机构积极参与前沿洁净煤技术研究，研究成果形成了规模化优势，推动了燃烧、碳减排、煤化工等全球洁净煤技术的发展。

从全球洁净煤技术发展态势来看，燃煤发电为重点领域，提高常规发电机组的蒸汽参数和煤气化两种技术路线是主要前沿方向。其中，700℃超超临界燃煤发电技术是目前公认的第一种技术路线的先进技术，而基于煤基的 IGCC 和 IGFC 是第二种技术路线的前沿技术，同时也是未来煤炭高效发电领域具有颠覆性的技术。此外，随着技术成熟、成本下降，CCUS 碳减排技术和煤炭深加工技术在未来具有大规模的应用前景。

洁净煤技术需依靠科技创新推动，开发清洁、低碳、高效的发电技术是煤炭利用核心，研发现代煤化工技术是煤炭转化重点，发展目标包括提高煤炭发电效率、推动现代煤化工产业升级示范以及燃煤污染物超低排放和二氧化碳减排、提高煤炭资源综合利用率等，到 2035 年全面形成煤炭清洁高效利用技术体系。

6.2 全球技术发展态势

6.2.1 全球政策与行动计划概况

1. 美国

美国作为世界上煤炭生产与消费大国，拥有将近 5000 亿吨的煤炭资源储备量，占全球煤炭资源储备总量的 28%[7]。洁净煤技术于 20 世纪 80 年代初期由美国和加拿大在解决两国边境酸雨问题时提出，被诠释为可以最大限度利用煤碳能源、同时将造成污染降到最小限度的技术方案[2]。该项应对环境污染的能源技术对策，受到美国重视，将其视为实现和保证能源稳定、安全和有效发展的关键技术，不断引导洁净煤技术发展。早在 1984 年美国就提出了洁净煤技术规范计划，后续不断推出洁净煤技术的发展规划和政策措施，为美国率先布局 IGFC、CCS（Carbon Capture and Storage，二氧化碳捕获和封存技术）等先进洁净煤技术的研发提供了良好环境。表 6-1 给出了美国促进洁净煤技术发展的主要措施。

表 6-1 美国促进洁净煤技术发展的主要措施

时间	主要措施	具体内容
1984 年	美国政府提出洁净煤技术规范计划（CCTDP）	通过联邦政府、州政府和各私营企业的合作，开发和示范具有优良运行性能、环保性能和经济竞争力的煤基技术
1999 年	美国能源部提出 Vision 21 计划	发展化石燃料为基础的综合能源
1999 年	美国能源部成立固态能源转化联盟（Solid Energy Conversion Alliance，SECA）	开发百兆瓦级 IGFC 发电技术
2002 年	洁净煤发电（Clean Coal Power Initiation，CCPI）计划	加快先进洁净煤技术商业化，以保证美国具有清洁、可靠和经济的电力供应
2003 年	Future Gen 计划	发展世界上第一个以煤为原料生产电力和氢能的产业，并实现空气污染物和二氧化碳零排放的能源工厂
2009 年	《2009 美国清洁能源与安全法案》《2009 美国复苏与再投资法案》	通过支持碳捕获和碳交易发展减排技术，提高能源效能，对清洁能源加大投资力度
2009 年	建立中美清洁能源联合研究中心	促进中美两国的科学家和工程师在清洁能源技术领域联合开展研究
2015 年	《清洁电力计划》《碳排放标准》	确保燃烧化石能源的电厂变得更清洁、更高效，并加大零排放和低排放能源的使用

2. 欧盟国家

为促进欧洲能源利用新技术的开发，减少对石油的依赖和煤炭利用造成的环境污染，降低二氧化碳和其他温室气体排放，欧盟提出了一系列的洁净煤发展计划，例如，"Joulie-Thermie" 计划（1993—1998 年）、"700℃先进超超临界燃煤发电技术（AD700）"计划（1998 年）、CARNOT 计划（1998—2002 年）、欧盟第五框架计划（1998—2002 年）、欧盟第六框架计划（2002—2006 年）以及欧盟第七框架计划（2007—2013 年）等，旨在使燃煤发电更加洁净，通过提高利用效率以减少煤炭消耗，加强煤炭的竞争性，提高煤炭的应用潜力。在低碳技术领域，加速开发并大规模部署低碳技术。例如，通过了战略能源技术计划（SET-Plan）。二氧化碳捕获和封存（CCS）技术是被欧盟认定的有潜力实施的关键技术之一，并规划将 CCS 技术在燃煤发电厂进行部署。

3. 日本

日本能源资源匮乏，煤炭是其长期利用的能源之一。日本也是较早规划并长期发展洁净煤技术的国家，1978 年它提出的"节能技术开发计划"已涉及洁净煤相关技术。1992 年，日本在第 9 次煤炭政策中规定，将洁净煤技术作为日本煤炭科研的重点。1993 年，日本在新能源综合开发机构（NEDO）内组建了"清洁煤技术中心"，主要负责煤炭利用技术。1999 年，日本政府编制了《21 世纪煤炭技术战略计划》，积极发展煤炭清洁高效利用技术，并规定了各个阶段的具体目标。2015 年，制定了 IGFC 发展规划，目标是到 2025 年使 IGFC 发电效率达到 55%。目前，在相关战略政策的推动下，日本已走在 IGFC 分布式发电大规模应用与 CCUS 技术示范和部署等先进洁净煤技术发展的前沿。

4. 中国

1995 年，中国成立了国家洁净煤技术推广规划领导小组，是我国洁净煤技术发展的重要里程碑。1997 年，国家计委印发了《中国洁净煤技术"九五"计划和 2010 年发展纲要》，成为促进中国洁净煤技术发展的指导性文件。"十一五"期间，洁净煤技术被列入国家"863"计划，成为能源技术领域主题之一。"十二五"以后，煤炭清洁高效利用产业成为我国战略性新兴产业的重点发展方向，特别是进入"十三五"以来，我国颁布了《煤炭工业发展"十三五"规划》《关于促进煤炭安全绿色开发和清洁高效利用的意见》（国能煤炭〔2014〕571 号）和《煤炭清洁高效利用行动计划（2015—2020 年）》（国能煤炭〔2014〕141 号）、《国家发展改革委 工业和信息化部关于印发 < 现代煤化工产业创新发展布局方案 > 的通知》（发改产业〔2017〕553 号）《国家能源局关于印发 < 煤炭深加工产业示范"十三五"规划 > 的通知》

(国能科技〔2017〕43 号）等一系列政策规划。此外，国家发展改革委和国家能源局发布了《能源技术革命创新行动计划（2016—2030 年）》，该行动计划具体给出了面向 2030 年煤炭开采和清洁利用等相关技术路线图。

6.2.2 基于文献统计分析的研发态势

基于 Web of Science 核心论文数据库，以洁净煤（技术体系[9]）为主题进行检索，2000—2016 年，共检索出发表相关研究论文 29236 篇。如图 6-1 所示，论文年度发表数量总体呈现持续快速上涨趋势。其中，在 2000—2004 年，论文发表数量稳定在 600~800 篇；在 2005—2016 年间论文发表数量呈现线性的增长趋势，年平均增加 200 余篇学术论文，特别是 2011 年以来年论文发表数量超过了 2000 篇。总体上看，洁净煤技术研究成为全球能源研究热点问题之一。

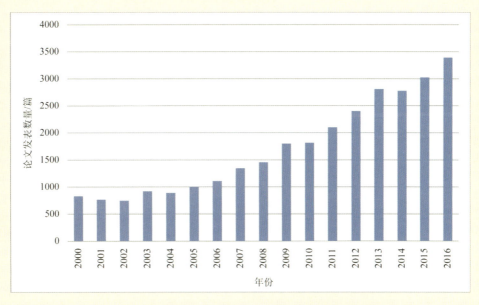

图 6-1　洁净煤技术研究论文发表数量年度变化趋势

从全球洁净煤技术研究的论文发表国家分布来看（见图 6-2），排名前 10 位的国家分别为中国、美国、日本、澳大利亚、印度、波兰、英国、西班牙、加拿大和德国，这 10 个国家的论文发表总和占世界总论文发表数量的 71.04%，发表论文的国家相对集中，基本体现了全球能源消费结构的特点。其中，我国在洁净煤研究领域的论文发表数量占绝对优势，占世界总论文发表数量的 32.51%。

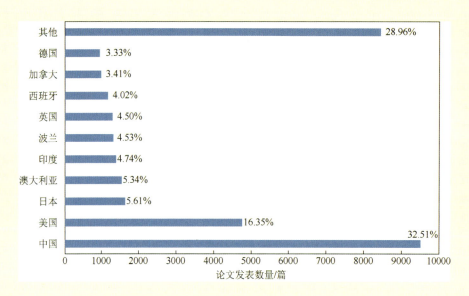

图 6-2　各国洁净煤技术研究的论文发表数量情况

表 6-2 列出了全球洁净煤技术研究论文发表数量排名前 20 的研究机构，我国研究机构最多，占了 11 家，其次是美国（3 家）和澳大利亚（2 家）。其中，中国科学院和中国矿业大学的关于洁净煤技术的论文发表数量远多于其他机构，是全球最主要的洁净煤技术研究机构。同时，我国有 7 所高校进入了前 10 名，分别是中国矿业大学、华中科技大学、清华大学、太原理工大学、浙江大学、华东理工大学和东南大学，在一定程度上反映出中国工科类高校专业关注洁净煤技术领域。

表 6-2　全球洁净煤技术研究论文发表数量排名前 20 的研究机构[9]

排名	主要研究机构	所属国家	论文发表数量/篇
1	中国科学院	中国	1048
2	中国矿业大学	中国	902
3	西班牙高等科研理事会	西班牙	430
4	华中科技大学	中国	410
5	清华大学	中国	376
6	太原理工大学	中国	317
7	浙江大学	中国	304
8	华东理工大学	中国	276
9	莫纳什大学	澳大利亚	263
10	东南大学	中国	255

续表

排名	主要研究机构	所属国家	论文发表数量/篇
11	肯塔基大学	美国	250
12	印度理工学院	印度	241
13	哈尔滨工业大学	中国	239
14	宾夕法尼亚州立大学	美国	228
15	华北电力大学	中国	207
16	昆士兰大学	澳大利亚	204
17	美国能源部	美国	202
18	纽卡斯尔大学	英国	201
19	上海交通大学	中国	200
20	俄罗斯科学院	俄罗斯	195

通过对研究论文的主题词进行分析，可以大致反映该领域的发展趋势、研究热点与重点方向[9,10]。研究分析发现，2008 年前主要关注的主题词是燃烧和粉煤灰，随后突出了对燃烧的研究（2009—2010 年），后又转为气化技术（2011—2015 年）。总体上，燃烧是一直被关注的主题词，气化是近 10 年一直备受关注的主题词。从新出现的主题词数量上来看，2007 年、2008 年和 2012 年新主题词出现较多。其中，2007 年新出现了主题词二氧化碳捕获与封存（CCS）、2008 年新出现了气化过程、煤渣、煤泥等主题词、2012 年主题词为热裂解、煅烧煤矸石、二氧化碳捕获、利用与封存（CCUS）、甲醇制烯烃、煤制烯烃、固体氧化物碳燃料电池等。根据新出现的主题词梳理情况，可以发现除了长期对煤炭燃烧和污染物技术的关注，CCUS 等先进碳减排技术和煤制油、煤制烯烃等现代煤化工技术两个研究方向已成为洁净煤领域文献研究的热点。

6.3　关键前沿技术与发展趋势

根据煤炭利用方式，洁净煤技术主要分为燃煤发电和煤炭深加工两个技术领域。在美国、德国、澳大利亚和日本等发达国家的电力市场中燃煤发电仍发挥着主体作用[6]，长期内全球能源工程科技发展仍将聚焦洁净煤技术发电领域。目前，燃煤发电的前沿研究不断趋向更高参数、集成化、系统化的煤炭近零排放发电相关技术，主要包括 700℃超超临界燃煤发电技术、超超临界循环流化床发电技术以及整体煤气化联合循环（IGCC）和整体煤气化燃料电池（IGFC）；二氧化碳减排技术主要为二氧化碳捕获、利用和封存(CCUS)技术。同时，中国、美国、日本、南非、德国、英国等国家不断开展现代煤化工技术研发和产业示范，煤制油、煤制天然气、煤制烯烃等现代煤化工技术成为洁净煤技术的研究热点[11]。

6.3.1 700℃超超临界燃煤发电技术

700℃超超临界燃煤发电技术从热力学的角度上讲其本质还是超临界技术[12]，是指在700℃/35MPa及以上高温、高压条件来提升热力效率。超超临界燃煤发电技术一直是燃煤发电提高效率的主要技术路线之一，掌握和应用700℃等级的先进超超临界燃煤发电技术，可在大幅度提升发电效率同时降低温室气体与污染物排放，是火力发电行业实现煤炭清洁高效利用的最前沿技术发展方向。相关研究表明，700℃等级的先进超超临界燃煤发电技术的发电效率可达50%，如果增加再热次数，其效率还会提高[12]。700℃超超临界燃煤发电技术的节能减排经济性更好[13]，可以降低二氧化碳捕获和封存技术（CCS）的成本，有助于推广CCS技术的应用。

20世纪90年代末期，欧盟、美国和日本等发达国家和地区在600℃超超临界燃煤发电技术的基础上相继提出了700℃先进超超临界燃煤电站计划。相关研究显示[14]，欧盟较早启动了"运行温度为700℃的先进超超临界燃煤发电技术(AD700，1998)"计划，其目标是开发出蒸汽参数达720℃/37.5MPa的超超临界燃煤发电机组，机组发电效率提升至52%～55%；在欧盟AD700计划的基础上，美国设定了蒸汽参数760℃/35 MPa更高的研究目标，并先后启动了超超临界燃煤发电机组锅炉材料研究计划（2001年）和超超临界燃煤发电机组汽轮机研究计划（2005年）；日本A-USC（2008年）开发700℃燃煤发电系统的目标是在2020年发电效率达到48%。目前，欧盟完成了高温材料研发、材料加工性能测试和关键部件测试的研究工作，美国在锅炉材料和汽轮机材料方面取得了重大突破，日本的高温材料评价已进入了实炉试验阶段，并建设了电加热汽轮机部件试验平台。尽管开展了相关基础研究，但在电站示范方面进展并不顺利，例如，德国的示范电站建设项目和欧盟的高温部件试验台项目已取消，美国目前也尚未形成600℃以上先进超超临界燃煤示范电站。

为推动我国700℃超超临界燃煤发电技术快速发展，2010年成立了"国家700℃超超临界燃煤发电技术创新联盟"；2011年国家能源局设立了国家能源应用技术研究及工程示范项目"700℃超超临界燃煤发电关键设备研发及应用示范"。2015年12月，我国首个700℃条件下的关键部件验证试验平台在华能南京电厂成功投运，表明我国已经初步掌握了700℃先进超超临界燃煤发电技术所涉及的高温材料冶炼、部件制造加工和现场焊接等关键技术，具备了后续开展700℃条件下高温镍基合金材料和高温部件设备的现场试验验证条件[15]。

6.3.2 IGCC/IGFC 发电技术

IGCC/IGFC 发电技术被视为具有颠覆性的煤炭清洁利用技术之一，不但被称为近零排放发电技术，而且其发电效率有望突破 50%，甚至达到 60% 以上，大大降低供电煤耗。这一技术一旦取得突破将打破我国现有能源结构，可减少近一半的煤炭资源发电消耗，可有效缓解因煤造成环境污染和碳排放问题。

IGCC 是煤气化制取合成气后，通过燃气-蒸汽联合循环发电方式生产电力的过程[16]。目前，美国、日本、荷兰、西班牙等国家相继建成并运行了 IGCC 电站。同时，美国、日本、韩国等国家均在继续推进 IGCC 技术的发展和商业化运营，具有多座在建和计划建设的 IGCC 电站。据不完全统计，在建的 IGCC 电站装机容量大于 1600MW，拟建设的 IGCC 电站装机容量大于 1400MW[17]。2012 年 11 月，我国华能天津 250 兆瓦 IGCC 示范发电机组投入商业运行，在技术参数方面达到或低于天然气燃料发电的排放水平，已实现粉尘和 SO_2 排放浓度低于 1mg/（$N·m^3$）、NO_x 排放浓度低于 50mg/（$N·m^3$），发电效率比同容量常规发电技术高 4%~6%，标志着我国拥有了集自主研发、建设与运营一体化的 IGCC 示范电站。

IGFC 不同于 IGCC 的燃烧发电方式，它采用燃料电池直接发电（电化学反应过程），是以煤合成气为燃料的高温燃料电池发电系统，其发电效率最高可达 60% 以上，同样具有二氧化碳容易富集的特点，可达到近零排放[8]。IGFC 实现了煤基发电由单纯热力循环发电向电化学和热力循环复合发电的技术跨越，理论上其煤电效率可提高近一倍，同时具有降低二氧化碳捕获成本的优势[17]。国际上，美国和日本长期持续进行 IGFC 技术研发和应用示范，其燃料电池产业的商业化应用走在了世界前列。我国在科技部"863"项目、"973"项目和国家重点研发项目资助下，长期开展了高温燃料电池电堆、发电系统和相关基础科学问题的研究。自 2018 年以来，不断加强 IGFC 煤基发电相关技术的研发和系统测试研究，并着手建设兆瓦级的固体氧化物/熔融碳酸盐燃料电池发电系统示范平台。

6.3.3 二氧化碳捕获、利用和封存（CCUS）技术

二氧化碳捕获、利用和封存技术（Carbon Capture, Utilization and Storage，CCUS）是全球低碳技术新的发展趋势，把生产过程中排放的二氧化碳进行提纯并进行循环再利用，包括了二氧化碳的捕集、运输和利用三个技术环节。相对于二氧化碳捕获和封存技术（Carbon Capture and Storage，CCS），CCUS 的二氧化碳处理方式可以进行转化利用，二氧化碳利用

技术主要包括地质利用技术、化工利用技术、生物利用技术和矿化利用技术等[18]。尽管CCS/CCUS 技术链的理论研究相对成熟，但多数还处于实验室研究。

2016 年，全球性气候新协议《巴黎气候变化协定》提出，将全球气温升高幅度控制在 2℃以下，使得燃煤发电二氧化碳减排问题成为焦点，全球各国开始加快推进 CCUS 技术研发进和应用。2018 年，美国通过《未来法案》(Future Act)，提出二氧化碳捕获和封存获得税收抵免 50 美元/吨、二氧化碳采油和封存获得税收抵免 35 美元/吨的优惠政策；2018 年，美国 Petra Nova 煤电厂成为首家实现二氧化碳减排的商业化电厂，通过二氧化碳捕获和封存装置可实现年减排 100 万吨二氧化碳。在二氧化碳利用方面，德国利用可再生能源电力电解水和二氧化碳制取合成气、天然气和液态燃料，实现了二氧化碳的清洁转化与利用。我国也在积极推进 CCUS 项目示范工作，示范/建设项目包括陕西延长石油公司年产 36 万吨的二氧化碳捕获/管输/采油和封存一体化示范项目、华润海丰电厂的二氧化碳捕获测试平台、神华国华锦界电厂年产 15 万吨的二氧化碳捕获装置等[17]。

6.3.4 煤炭深加工技术

根据《煤炭深加工产业示范"十三五"规划》，煤炭深加工技术是指以煤为主要原料，生产多种清洁燃料和基础化工原料的煤炭加工转化技术，主要具体包括煤制油、煤制天然气、低阶煤分质利用、煤制化学品等现代煤化工技术。全球现代煤化工产业发展主要集中在南非、美国和中国，国外现代煤化工主要以技术装备研发为主，示范建设较少。在产业化方面，南非 Sasol 公司已建成最大煤制油厂，年处理煤炭总计 4600 万吨，总产能为 760 万吨/年；美国主要有伊斯曼（Eastman）公司和大平原气化厂两家大型煤化工企业，伊斯曼公司主要生产醋酸、醋酐，大平原气化厂主营合成天然气[6]；我国煤炭深加工产业已取得巨大成就，大型煤气化技术、煤直接液化技术、煤制烯烃技术、煤制乙二醇技术等处于国际领先水平[8]，特别是"十三五"期间进入了煤化工项目升级示范爆发期，例如，神华宁煤年产 400 万吨的煤间接液化项目油品合成第一条线（200 万吨/年）、内蒙古汇能（一期工程）年产 4 亿立方米的煤制天然气项目、大唐克旗（一期工程）年产 13.3 亿立方米的煤制天然气项目、新疆庆华（一期工程）年产 13.8 亿立方米的煤制天然气项目、中天合创能源有限责任公司煤制烯烃项目（2018 年，年产 MTO 级甲醇 398 万吨、聚烯烃产品 127 万吨）等。

全球煤制清洁燃料和化学品技术正向大型化和集成化方向发展，除尘、脱硫、脱硝、废水等污染物处理技术主要转向高效化、洁净化方向发展，世界煤气化技术及煤气化炉装备呈现了高适应性、低污染、易净化的发展趋势，节约用水、单台气化炉生产能力、多煤种适应性等成为前沿问题[6,11]。

6.4 技术路线图

6.4.1 发展目标与需求

1. 发展目标

在《煤炭工业发展"十三五"规划》《煤炭清洁高效利用行动计划（2015—2020 年）》(国能煤炭〔2014〕141 号、能源技术革命创新行动计划（2016—2030 年）》等相关规划、能源政策及相关研究成果[3,8,19,20]的基础上，分别提出 2025 年、2030 年和 2035 年我国洁净煤技术发展目标。

到 2025 年，我国煤炭清洁高效利用水平显著提高，燃煤发电技术和单位供电煤耗达到世界先进水平，我国将实现燃煤发电机组平均供电煤耗应接近 300 克标煤/千瓦时，二氧化碳排放强度下降到 825 克/千瓦时以下。现代煤化工产业化示范取得阶段性成果，形成更加完整的现代煤化工自主技术和装备体系及煤炭工业废水处理技术，具备开展更高水平示范的基础；煤矸石综合利用率不低于 80%。加强煤炭近零排放技术的基础理论研究和工程示范。

到 2030 年，我国煤炭行业清洁高效利用技术取得跨越式突破发展，形成 IGCC 发电机组规模化应用，二氧化碳捕获率>90%，燃煤发电技术引领全球发展，单位供电煤耗和污染物排放低于世界先进水平；建设 700℃超超临界燃煤电站和煤基 IGFC 示范电站工程并进行推广，形成适应不同煤种、系列化的先进煤气化技术体系。

到 2035 年，我国煤炭行业清洁高效利用形成高质量发展，形成以规模化煤基的 IGFC 发电电站，发电效率>60%，二氧化碳捕获率>95%，基本实现污染物的近零排放以及固体废物的资源综合利用；实现在大规模燃煤电站进行 700℃超超临界燃煤发电技术推广和改造，形成全球领先的现代煤炭深加工技术，建成大型煤炭深加工基地。

2. 洁净煤技术发展需求

1) 建设清洁高效、清洁低碳的能源体系，加快煤炭行业绿色发展

为推动十九大报告中提出的建设清洁高效、清洁低碳的能源体系，推动煤炭行业的绿色发展，根据国家发改委颁布的《绿色产业指导目录（2019 年版）》(〔2019〕293 号)，将煤炭领域的相关煤炭清洁利用产业定为绿色产业发展。加快发展煤炭领域绿色产业，可以减少生态环境损害和破坏现象，提高商品煤质量，提升煤炭清洁利用的效率，降低利用过程的污染物及二氧化碳排放量。发展煤炭发电技术、煤炭深加工技术、CCUS 等煤炭使用过程中的洁净煤技术，是我国传统的煤炭产业向绿色产业转变的技术保障和根本途径，煤炭行业的绿色

发展将助推我国洁净煤工程科技的发展。同时，全球主要能源国家不断致力于加快洁净煤工程科技发展的形势下，我国煤炭工业特别是洁净煤领域将长期面临挑战。

2）加强我国洁净煤领域新兴产业的培育力度

全球重视洁净煤技术引领的煤炭清洁利用产业的发展，美国、欧盟、日本、澳大利亚等发达国家和地区均积极地推进洁净煤发电产业，煤炭清洁高效利用产业也是我国能源新技术领域发展迅速的新兴产业之一，大力推进清洁、高效和近零排放的先进燃煤发电技术创新，有助于我国煤炭清洁高效利用产业的高质量发展，短期内有望赶上甚至领先于全球产业的发展。目前，该产业中的700℃先进超超临界燃煤发电技术、先进IGCC/IGFC高效发电技术、二氧化碳减排技术等洁净煤技术仍然处于研发阶段，都存在需要突破的技术瓶颈问题，产业成熟度等级较低。为此，需要加快培训产业发展，为洁净煤技术的发展提供良好的技术创新环境。

3）推进煤基清洁能源可持续发展，应对国际碳减排承诺

根据《BP世界能源统计年鉴2018》统计数据，2017年全球二氧化碳排放总量达到334亿吨，较2016年增长1.6%；中国的二氧化碳排放总量达到92.3亿吨，较2016年增长4.2%，占世界排放总量的27.6%，仍然是全球二氧化碳排放总量最多的国家（排名第2的美国仅为15.2%）。我国煤燃烧引起的二氧化碳排放量约占我国化石燃料引起的二氧化碳排放总量的80%，实现温室气体减排，发展和推广洁净煤的高效发电技术和碳减排技术，将有助于我国实现在2030年前达到二氧化碳排放峰值、碳排放强度比2005年下降60%~65%的国际碳排放承诺，形成煤基清洁能源可持续发展模式。

6.4.2 重点任务

1. 开展颠覆性煤炭清洁发电技术的基础研究与攻关

加大对700℃先进超超临界燃煤发电技术、IGCC/IGFC的煤炭清洁发电技术的基础研究与攻关力度。开发700℃先进超超临燃煤界发电技术，需重点研究系统设计优化，包括电站和锅炉和汽机等关键设备的总体设计，对高温耐热合金材料的研发。并加快实现高超临界等发电技术的商业化大规模应用，到2035年实现发电效率达到50%以上，污染物达到超低排放。整体煤气化联合循环（IGCC）研究的重点包括适应不同煤种、大容量的先进煤气化技术和适用于IGCC的F级以及H级燃气轮机技术、低能耗制氧技术等，同时加强IGCC电站示范，积累建设、运营管理经验，降低电站发电成本。重点开发大型IGFC煤炭清洁发电技术，主要包括整体煤气化熔融碳酸盐燃料电池和整体煤气化固体氧化物燃料电池，要突破MCFC和SOFC关键部件设计与制造技术、先进膜的研发及制造自主能力、IGFC系统集成技术与优化技术等。2035 年 IGFC 电站要实现兆瓦级产业化，发电效率达到 60%以上，同时具有全产业链的兆瓦级燃料电池/堆（SOFC、MCFC）制造能力。

2. 推进二氧化碳捕获、利用和封存产业化发展

重点研发先进的低能耗碳捕获技术、大规模输送技术、增压富氧燃烧、二氧化碳驱油/气/水/热、SOEC 制备合成气等前沿关键技术，加强燃煤电站与二氧化碳捕获端的深度整合、地质封存长期监测等应用技术研究，提升二氧化碳近零排放的超超临界燃煤发电技术、煤气化发电技术等先进发电技术与二氧化碳捕获、封存和利用技术的协同研发能力，加快示范工程建设，提升 CCUS 的经济性，降低成本，加快推动煤炭利用领域二氧化碳封存和利用产业化。

3. 推动煤炭深加工产业升级示范

进一步提升高效率、低消耗、低成本的煤制燃料和化学品等现代煤炭深加工技术并实现工业化应用，形成具有自主知识产权的工艺设备成套技术，进一步优化和完善煤化工降低能耗与污染排放技术，以及与炼油、石化化工、发电、可再生能源、燃料电池等系统耦合集成技术，完成工业化示范，加快形成天然气、乙二醇、超清洁油品、航天和军用特种油品、基础化学品、专用和精细化学品等能源化工产品市场。重点开展煤制油、煤制天然气、煤制化学品、低阶煤分质利用 4 类模式工艺技术的研发及升级示范，尤其是通用共性技术装备的升级示范。其中，煤制油升级示范重点包括煤直接液化和煤间接液化，煤制化学品升级示范重点包括煤制烯烃、煤制乙二醇、煤制芳烃等煤制化学品，煤制天然气升级示范重点应包括对已建成的煤制天然气示范项目优化完善，低阶煤分质分级利用技术研发及示范重点包括低阶煤的热解技术工艺和设备、突破气固液分离难、提升焦油品质、半焦煤合理高效利用、焦油加工延伸等技术[6]，现代煤化工共性技术研发示范重点包括实现对大型空分、气化等进行继续研发及工业示范，以及研发煤化工共性的先进节水、环保治理技术和资源化技术。同时，煤炭深加工产业发展应对我国能源结构和能源消费需求的变化，特别是针对未来分布式氢燃料电池发电及分布式应用、氢燃料电池汽车的社会普及应用等对氢能源的需求，提升煤制氢转换效率和低碳技术，加强煤制氢技术与储氢、运氢、加氢等氢能利用技术及 IGFC 发电技术的耦合集成技术研发，从战略高度布局煤化工氢能基地建设。

6.4.3 技术路线图的绘制

我国洁净煤技术发展应坚持以国家战略需求为导向，为解决资源保障、结构调整、污染排放、利用效率等重大问题提供技术手段和解决方案。同时，推动我国能源革命，通过洁净

煤技术创新，大幅度减少能源生产过程的污染物排放，提供更清洁的能源产品，加强能源伴生资源的综合利用，加快 IGCC/IGFC 等颠覆性技术发展，构建清洁高效、安全低碳的能源体系，实现经济社会发展、应对气候变化、提升绿色发展质量等多重国家目标。

为构建清洁高效、安全低碳的能源体系，结合煤炭行业绿色发展国家战略的需求和我国洁净煤技术发展的重点任务，推动煤炭的高效发电与清洁排放、深加工产业高质量发展，实现低碳近零排放的煤炭清洁利用，绘制了面向 2035 年的洁净煤技术路线图，如图 6-3 所示。

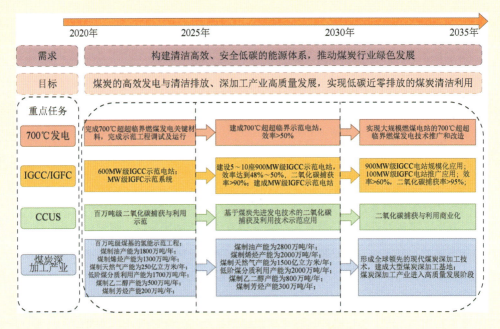

图 6-3　面向 2035 年的洁净煤技术路线图

6.5　战略支撑与保障

（1）国家层面提前布局，将先进洁净煤技术纳入能源新技术[6]范畴，重视以洁净煤技术为主的化石能源科技创新体系的顶层设计，加强科学规划先进煤电产业和现代煤化工产业布局。构建先进洁净煤技术体系和认定标准，长期持续支持技术基础研究与积累，鼓励企业参与开展颠覆性技术研发与工程示范。

（2）实施 IGCC/IGFC 重大工程科技专项，设立自然基金和国家重点研发专项基金，集中攻关制约煤炭清洁利用和低碳转化的基础研究。积极推进煤炭清洁高效转化与利用前沿技术的研发与产业化，特别是加快开展燃煤电站超低排放、IGCC/IGFC、700℃超超临界、CCUS、煤炭深加工等先进技术的研发和示范，并在资金、审批等政策上给予支持。

（3）在洁净煤技术方面，应该重视煤炭工业全产业链的技术创新发展，加强推进煤炭开采及煤炭勘探等煤炭清洁利用产业前端的基础技术研究，推动绿色煤炭资源[8,20]、精准智能开采[21]等相关前沿技术研究与应用，从全产业过程提升煤炭利用效率、降低生态环境影响。

第 6 章编写组成员名单

组　　长：彭苏萍

成　　员：张　博　孙旭东　许世森　李全生　曹志国　王洪建　罗　腾

执笔人：孙旭东　郭丹凝

7

面向 2035 年的电子废物污染防治与资源化发展技术路线图

  我国新兴产业的快速发展和技术更新换代的加速，在制造技术升级的同时，也带来了资源环境可持续性的新问题。针对目前高新技术行业产生的大量电子废物在污染控制和资源循环方面的问题，本章系统地研究了国内外电子废物污染控制技术和发展趋势。在研究过程中，进行了电子废物污染防治与资源化领域基于文献专利的发展态势解析及行业动态扫描，对我国目前电子废物资源化技术进展进行分析，制定出该领域未来 20 年关键技术清单，并在此基础上设计调查问卷，与行业内科研院所及企业的院士专家进行交流咨询；通过对典型电子废物资源化过程的深度表征和风险解析，构建基于经济效应、环境影响、资源供应、技术指标等多尺度因素的电子废物资源材料关键性评价及供应安全风险评估方法体系，并提出相应改善优化措施，建立从产品全生命周期考虑的环境与资源效应共性评价方法与理论。提高资源利用率，缓解资源紧缺问题，降低行业风险，为行业可持续发展提供决策参考；针对电子废物宏观政策管理层面，对电子废物政策法规及相关标准进行动态扫描，进一步归纳出电子固体废物产业政策发展趋势及投资前景分析，并绘制本领域面向 2035 年的中长期发展技术路线图，为实现电子固体废物分类、分级回收和相关环境经济政策实施规范的颁布提供建议。

7.1 概述

7.1.1 研究背景

高新技术产业（如电子工业、电动汽车工业、新能源产业等）是信息技术、新能源、新材料等前沿方向高速交叉融合的领域，在社会经济新阶段下支撑我国制造业的结构性优化和转型。我国新兴产业的快速发展和技术更新换代的加速，在制造技术升级的同时，也带来了资源环境可持续性的新问题，特别是初期产业结构战略研究不足，使得新阶段下高新技术产业中的环境和资源问题凸显。各种高新技术产品在生产中和消费后产生的巨量的电子固体废物（包括近年来的废弃动力电池）[1]，已经对我国环境尤其是城市环境造成了极大危害。这类废物含有多种重金属、有价金属和难降解有机物（如多溴化联苯、氯氟烃、PCCDs、PCDFs、多环芳烃等），对环境的危害大但资源价值高[2]。电子废物全球年产生量高达 9000 万吨，但平均有效回收率不足 20%（不包括产生大量二次污染的回收）。根据 UNEP 报告，我国的电子废物有效回收率在 15% 以下，与欧美等发达国家有较大差距（>50%）。虽然"十二五"期间，我国已经建立了 49 个"城市矿产"示范基地，对电子废物的处置和回收起到了促进作用，但是相关的管理、技术、产业等配套仍然不足。特别是缺乏针对电子废物整体行业的环境污染和资源化的战略设计，缺乏其环境效应深度解析，缺乏电子废物的分级分类管理、资源化利用的评价，缺乏针对电子产品全生命周期的绿色设计及从源头消减电子废物的可持续方法[3-7]。

7.1.2 研究方法

1. 新型电子产品固体废物污染控制与资源化技术和方法的发展趋势

本章拟通过调研欧美发达国家在新型电子废物（如废弃动力电池、废弃半导体照明设备等）污染控制与资源化技术方面的相关规划与战略部署，总结发达国家在新型电子废物管理方面的先进模式与理念，整理我国已有的相关法规与行业发展经验，以及我国目前电子废物管理与利用的发展现状与瓶颈问题，分析国内外差距与战略需求，为我国新型电子废物的高效管理、污染控制与资源化技术的进步提供战略指导。

2. 新型电子废物污染特性及资源关键性深度解析

目前，我国在新型电子废物中污染物特性方面仍缺乏定量化表征，对资源缺乏战略关键性解析。本章将从高新技术行业毒性原料利用与产品转化效率、有毒中间体产生环节及产生量、污染物排放量与排放结构等方面，建立电子废物污染"基因库"；并从设计阶段重点关注产品的绿色化与工艺对环境的影响程度，特别是跨介质（水/气/固）的污染协同作用机制的研究。基于制造强国战略规划，结合我国高新技术制造业的基本特点和资源需求，从特色资源的全生命周期切入，结合"绿色发展"和"结构优化"的指导方针，解析制造业全产业链中特色资源迁移特性、环境效应等，促进可持续发展。

7.1.3 研究结论

（1）针对目前高新技术行业产生的大量电子废物在污染控制和资源循环方面的问题，系统研究了国内外电子废物污染控制技术和发展趋势，对我国目前电子废物资源化技术进展进行分析，预见未来本领域的关键技术。

（2）通过对典型电子废物资源化过程的深度表征和风险解析，构建基于经济效应、环境影响、资源供应、技术指标等多尺度因素的电子废物资源材料关键性评价及供应安全风险评估方法体系，并提出相应改善优化措施，提高资源利用率，缓解资源紧缺问题，降低行业风险，为行业可持续发展提供决策参考。

（3）对电子废物政策法规及相关标准进行动态扫描，进一步归纳出电子固体废物产业政策发展趋势及投资前景分析，并绘制本领域面向 2035 年的中长期发展技术路线图，为实现电子固体废物分类、分级回收和相关环境经济政策实施规范的颁布提供建议。

7.2 全球技术发展态势

7.2.1 全球政策与行动计划概况

1. 德国对废弃电器电子产品的管理

20 世纪 90 年代，欧洲各国开始针对废弃电器电子产品立法。德国在电子废物回收处理管理方面走在了世界各国的前列。1991 年，德国政府制定了《电子废物条例》，规定了电子产品的生产厂家、进口商承担接受废弃电器电子产品返还的责任。1996 年《物质封闭循环与废物管理法》确立电器电子产品生产厂家承担"生产者责任制"，即应承担减少废物产生和废物处理的责任。为了进一步贯彻实施欧盟 WEEE 指令，2005 年，德国联邦议会通过了《关于电器电子产品销售、回收和环境无害化处置管理法令》，促进废弃电器电子产品的再使用、回收再利用与其他再生利用,从而减少废弃电器电子产品中有害物质的处置量。德国的废弃电器电子产品收集系统涵盖了公共废物管理机构设立的收集点、商业收集点,以及生产商的收集点。德国政府成立了废弃电器登记基金会(EAR),负责管理全德国的废弃电器电子产品处理产业基金的。该基金来源于生产者付费,基金会负责废弃电器电子产品处理费用的统一收集和支付。在 EAR 体系下,生产商被征收的费用主要包括注册费、资金担保费用、运输费以及处理费等。此外,还有少部分的 EAR 机构行政管理费用。

2. 日本对废弃电器电子产品的管理

20 世纪 90 年代末期,日本颁布实施了专项法规,在废弃电器电子产品立法方面积累了较多经验。日本政府颁布的《循环型社会形成推进基本法》对建立"循环型社会"进行了引导。"循环型社会"是通过废物减量化、可循环资源的循环利用及适当处理手段(简称 3R),实现节约天然资源消费、减少环境负荷的社会。为实现"循环型社会"的战略目标,日本政府制定了两个综合性法律,一是《废物处理法》,以废物适当处理处置为管理目标;二是《资源有效利用促进法》,以促进资源的高效利用。在上述两个综合性法律的基础上进一步制定了一系列针对各种再生废物的回收法。2001 年,日本开始施行《特定家用电器再商品化》(以下简称《家电法》),明确规定电器电子产品生产商和进口商、销售商、消费者需履行的责任,即电子废物回收处理由生产商或进口商承担,回收和运输则由销售商承担,而涉及的回收处理和运输费用由消费者承担。《家电法》的实施既提高了资源的利用率,又减轻了填埋场的处置压力。在废弃电器电子产品处理费用管理模式上,日本没有建立类似德国设定的回收处理基金,其处理所需的资金是由消费者承担的,资金从消费者手里直接流到承担废物处理的企业手里,其优势在于节约了政府的管理成本。但是,由于少数企业垄断了市场,导致居高不下的处理成本。

3. 中国对废弃电器电子产品回收处理的管理政策和法规

2003 年 6 月,国家发改委在原有工作的基础上,依据《中华人民共和国固体废物污染环境防治法》的规定,借鉴欧盟 WEEE 指令和《关于在电器电子设备中限制使用某些有害物质的指令》(RoHS)两项指令,研究和建立废弃家电回收处理体系,其核心理念是"生产者责任延伸制",规定电器电子产品生产者承担的环境责任不仅包含于产品的生产过程,而且延伸到产品的生命周期,尤其是产品报废后的回收和处置。在中国的废弃电器电子产品回收处理法律体系中,核心专门法规是 2009 年 2 月国务院颁布的《废弃电器电子产品回收处理管理条例》(以下简称《条例》)。为了配合《条例》的实施,有关部门又下发了《废弃电器电子产品处理目录》以及一系列相关配套政策,包括《废弃电器电子产品处理企业资格许可管理办法》

《废弃电器电子产品处理企业资格审查和许可指南》《废弃电器电子产品处理发展规划编制指南》《废弃电器电子产品处理企业补贴审核指南》等。《条例》实施的一大亮点：规定 2011 年 1 月 1 日起由相关政府部门建立废弃电器电子产品处理基金，专门用于补贴废弃电器电子产品回收处理费用。根据《条例》的规定，生产商和进口商负有缴纳基金的义务，从这方面看，基金来源与德国的相似。《条例》还就如何规范利用基金对废弃电器电子产品的处理活动进行补贴作了规定。目前国内涉及废弃电器电子产品回收和处理的利益牵扯众多方面，导致其流向具有复杂性。中国市场自然形成的电子废物回收模式主要有 3 种，包括个体回收户回收模式、供销社物资回收模式和电子废物专业拆解公司回收模式。中国已经出台了若干有关废弃电器电子产品处理的法律法规文件，但由于种种原因，各地对废弃家电的处理方式还是随意拆解，完全是在经济利益的驱动下由市场自发运行的。西方发达国家的法律法规制度已实施较长时间并不断完善，对电器电子产品回收过程的各个环节（包括生产者及进口商、经营者和消费者）都有明确的责任要求。相比较而言，中国还是发展中国家，近年来无论是生产者还是消费者开始逐步认识到电子废物的危害，政府环保主管部门对电子废物的管理也日益重视，但结合中国国情，有关法规及其实施的完善尚需时日。

通过比较国外的回收管理制度，中国废弃电器电子产品回收处理体系存在两个问题：一方面，中国电子废物回收以个体户经营为主，容易形成政府管理的真空地带；另一方面，从西方先进国家的报废电器的回收制度来看，既包含了一个高效完善的电子废物处置中心的运营和管理，又伴随了"谁污染，谁付费"的补贴金制度的存在，而就中国国情而言，从废弃家电有偿回收到乱扔报废电器要付费的转变，还需要一个相当长的过程。要解决这两个问题，首先，重点要建立废弃并行市场管理制度并且要完善资金补贴的管理制度，规范废弃电器回收经营渠道，建立废弃电器回收处理的回收网络；其次，实施废弃电器检测制度，建立二手电器销售的市场准入制度；最后，为完善回收处理企业资金补贴的管理制度，设置专门的机构对废弃电器回收处理体系进行管理，包括督查缴纳回收处理费用的稽查机构及专门负责基金管理的部门。

7.2.2 基于文献和专利统计分析的研发态势

随着信息时代的到来，世界进入了电子产品更新换代的快速发展时期，导致了大批量的电子废物生成，其处理和有价金属元素的资源化技术已成为全球最活跃的前沿研究领域之一。多国政府制订了一系列针对电子废物资源化技术的研发计划，该技术具有巨大应用前景和市场潜力。本章通过定性调研和分析美国、欧盟、日本和中国等国家和地区在电子废物资源化技术的研究现状，结合对相关研究论文和专利的定量分析，发现电子废物资源化研究呈现出以下特点：

（1）从研究论文来看，从 2004 年开始，电子废物资源化研究发展迅速，并且持续保持较高的热度。中国在电子废物资源化研究领域的论文发表数量占绝对优势，是排在第 2 位的美国论文发表数量的近 2 倍，占世界总论文发表数量的 25%，远超过其他国家，表现相当活跃。在论文发表数量最多的机构中，中国科学院位列第一，其次是清华大学和上海交通大学。在论文发表数量排名前 10 的机构中有 8 个是中国的，美国和荷兰各有 1 家机构进入前 10 名。中国机构在电子废物资源化研究机构中占有绝对优势，表明中国的在该领域具有核心研究能力。

（2）从专利来看，电子废物资源化相关技术从 2005 年开始受到重视，专利申请量逐年快速增加，在 2011 年突增为 2010 年专利申请数的 2 倍左右，之后略有下降，在 2015 年达到最大值，今后仍将保持极大的开发热度。美国、日本、德国的电子废物处理技术发展较早，一直呈现较为平稳的发展态势。而中国的电子废物处理技术起步较晚，近年来呈指数增长，在 2015 年达到巅峰，专利申请绝对数量远超美国、日本和欧洲国家。此外，从 2005 年开始，中国的电子废物资源化技术相对专利产出率突增，并且保持持续增长态势，表明中国在电子废物资源化领域的竞争力稳步提升。专利申请量最多的机构是日本大阪煤气有限公司，在专利申请数量排名前 10 的机构中，中国的机构有 8 家，美国和日本的机构各有 1 家。2000—2016 年，在该领域中国申请专利数量最多的机构是捷敏电子有限公司、江西瑞林稀贵金属科技有限公司和格林美高新技术股份有限公司。

（3）从核心技术专利的角度来看，美国在该领域的专利技术质量水平较高；而中国电子废物资源化技术在近几年已有重大突破，平均专利引证指数后来居上，核心技术的开发进步显著。日本虽然专利申请量不大，其专利也具有一定的核心和基础地位。

值得注意的是，美国、日本、德国等电子废物资源化技术发展较早的国家的专利基本掌握在企业手中；韩国的主要专利权人也是企业，但还有一些科研院所和高校掌握着较多专利。而我国的电子废物资源化技术专利权人中高校和科研院所占比的例较高，较大部分掌握在高校和科研院所手中，也有部分企业的专利申请量较多，这可能在一定程度上限制了专利商业化价值的实现。

7.3 关键前沿技术与发展趋势

7.3.1 新型电子废物污染物特性深度解析

高新技术产品在生产中和消费后产生的巨量的电子类固体废物（废弃动力电池、半导体照明设备等），已经对中国环境，尤其是城市环境造成了极大危害。这类废物含有多种重金属和难降解有机物（如多溴化联苯、氯氟烃、PCCDs、PCDFs、多环芳烃等），对环境危害大。而目前中国在新型电子废物中污染物特性方面仍缺乏定量化表征和环境效应的深度解析。

跟踪并解析高新技术行业毒性原料利用与产品转化效率、有毒中间体产生环节及产生量、污染物排放量与排放结构等，建立电子废物污染基因库；从设计阶段就重点关注产品的绿色化与工艺对环境的影响程度，特别是跨介质（水/气/固）的污染协同作用机制。

关键词：污染物、特性解析、基因库、新型电子固体废物

7.3.2 新型电子废物资源战略关键性评价

高新技术产品在生产中和消费后产生的大量电子固体废物中含有多种有价金属，回收价值高，但目前仍缺乏针对新型电子废物中战略资源的定量化表征和关键性解析。

结合多尺度模型原理，建立针对我国典型新型电子废物的资源指数和技术指数，为电子废物资源化技术的优化和选择提供理论指导。

关键词：战略资源、关键性、模型、新型电子固体废物

7.3.3 典型新型电子产品全生命周期评价

全生命周期评价是对一个产品系统的全生命周期中输入、输出及其潜在环境影响的汇编和评价。目前，中国有大量新型电子废物不断产生，但仍存在回收体系与模式效率偏低、污染控制力度不足及电子废物（尤其是新型的电子废物）资源化水平落后等问题，亟须建立完整系统的全生命周期评价体系。

深度解析高技术产品及电子废物的物理化学特性，实现从原料、初级产品、高技术产品、废物全过程资源循环的环境与资源效应共性评价方法与理论；建立面向电子产品全生命周期可持续设计的解析模型。

关键词：全生命周期评价、全过程、新型电子固体废物、资源循环

7.3.4 典型新型电子产品绿色设计和面向资源循环的可持续过程设计

中国基于模型的产品和资源化过程的绿色设计比发达国家晚起步20年左右，而新型电子

产品的绿色和资源化循环可持续过程设计，对引导高新技术流程型制造业的绿色技术创新与跨越式发展起核心作用，可大幅度降低行业环境风险，提高资源循环效率，为高新技术行业的可持续发展提供战略决策的支持。

解析毒性原料替代、废物最小化及物质界内循环与过程设计的相关关系，建立物质高效循环的新型电子废物资源化过程绿色设计方法，建立基于绿色化学原理和原子经济性的过程优化理论，建立新型电子废物绿色化过程优化原则。

关键词：绿色设计、资源循环、可持续、理论模型

7.3.5 推动与固体废物相关的绿色经济政策及法律法规的实施

随着经济发展及对废物资源性看法的转变，国际公约和发达国家均表现出由末端治理转向强调源头控制和资源保护的全过程固体废物管理的蜕变和发展，并且普遍应用分类分级、环境经济、公众参与等多种灵活的管理手段保障管理战略的有效执行和监管。目前，中国固体废物管理的严峻形势并未从根本上得到解决，相关法律法规及管理政策尚需修订与完善。

"源头减量"是最为经济友好的固体废物处理方式，建议修订与完善相关立法，明确固体废物全过程管理的优先次序，落实固体废物产生者主体责任，推行清洁生产和循环经济；运用绿色环境经济政策调控环境质量改善；普及和提高公众的环保意识和参与度。

关键词：管理政策、法律法规、推动实施

7.3.6 利用火法冶金技术回收废弃动力电池正极材料中的有价金属元素

锂离子电池中含有钴、镍、锂、铜和铝等有价金属元素，回收价值高。目前，国际大型企业如比利时优美科、日本索尼、德国 Accurec GmbH 等公司均采用火法冶金技术（热解、熔炼、烧结等）处理回收锂离子电池。由于此火法冶金过程不是专门为处理废弃电池而设计的，因此部分有价金属元素不能得到回收，并且存在废气排放问题。

探索和优化火法冶金回收过程中工艺条件，提高金属回收率；开发补充机械法或湿法与火法的组合过程充分回收废弃电池中有价金属元素；研发火法过程中废气的收集处理设备。

关键词：火法冶金、资源回收、废弃电池

7.3.7 利用酸性介质湿法回收废弃动力电池正极材料中的有价金属元素

锂离子电池中含有 5%~30% 的钴、0%~10% 的镍、2%~12% 的锂、7%~17% 的铜和 3%~10% 的铝等有价金属元素，具有相当高的回收价值。目前，通过湿法回收废弃锂离子电池正极材料中的有价金属元素是废弃动力电池回收的研究热点，而酸浸是湿法回收中一种极为有效的重要方法。

探索不同酸性浸取剂（硫酸、盐酸、硝酸和有机酸）的选择性浸出机制，优化浸出工艺条件以实现有价金属元素的高效选择性提取，阐明不同介质的作用机理以提供有力的理论支撑。

关键词：酸浸、回收、有价金属、废弃动力电池

7.3.8 利用碱性介质湿法回收废弃动力电池正极材料中的有价金属元素

碱浸是湿法回收中另一种极为有效的重要方法。探索不同碱性浸取剂（氢氧化钠、氨水、铵盐等）的选择性浸出机制，优化浸出工艺条件以实现有价金属元素的高效选择性提取，阐明不同介质的作用机理以提供有力的理论支撑。

关键词：碱浸、回收、有价金属、废弃动力电池

7.3.9 利用生物冶金法回收废弃动力电池正极材料中的有价金属元素

生物冶金法即生物冶金工艺回收方法的简称，这是一种很有发展前景的提取并分离有价金属的新技术。这种技术利用某些微生物或其代谢产物对特定矿物进行还原、氧化、吸附、溶解等，使金属转化为可溶物并进入溶液。通过这种技术可同时提取多种金属，并且高效、污染小、成本低，但仍存在很多问题阻碍其工业化应用。

探索不同菌种和工艺条件下的反应机制，以缩短处理周期；发现易培养的高效可持续细菌，阐明反应机制以推动生物冶金法的工业化应用。

关键词：生物冶金、细菌、有价金属、废弃动力电池

7.3.10 利用电化学法回收废弃动力电池正极材料中的有价金属元素

废弃动力电池中含有钴、镍、锂、铜和铝等有价金属元素，具有相当高的回收价值。而目前普遍采用的传统冶金方法回收过程中，尚存在有价金属浸出选择性差、浸取率低、分离纯化成本高等问题，而电化学法可清洁高效地回收废弃电池中各种有价金属元素，是一种极有前景的重要手段和方法。

根据不同金属元素发生氧化还原反应时的电位差异，探索和优化电化学法回收不同金属元素的工艺条件，阐明不同介质中回收过程的电化学反应机理，开发低电耗、低成本，清洁高效的电化学回收方法。

关键词：电化学、氧化还原反应、资源回收、废弃电池

7.3.11 利用萃取法分离废弃动力电池正极材料中的有价金属元素

萃取法指利用化合物在两种互不相溶（或微溶）的溶剂中溶解度或分配系数的不同，使化合物从一种溶剂中转移到另一种溶剂中，利用萃取剂实现组分传质分离的过程。废弃动力电池回收过程中常利用湿法（酸浸或碱浸）浸取正极材料中的有价金属元素，但此过程选择性差，浸出液中的多种元素需通过萃取法实现进一步的分离提纯。

探索不同的萃取剂和萃取工艺条件，降低萃取过程的能耗和成本；提高萃取剂的回收再利用率，开发环境友好的萃取剂；建立萃取模型模拟优化工艺条件以提供理论支撑。

关键词：萃取、分离、净化除杂、化学浸出

7.3.12 利用机械拆解及分选技术预处理废弃动力电池

处理废弃动力电池时需先将废电池放电，再将塑料外壳去除。利用机械拆解及分选技术可将完整的电池进行破碎、筛分，再利用碎料的物理性质差异进行分选，将其中的有价金属元素进行富集。但是，目前国内主要通过人工拆解技术，成本高，自动化的机械拆解及分选技术很不成熟。

开发机械拆解及分选技术处理废弃电池，搭建机器人机械拆解废弃动力电池装备平台，实现废弃动力电池预处理过程的自动化。

关键词：自动化、机械拆解、预处理、机械分选

7.3.13 废弃锂离子电池正极材料中活性物质的短程清洁循环制备技术

由于具有较好的电化学性能，当前商业化的锂离子电池中大多采用 $LiCoO_2$ 作为正极材料，因此，目前电池废料回收技术主要以最大限度回收 $LiCoO_2$ 中的 Li 和 Co 为目标。但 $LiCoO_2$ 的成本高、Co 具有毒性会造成供应风险等，开发废弃锂离子电池正极材料中活性物质的短程清洁循环制备技术成为该领域的研究热点。

探索和优化固相合成法、水热超声辐射法、真空热处理法等工艺条件，开发和推广废弃锂离子电池正极材料中活性物质的短程清洁循环制备技术；研究可替代 $LiCoO_2$ 的单一或混合正极材料活性物质的再生技术。

关键词：活性物质、短程循环、清洁制备、锂离子电池

7.3.14 废弃发光二极管照明设备中有价金属元素的资源化回收技术

随着发光二极管（LED）的快速普及和产品更新换代速度的加快，大量报废的 LED 照明设备及生产中的残次品、边角废料等必将产生。LED 晶片中含有镍、铜、铝、镓、铟和贵金属金等金属元素，具有极高的回收价值。若未能得到妥善回收，废弃的 LED 照明设备中含有的重金属和固化剂、阻燃剂等有机物将会造成环境污染。

采用离子交换法对废弃 LED 照明设备中的金进行分离与回收；通过热解、物理解、真空冶金等方法回收半导体材料中的镓、铟等元素；分离环氧树脂的资源化回收法主要有热解回收法、物理回收法及化学回收法。

关键词：废弃 LED、环境风险、资源化回收、贵金属

7.3.15 废弃阴极射线管荧光粉中稀土金属元素的资源化回收技术

阴极射线管是老式电视机的主要部件，随着我国"以旧换新"政策的实施和电视产品更新换代速度的加快，产生大量废弃阴极射线管（CRT）。而 CRT 荧光粉涂层除了含有金属络合物等物质，还含有钇、铕、铈等稀土金属元素，无论从环境管理角度还是从资源利用角度，都需对其进行妥善回收处理。

目前，市场上普遍采用真空抽吸、高压气流喷砂吹洗等干法工艺，收集的荧光粉进行焚烧或填埋，无法充分资源化回收利用，其中的重金属污染环境水体。开发化学法（湿法）回收 CRT 荧光粉中稀土元素的资源化技术；探索不同萃取剂分离净化机制，开发可应用的低成本萃取分离稀土金属元素的技术。

关键词：CRT、荧光粉、稀土元素、湿法

7.3.16 废弃印制电路板中稀有金属元素的资源化回收技术

印制电路板（PCB）作为电器电子产品的重要组成部分，除了组分复杂、硬度高，还含有多种有价金属（金、铝、钽）及有害物质，其资源化一直是电子废物资源化处置领域的关键问题。目前 PCB 的回收和资源化研究主要以湿法冶金、热处理和机械处理为主，但湿法冶金回收过程中存在产生大量化学废液的风险，热处理过程中会产生有毒有害气体，机械处理仅能实现金属与非金属的分离。

根据 PCB 中元器件的不同种类和组分进行分类，组合多种机械物理回收方法，优化工艺参数，实现对元器件的高效回收利用；合理设计回收工艺流程，减少二次污染，在研究回收工艺和设备的过程中，同时研究废气废液的收集处理技术和装置，开发清洁高效、环境友好并适合大规模生产的 PCB 回收处理技术。

关键词：PCB、资源回收、拆解、清洁工艺

7.3.17 废弃动力电池预处理过程中的安全放电技术

废弃动力电池由于同时具有环境危害性和资源化价值的双重属性，需要进行资源化回收。但未经处理的废弃电池中一般含有电压在 2.0V 以上的剩余容量，若不能对其进行有效处理，

则对后期的电池回收会造成一定程度的安全隐患，需要在预处理过程中进行安全放电。

由于中国还存在大量非正规的小作坊回收废弃电池现象，开发普适性的安全放电技术尤为重要。可采用物理放电（低温冷冻、穿孔放电、机械粉碎）或化学放电（导电盐）方法，且破碎过程中避免废弃电池暴露于有毒有害的有机物中。

关键词：安全放电、资源化、预处理、废弃电池

7.3.18 废弃动力电池的梯次利用技术

在大量废弃动力电池回收后，可将其梯次利用：若经检测处理后，外观完好、功能元件有效，则可在某些领域继续使用；替换某些失效的元件后继续使用，完成拆解、回收、再生的循环。通过梯次利用，可使动力电池的功能得到充分发挥，创造经济效益的同时有利于环保。但目前尚未有统一的梯次利用标准，还需保障回收过程中的安全性。

对废弃动力电池进行测试，研究其容量衰减机制，基于容量衰减机理建立电池寿命预测模型；建立完善的动力电池回收体系，制定废弃电池梯次利用的评估标准；开发安全实施废电池梯次利用的实用性技术，提高梯次利用的市场接受度。

关键词：梯次利用、预测模型、评估标准、废弃电池

7.3.19 典型污染物在不同电子垃圾拆解地区的环境效应评价

电子垃圾的拆解过程以烘烤、焚烧、酸洗电路板和焚烧塑料为主，大量重金属、多溴联苯醚（PBDEs）、多氯代二噁英（PCDD）、多溴代二噁英（PBDD）等在处理过程中释放出来，成为当地的主要污染物。为更好地掌握电子垃圾拆解地区污染的特征和变化，需提高对典型污染物在不同电子垃圾拆解环境行为的认知，为垃圾拆解地区的污染控制和环境修复提供策略和指导。

开展典型处理过程研究，例如，对电子废物中的塑料回收利用过程和金属冶炼过程中的污染物释放动力学进行研究，建立模型，阐明二次污染物的形成过程；对有机污染物的排放量进行计算，为含溴阻燃剂等污染物的控制提供依据。

关键词：拆解、有机污染物、环境行为、电子固体废物

7.3.20 典型电子产品全产业链技术优化与全过程污染控制技术

电子产品的制造、使用及废弃过程产生大量具有显著资源和环境属性废物，包括含有有机物、重金属等的"三废"。从全产业链角度推进实现电子产品的绿色制造是促进行业可持续发展的重要手段。

开展电子产品全产业链污染物深度解析、源头控制污染物排放和提升资源的界内循环利用率，开发相关短程化资源循环技术以及高效率产品制造技术，建立适应度高、可推广的产品绿色制造评价模型与理论等。

关键词：绿色制造、污染物、全过程污染控制、可持续发展

7.4 技术路线图

概述本领域发展对我国经济、社会、国防安全、国计民生等方面的重要性。

7.4.1 发展目标与需求

1. 发展目标

在电子废物预处理拆解方面，到 2020 年，由人工拆解过渡到半自动化拆解；到 2025 年，实现废弃动力电池回收工业 2.0；开发智能识别与自动化拆解技术，研发自动化拆解设备，提高拆解效率；到 2030 年，开发低损耗、低投入、高效率智能化拆解技术，并建成自动化机械拆解及分选技术预处理废弃动力电池应用示范工程；到 2035 年，实现低损耗、低投入、高效率智能化拆解技术普及，拆解过程分选率达 97%。

在金属资源回收方面，到 2020 年，优化火法冶金金属提取技术并开发新型萃取剂；到 2025 年，强化外场辅助金属提取技术，并开发选择性提取技术；到 2030 年，突破多场强化湿法冶金提取技术，实现有价金属元素的高效浸出；到 2035 年，建立自动化、高回收率、低成本废弃动力电池正极材料中有价金属回收生产线。

在资源评估与绿色设计方面，到 2020 年，完成污染物物性及环境特性解析、建立资源安全评估方法；到 2025 年，建立污染物特性数据库，建立行业绿色制造评价体系，实现绿色设计；到 2035 年，建立多层级绿色评价体系，促进全产业链结构性转型。

2. 需求

目前国内外对电子废物的处理一般采用安全填埋，或者采用传统冶金方法（如火法冶金、湿法冶金等）提取有价元素。这些提取技术普遍存在能耗偏高、选择性差、二次污染等问题，平均有效回收率不足 20%（不包括产生大量二次污染的回收）。根据联合国环境规划署（UNEP）的报告，我国的有效回收率在 15%以下，与欧美等发达国家有较大差距（>50%）。

从管理层面来看，电子废物的收集过度依赖单一线性回馈模式，分类设施以及政策普及不足，公众意识有待提高；缺乏针对电子废物的分类分级管理机制和导向模型，多渠道回收模式未能真正建立，导致非正规回收体系控制了主要的电子废物向，正规回收处理企业 80%的货源仍由个体回收商贩提供。随着正规回收处理企业在全国范围内完成布局，各家企业的市场空间较为有限，货源与利润成为企业发展的主要瓶颈。环境主管部门和回收处理企业主要关注的是拆解活动及其衍生出的基金补贴等，而在后端拆解产物再生利用、安全处置及其存在的环境风险等方面，环境管理力度和有效性仍有待加强。此外，除列入国家危险废物目录的印制电路板、含铅玻璃、废弃的制冷剂外，其他拆解物的流向并不在监管范围内，造成电子废物全生命周期过程污染控制不足。因此，在电子废物环境管理中引入产品全生命周期理念，对电器电子产品从生产、消费、报废、收集、处理到最终处置的全过程进行综合管理，既关注每一过程的环境影响，又考虑整个生命周期的整体表现，并对电子废物全生命周期管理的发展前景和未来趋势进行展望，力求为建立覆盖电子废物全生命周期的综合管理体系提供新思路。

从技术层面来看，大部分回收处理企业关注电子废物的拆解过程，如通过物理拆解，将易于拆解的有价金属和塑料分类回收然后销售，而对拆解产物的再生利用和深加工的重视程度不够，资源再生效率有待提高。如何高效清洁利用高技术从产品生产和消费后产生的废物获取有价资源，控制环境污染，已成为制约行业可持续发展的重大瓶颈问题。

7.4.2 重点任务

1. 形成关键技术

针对目前高新技术行业产生的大量电子废物在污染控制和资源循环方面的问题，系统研究了国内外电子废物污染控制技术和发展趋势，对中国目前电子废物资源化技术进展进行分析，预见未来本领域的关键技术。

1）资源评估与绿色设计

通过对典型电子废物资源化过程的深度表征和风险解析，构建基于经济效应、环境影响、资源供应、技术指标等多尺度因素的电子废物资源材料关键性评价及供应安全风险评估方法体系，并提出相应改善及优化措施，提高资源利用率，缓解资源紧缺问题，降低行业风险，为行业可持续发展提供决策参考；针对电子废物高效回收处理的战略性顶层设计，从产品全生命周期视角开展电器电子产品的绿色设计，预先识别环境影响在不同产品生命周期阶段和不同影响类型间转移的可能性。在电子废物环境管理中综合考虑电器电子产品的绿色设计与制造、电子废物的收集、拆解、再制造、再生利用、安全处置等全过程。建立废弃电器电子产品绿色设计支持工具与方法、电器电子产品剩余寿命预测模型、再制造检测技术与标准及表面处理技术，构建电子废物生命周期分析方法模型、电子废物资源化方案综合评价技术，完善电子废物生命周期清单数据库及典型污染物在不同电子垃圾拆解地区的环境效应等。

结合制造强国战略对中国制造业绿色发展的重大需求，电子废物的污染控制及高效资源化急需战略性顶层设计，通过研究绿色高效资源化技术和污染物解析与控制方法的发展趋势及电器电子产品的绿色设计，建立适用于高新技术产业的多层级绿色评价体系，促进全产业链的结构性转型，从根本上提升我国高新技术制造业水平。

2）预处理技术

物理放电可以大倍率实现快速放电，放电过程环保，不会产生二次污染，释放出来的电能可被收集用于其他用途，化学放电适用范围广，对电池种类、形状、安全性无要求。应对动力电池的物理放电及化学放电特性进行深入研究，开发废弃动力电池安全放电技术。

由于废弃动力电外观壳体材质、电池尺寸规格、电池内部结构、材料类型、成分组成方式等均存在多样化的特点，其后续再利用技术难度大、成本高。研发自动化拆解设备，提高拆解效率，实现以机械化拆解代替手工拆解，应逐步开发针对电池包、电池模组的无损拆解技术，实现拆解后零部件检测后重新利用，大幅度节约再制造原材料。对不能再利用的零部件，应进行分类，把它们分为有毒有害物质的元器件和普通元器件，可有效提高各种金属及有毒有害物质的分离效率；经拆解后的电池模组组分简单，有利于实现金属和非金属材料的再生利用。因此，如何实现对动力电池包、电池模组上的电池组件与电路板、其他零部件进行快速、环保、无害拆解及各组分的自动分类，已成为废弃动力电池包、电池模组整体资源化的重要环节。

开发废弃动力电池的自动化、智能化拆解技术。随着技术的发展，射频识别（RFID）技术和产品电子码（EPC）技术相结合可以实现对每个电池包的跟踪，一直到每个零部件参与再循环，其信息都储存在信息系统中。在动力电池拆解过程引入智能识别系统等高新技术，通过摄像头识别准备拆解的设备型号，从资料库中调用相应的拆机方案。通过智能识别系统首先对电池包、电池模组进行定位、计算，然后通过抽真空、低温加热、机械手等设备进行拆解，最后由拆解机器人分步拆解，拆解部件分类存放。这些方法对技术精度要求相当高，但拆解效果好。

此外，由于动力电池包中含有电解液，破损的电池存在电解液泄漏的风险，可能对拆解人员的身体健康造成损害。废弃动力电池回收处理作为新兴的绿色产业，应朝着高效、清洁化方向发展，相关的污染防治技术及装备需提前开发，以解决"三废"问题，时刻做到环保达标。同时，有必要在报废汽车处理的过程中使用一些辅助工具或设备（机器人等）来加快报废汽车的处理速度，保证拆卸质量，减轻工人负担和提高有价值器件的回收率，方便企业决策，提高对报废汽车的回收拆解率。

3）有价金属的提取技术

经济性和技术回收率是技术研发的重要方向，可通过提高技术水平，降低生产成本。由于近几年动力电池不断向高能量密度发展，其中的正、负极材料的组成尚在变化，液态电解液也会向固态电解液发展，未来动力电池有价金属的提取技术需要基于电池组分。考虑到金属回收率和效率，短期应主要推动火法冶金技术、酸性介质湿法回收技术和碱性介质湿法回收废弃动力电池正极材料中的有价金属，同时开展 LED 照明设备中有价金属元素的资源化回收技术、CRT 荧光粉中稀土金属元素的资源化回收技术、印制电路板中稀有金属元素的资源化回收技术。随着科学技术的飞速发展，生物冶金法和电化学法回收是未来处理废弃动力电池正极材料的方向，既环保又廉价，但还需进一步的研究。

4）梯次利用技术

动力电池梯次利用的方法体系包括回收电池的分选和配组体系的建立、电池回收处理标准流程的形成等。首先，建立完善的动力电池的技术性能检测和监测系统，在动力电池全生命周期管理中引入信息和物联网技术及工业数据分析技术，可极大地简化退役电池批量筛选、抽样电池全性能检测过程，提高运维效率；其次，开发动力电池健康状态分析工具和模型，实现快速、高效、准确地评估动力电池的状态。

基于对动力电池全生命周期的数据分析，开发动力电池电芯分选技术，创建动力电池分选方法，确定简单、合适、可靠并具备一定普适性的分选条件，对分选得到的电池重新配组，确保电池组的容量衰减、一致性和安全性能，同时，加强对电池管理系统的均衡电路、电气拓扑结构设计。逐步优化动力电池分选技术，提高分选效率，构建无损、高效、自动化分选和智能化成组集成技术，最终实现动力电池模块全部标准化设计，建立标准化梯级利用电源系统。

此外，对动力电池梯次利用的研究也会促进动力电池的生产和设计的完善发展。电池梯次利用的研究涉及为方便二次利用而对电动汽车电池的设计和生产标准的改进，以及对锂电池的其他应用领域的调整改进等。对动力电池梯次利用的研究和开发，将在一定程度上反馈到电动汽车和电池模组的设计中，并可能提供一套完整的方法体系或标准来实现其他类型锂电池的梯次利用。

2. 形成应用示范工程

结合动力电池包结构，从评估动力电池自动化拆解、分选的可行性与经济性入手，深入研究动力电池快速拆解工艺技术、快速放电技术、正极材料/隔膜/金属的高效分选技术、污染物无害化处理技术及特征污染监测技术，为采用自动化机械拆解及分选技术预处理废弃动力电池的应用示范工程提供理论与技术支撑。

基于动力电池单体的物理、化学特性，从工艺的可行性与经济性评估动力电池成分及其适用的有价金属提取工艺，深入研究动力电池湿法冶金、火法冶金、生物冶金技术难点，组建协同攻关、开放共享的创新平台。加大研发投入力度，共同开展前沿技术和共性关键技术的研发，提高金属的回收率，特别是金属锂的回收率。推动技术成果转移扩散和商业化，面向行业、企业提供公共技术服务。建设废弃动力电池正极材料中的有价金属回收应用示范工程和废弃的三元聚合物动力电池正极材料中的活性物质短程清洁制备技术应用示范工程。

结合 LED 照明设备的结构，从工艺的可行性与经济性评估 LED 照明设备自动化、智能化拆解、分选，深入研究 LED 照明设备快速拆解工艺技术、焊锡脱除技术、环氧树脂、金属的高效分选技术，探索镓、铟、银等金属的高效提取技术、污染物无害化处理技术及特征污染监测技术，为自动化机械拆解及分选技术预处理及后续回收 LED 照明设备资源应用示范工程提供理论与技术支撑。

7.4.3 技术路线图的绘制

对电子废物政策法规及相关标准进行动态扫描，进一步归纳出电子固体废物产业政策发展趋势及投资前景分析，并绘制本领域面向 2035 年的发展技术路线图（见图 7-1），为实现电子固体废物分类、分级回收和相关环境经济政策规范的制定提供建议。

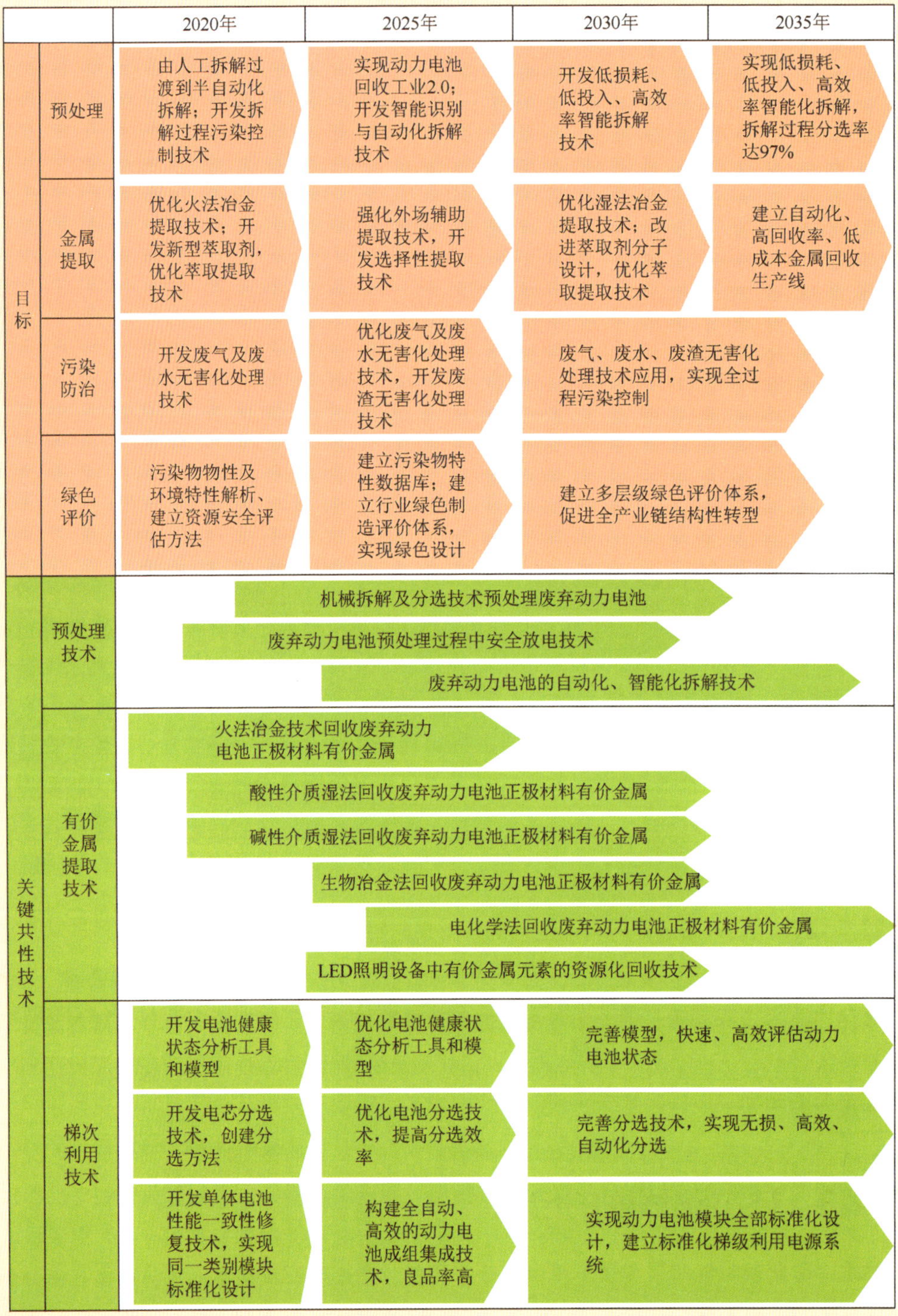

		2020年	2025年	2030年	2035年
目标	预处理	由人工拆解过渡到半自动化拆解；开发拆解过程污染控制技术	实现动力电池回收工业2.0；开发智能识别与自动化拆解技术	开发低损耗、低投入、高效率智能拆解技术	实现低损耗、低投入、高效率智能化拆解，拆解过程分选率达97%
	金属提取	优化火法冶金提取技术；开发新型萃取剂，优化萃取提取技术	强化外场辅助提取技术，开发选择性提取技术	优化湿法冶金提取技术；改进萃取剂分子设计，优化萃取提取技术	建立自动化、高回收率、低成本金属回收生产线
	污染防治	开发废气及废水无害化处理技术	优化废气及废水无害化处理技术，开发废渣无害化处理技术	废气、废水、废渣无害化处理技术应用，实现全过程污染控制	
	绿色评价	污染物物性及环境特性解析、建立资源安全评估方法	建立污染物特性数据库；建立行业绿色制造评价体系，实现绿色设计	建立多层级绿色评价体系，促进全产业链结构性转型	
关键共性技术	预处理技术		机械拆解及分选技术预处理废弃动力电池		
			废弃动力电池预处理过程中安全放电技术		
			废弃动力电池的自动化、智能化拆解技术		
	有价金属提取技术	火法冶金技术回收废弃动力电池正极材料有价金属			
			酸性介质湿法回收废弃动力电池正极材料有价金属		
			碱性介质湿法回收废弃动力电池正极材料有价金属		
			生物冶金法回收废弃动力电池正极材料有价金属		
			电化学法回收废弃动力电池正极材料有价金属		
			LED照明设备中有价金属元素的资源化回收技术		
	梯次利用技术	开发电池健康状态分析工具和模型	优化电池健康状态分析工具和模型	完善模型，快速、高效评估动力电池状态	
		开发电芯分选技术，创建分选方法	优化电池分选技术，提高分选效率	完善分选技术，实现无损、高效、自动化分选	
		开发单体电池性能一致性修复技术，实现同一类别模块标准化设计	构建全自动、高效的动力电池成组集成技术，良品率高	实现动力电池模块全部标准化设计，建立标准化梯级利用电源系统	

图 7-1　面向 2035 年的电子废物污染防治与资源化发展技术路线图

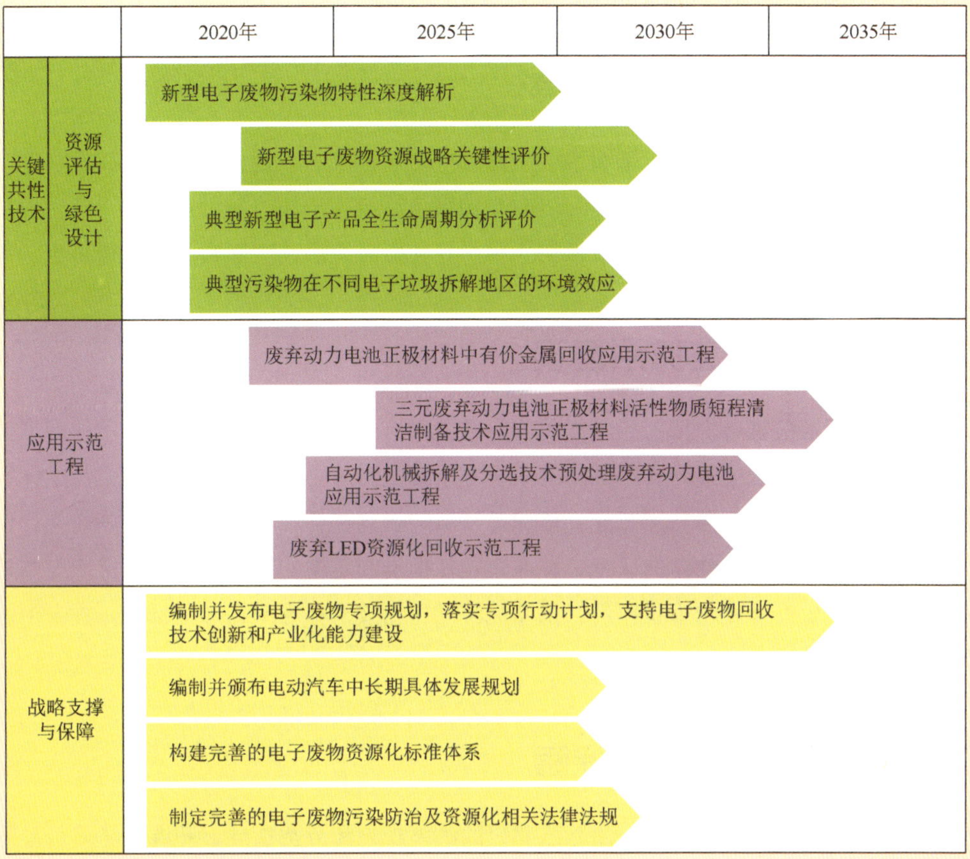

7 ■ 面向 2035 年的电子废物污染防治与资源化发展技术路线图

		2020年	2025年	2030年	2035年
关键共性技术	资源评估与绿色设计	新型电子废物污染物特性深度解析 新型电子废物资源战略关键性评价 典型新型电子产品全生命周期分析评价 典型污染物在不同电子垃圾拆解地区的环境效应			
应用示范工程			废弃动力电池正极材料中有价金属回收应用示范工程 三元废弃动力电池正极材料活性物质短程清洁制备技术应用示范工程 自动化机械拆解及分选技术预处理废弃动力电池应用示范工程 废弃LED资源化回收示范工程		
战略支撑与保障		编制并发布电子废物专项规划，落实专项行动计划，支持电子废物回收技术创新和产业化能力建设 编制并颁布电动汽车中长期具体发展规划 构建完善的电子废物资源化标准体系 制定完善的电子废物污染防治及资源化相关法律法规			

图 7-1　面向 2035 年的电子废物污染防治与资源化发展技术路线图（续）

7.5　战略支撑与保障

7.5.1　深化体制机制改革

深化改革电子废物行业管理体制，强化法制化管理，建立健全适合中国国情和产业发展规律的法制化、集约化、国际化管理制度。完善生产者责任延伸制度相关法律、法规及税收制度，明确生产企业、销售方、政府等各方责任，建立健全有力的惩罚性赔偿制度和企业退出机制。强化动力电池溯源管理体系，对动力电池生产、销售、使用、报废、回收、利用等全过程进行信息采集，对各环节主体履行回收利用责任情况实施监测。加强电子废物回收行业特别是动力电池再利用行业的产能监测预警，动态跟踪本领域行业的产能变化，定期发布产能信息，引导行业和社会资本合理投资。

7.5.2 加大财税金融支持

通过国家科技计划（专项、基金等）统筹支持前沿技术、共性关键技术的研发，制定电子废物专项规划，落实专项行动计划。以创新和绿色节能为导向，鼓励本领域行业企业加大研发投入力度，支持电子废物回收技术创新和产业化能力建设，全面实施营改增试点。

7.5.3 强化标准体系建设

充分发挥标准的基础性和引导性作用，促进由政府主导制定与市场自主制定的标准协同发展，建立适应中国国情并与国际接轨的关于电子废物资源再利用的国家、行业及团体标准体系。完善电子废物资源再利用节能、环保等领域的强制性标准，健全标准实施效果评估机制。开展重点领域标准综合体的研究，发挥企业在标准制定中的重要作用。积极参与本领域国际标准制定，发挥标准化组织作用，推动优势、特色技术标准成为国际标准，提升中国在国际标准制定中的话语权和影响力。

7.5.4 加强人才队伍保障

加强对电子废物资源再利用人才队伍建设的统筹规划和分类指导，开展人才培养及管理模式等专项研究，健全人才评价体系，完善人才激励机制，优化人才流动机制，改善人才生态环境，构建具有国际竞争力的人才制度。加强冶金、机械学科在电子废物拆解、分选、金属提取专业建设，改革院校创新型人才培养模式，强化职业教育和技能培训，搭建普通教育与职业教育的流动通道，着力培养科技领军人才、企业家、复合型等紧缺人才队伍，扩大培养技艺精湛的能工巧匠和高级技师，实现培养与产业需求的精准结合。实施积极开放、有效的人才引进政策，促进国际化人才培养。

7.5.5 发挥行业组织作用

发挥行业组织熟悉行业、贴近企业的优势，为政府和行业提供双向服务。行业组织应加强数据统计、成果鉴定、检验检测、标准制定等能力建设，提高为行业、企业发展服务水平。行业组织应密切跟踪产业发展动态，开展专题调查研究，及时反映企业诉求，充分发挥连接企业与政府的桥梁作用。鼓励行业组织完善公共服务平台，协调组建行业交流及跨界协作平台，开展联合技术攻关，推广先进管理模式，培养新型人才。行业组织应完善工作制度，提高行业素质，加强行业自律，抵制无序和恶性的竞争。

第 7 章编写组成员名单

组　长：张　懿

成　员：曹宏斌　孙　峙　阎文艺　丁　鹤

执笔人：阎文艺　丁　鹤

8

面向 2035 年的黄河水沙变化与治理发展技术路线图

　　黄河是中华民族的母亲河，属于多泥沙河流，具有显著的地域特征。它以占全国 2.2% 的天然径流量，滋养着全国 12% 的人口，灌溉着全国 15% 的耕地，在中国国民经济发展中起着极为重要的作用。然而，近 60 年尤其是 2000 年以来，黄河潼关水文站年均实测输沙量锐减 90% 以上，黄河水沙情势剧变直接影响黄河水沙调控体系的布局、南水北调西线的规划、下游宽滩区治理方向等未来治黄方略。开展黄河流域水沙变化与治理战略研究是黄河流域生态文明建设、一带一路倡仪实施、国家扶贫攻坚战实施的国家重大战略需求；辨识黄河水沙情势剧变主导因素，预测未来 15～20 年的入黄泥沙量，是制定新时期治黄策略的国家重大科技需求。为此，本章重点围绕"如何科学认识黄河水沙剧变成因"和"如何对黄河水沙变化趋势科学预测与治理战略精准制定"关键科学问题，开展了以下两个方面工作。

8 面向2035年的黄河水沙变化与治理发展技术路线图

（1）基于野外定位观测与室内模拟实验等方法，开展了流域水沙变化机理、预测技术、调控策略的研究，辨识了黄河水沙剧变主导因素，研发了多因子影响的流域水沙动力学过程模拟模型，科学预测了2035年黄河来沙量约3亿吨，建立了维持黄河健康的上、中、下游与河口水沙调控指标体系与调控阈值，从黄土高原治理格局调整、防洪减淤和水沙调控策略、下游宽河道治理等方面研究并提出了面向2035年的新时期黄河治理方略。

（2）基于全球水沙变化领域论文与专利情况的研究，剖析了黄河水沙变化与治理战略研究国内外现状、热点与趋势，结合技术清单制作、问卷调查等方法，从黄河流域水沙机理基本理论研究前沿、流域水沙趋势预测技术、流域水沙调控技术3个方面研究并提出了15项理论与关键技术需求，结合需求紧迫程度，制定了面向2035年的黄河水沙变化与治理发展技术路线图，研究结果旨在为国家制定新时期黄河治理策略及治黄相关学科的发展提供参考。

8.1 概述

8.1.1 研究背景

黄河流经青海、四川、甘肃、宁夏、内蒙古、山西、陕西、河南、山东9省（自治区），流域面积达到79.5万平方千米，流域内土地、矿产资源丰富，在国民经济发展的战略布局中具有重要作用。黄河以水少沙多、含沙量高而著称。近年来，受水利水保工程等人类活动和气候变化等影响，黄河潼关站实测输沙量由1919—1959年的年均16亿吨减少至2000—2018年的年均2.4亿吨，部分年份的输沙量低于1亿吨。黄河水沙变化如此之大、如此之快，未来趋势如何，黄河治理开发战略规划决策是否随之重大调整，成为新时期黄河治理亟须回答的重大科技问题。黄土高原上的高强度人类活动、不确定性的气候变化及相互间复杂的耦合作用，让黄河水沙变化认知及未来预测成为世界难题。为此，以产汇流机制变化、水沙非线性关系、水沙—地貌—生态多过程耦合效应、水沙预测、水沙调控阈值等关键问题为突破口，探讨面向2035年的黄河水沙情势，提出黄河水沙变化调控策略。同时，基于全球水沙变化领域论文与专利情况的研究，探讨黄河水沙变化与治理战略相关领域研究前沿动态与关键技术需求，研究并提出了面向2035年的黄河水沙变化与治理发展技术路线图。

8.1.2 研究方法

本章重点围绕黄河水沙情势剧变成因与黄河治理中的重大科学问题，基于黄河水沙数据仓库与共享平台建设，结合遥感图像解译与数据收集、野外定位观测及室内控制模拟实验、多因子耦合驱动的流域分布式水循环模型与流域泥沙动力学模型构建、黄河水沙变化趋势集合评估技术研发等多种技术手段，采用贝叶斯检验、数理统计分析、不确定分析等多种研究方法，按照"过程与机理—模型与预测—评价与对策"的总体技术思路，组织开展面向2035年的黄河水沙变化与治理战略研究。

面向2035年的黄河水沙变化与治理发展技术路线图的制定与研究，主要以科睿唯安公司的Web of Science（WOS）数据库和Thomson Innovation（TI）专利数据库为分析数据源，通过建立检索策略，并利用分析工具Thomson Data Analyzer（TDA）等文献情报学统计分析软件，从该领域总体发展水平、核心技术发展水平及创新能力3个方面概述了黄河水沙变化与治理战略研究发展现状、存在问题、技术需求与发展趋势，分别根据论文数据分析及专利数据分析，提出了基于论文数据源的黄河水沙相关领域技术清单和基于专利数据源的黄河水沙相关领域技术清单；结合全球工程前沿（2018年）报告中列举的土木、水利与建筑工程领域排名前10位的工程开发前沿技术清单情况，采用专家问卷调查法，就本领域关键前沿技术与发展方向及目标进行咨询，最终从黄河流域水沙机理研究前沿、流域水沙趋势预测技术、流域水沙调控技术3个方面提出了15项理论与关键技术，结合需求紧迫程度，制定了本领域技术路线图。

8.1.3 研究结论

黄河泥沙问题具有显著的地域特征，泥沙问题是黄河难治的症结所在。本章围绕面向2035年的黄河水沙变化趋势、治理战略开展技术预见研究。主要有以下2个方面结论。

（1）黄河水沙问题应聚焦3个前沿科学问题：水沙演变基本理论、水沙趋势预测技术研发、水沙调控技术与模式研究。

（2）在水沙演变基本理论方面，应聚焦流域水文系统产汇流和产输沙机制变化、流域水沙变化驱动因子的群体效应、林草植被减蚀的临界效应、淤地坝减蚀的时效性4个方面；在水沙趋势精准预测技术研发方面，应聚焦流域水沙变化及其归因分析技术、流域水文预报技术、流域水文监测技术及配套设备研发、流域水沙数据标准化处理与不确定性分析技术、流域泥沙过程模拟预测技术、流域水沙趋势预测集合评估技术6个方面；在流域水沙调控技术方面，应聚焦黄河下游河势稳定控制与输沙能力提升技术、流域水资源动态均衡配置技术方法、河库联动高效输沙水动力条件塑造技术、骨干枢纽群泥沙动态调控关键技术、复杂梯级水库群水沙电生态多维协同调度技术、黄土高原水土流失治理技术研究等方面。

8.2 全球技术发展态势

8.2.1 全球政策与行动计划概况

江河水沙的变化是当今全球泥沙研究的前沿和难点。受近年来气候变化、水利水保工程等强人类活动的影响，全球大江大河的水沙发生了明显的变化，这引起了国内外学者与政府管理部门的广泛关注。据统计，全球主要江河自 20 世纪 90 年代以来入海沙量由 126 亿吨下降到 88.2 亿吨，减少了 30%。其中，47% 的河流输沙量减少，22% 的河流径流量减少，19% 的河流两者都减少。水沙的变化会对国家的环境与生态安全产生重大影响。在气候与高强度人类活动的大背景下，亟须明确江河水沙的变化，这对水沙资源的可持续利用、流域生态的综合治理和区域经济社会生活的改善有着重要的意义。在国际上，涉及黄河水沙演变机理与治理战略的研究较少。其他典型河流水沙变化研究主要集中在洪沙产输机制、环境要素变化对河流输沙量影响及流域水循环演变规律与归因分析，并基于机理研究开发了不同时空尺度流域水文模型，探讨不同情景下流域径流未来变化趋势等。

治黄百难，唯沙为首。党中央、国务院高度重视黄河的治理开发与管理，1955 年，全国人大一届二次会议讨论通过了《黄河综合利用规划技术经济报告》，提出治黄以全流域为主，强调除害兴利并举，突出综合利用，并明确对水和沙要加以控制利用。1997 年原国家计委、水利部联合组织审查通过了《黄河治理开发规划纲要》。2002 年 7 月，国务院批复了《黄河近期重点治理开发规划》。在历次流域规划的指导下，黄河治理开发保护与管理取得了巨大的成就，为促进流域及相关地区经济社会发展提供了重要保障。据统计，70 年来，国家通过在黄土高原开展大规模生态治理，累计治理水土流失面积 21 万多平方千米，占总面积的 47%，累计拦减泥沙 193.6 亿吨，平均每年减少入黄泥沙近 3 亿吨。目前，黄河已连续 17 年没发生断流，全河水质明显好转，黄河流域水生态失衡得到有效遏制。通过多年调水调沙，下游河道最小过流能力由 1800m³/s 提高到 4200m³/s，打破了"河淤堤高""人沙赛跑"的恶性循环，黄河扭转了频繁决口改道的险恶局面，创造了"伏秋大汛岁岁安澜"的奇迹。70 年来，沿岸人民兴利除害，将千年"害河"变"利河"，有力支撑了流域社会经济发展。

进入 21 世纪以来，水利部针对黄河治理提出了"堤防不决口，河道不断流，水质不超标，河床不抬高"的目标，对黄河治理和开发又提出了更高的要求。加之近 20 年来黄河水沙情势发生剧变的事实，使得新时期黄河治理面临着许多新问题新挑战。如何使治黄事业更符合客观的自然规律和社会经济规律，在最大程度上支撑社会经济发展及保障人民生命财产安全，亟待我们继续探索和奋斗。

8.2.2 基于文献和专利统计分析的研发态势

基于全球范围内文献检索及专利数据分析可知，水沙变化已成为水文泥沙领域最活跃的研究前沿之一。该领域虽然更侧重于理论研究，但随着政府部门越来越重视，以及近年来计算机科学的高速发展，与之有关的交叉点呈现出了巨大的应用前景和市场潜力。本章通过定性调研，分析了中国、俄罗斯、日本、德国、美国等国家在水沙变化领域的研究现状、发展趋势，结合水沙变化领域研究论文和专利的定量分析，发现水沙变化领域研究态势呈现出以下5个特点。

（1）水沙变化领域的研究论文和专利技术研发一直保持增长趋势，尤其是近10多年来增幅更为明显。目前，国际水沙变化研究计划的重点集中在水沙领域大数据技术的研发与应用、水沙变化对气候变化的响应关系、生态保护/灾害防护等方面技术的研发。

（2）从研究论文的发表数量来看，2002—2017年，水沙变化领域研究保持了很高的热度。中国是该领域研究论文发表数量最多的国家，美国在该领域的论文发表数量比中国略低，中美两国的论文发表数量占世界总论文发表数量的三分之一，两国在水沙变化领域的研究相当活跃。从论文发表数量来看，中国的单位表现优秀，共有3家单位跻身全球前10位，与美国相当，但榜单的前两位均为中国单位。其中，中国科学院位列第一，河海大学位列第二，北京师范大学位列第四。

（3）从论文的研究主题来看，自1980年以来的近40年来，国际水沙变化领域最关注的主题主要侧重于径流泥沙的演变、水文建模、洪水，但近10多年来，对于气候变化的关注不断增加。水沙变化领域的研究不断发展，每年都有新主题词出现，2011—2017年新出现的主题词主要有人类活动、RUSLE、水文响应、水文过程、HEC-HMS、敏感性分析、城市化、无资料流域等。

（4）从专利申请情况看，水沙变化领域的技术研发近年来呈增长趋势，尤其是近10多年来的趋势，在2013年达到峰值后有所下降。中国在水沙变化领域的专利研发方面处于领先的位置，在全球前10名中，中国单位占据7席。其中，河海大学和中国水利水电科学研究院位居全球前2名。

（5）从水沙变化领域专利的技术布局看，该领域的专利申请基本集中在水文泥沙大数据、悬移质运动、流量及其测量、水利工程、土壤侵蚀、河道、能量消耗、水灾防护、生态保护等主题。自2000年以来，水文泥沙大数据技术的发展迅猛，近年来持续保持着较高的热度；自2011年以来，生态保护、土壤侵蚀、灾害防护方面的技术发展也稳步提升。

此外，需要注意的是，我国水沙变化领域的专利技术在近10多年发展迅猛。从专利产出率、相对产出率、引证指数等指标的发展情况来看，我国在水沙变化领域的研究已在国际上处于领先地位，尤其是在水文泥沙大数据、气候变化等领域。从专利所有人所在的单位来看，俄罗斯、日本、德国和美国在水沙变化领域发展较早的国家专利基本掌握在企业手中；而中国水沙变化领域的专利基本掌握在高校手中，此外，还有部分科研院所和个别企业掌握的专利量较多。

8.3 关键前沿技术与发展趋势

全球气候变化背景下的降水波动、极端气候现象频发，干支流坝库修建等人类活动加剧，以及资源开发和城镇化进程的持续推进，对黄河水沙变化产生了深刻影响。因此，科学认识黄河水沙剧变成因，精准预测水沙变化情势对治黄战略的制定就显得尤为重要，也一直是黄河水沙研究的重点和难点问题。

8.3.1 流域水沙演变规律及其驱动机制基本理论

1）流域水文系统产汇流和产输沙机制变化

近年来，受大规模水利水保工程等高强度人类活动和气候变化等影响，黄河重点水土流失区的产汇流和产输沙特征出现了变化，突出表现为近期年降雨量没有明显改变，而径流量、泥沙量显著减少。黄河水沙变化的归因分析和机理探索，事关未来的水沙变化趋势预测和科学合理的治黄对策，备受社会各界的关注；黄河流域水沙产输是模式改变还是机制转变，成为高强度人类活动与气候变化共同作用下流域管理方面的世界难题。水沙输移具有强烈的非线性水动力学关系。黄河水沙异源，重点水土流失区是入黄泥沙的主要来源区，但入黄径流量却相对较少，泥沙产输对径流量变化非常敏感。从径流量变化的角度去认识黄河水沙变化，存在着降雨径流关系调整，降雨量相近而地表产流量锐减的水文模式/机制转变问题；也存在着人类社会经济活动加剧，地表产流量相近而流域径流量锐减的水动力模式/机制转变问题。泥沙的流域侵蚀和输移运动，受制于流域水文—水动力模式/机制的转变，其侵蚀启动、搬运沉积的全过程都将深受影响。林草植被、梯田、淤地坝等水利水保措施，不仅不同程度地改变水沙产输的边界条件，而且因其空间分布和时间演化的非均质性而导致流域内水沙变化具有时空多尺度特征。显然，从监测到的流域出口水沙变化信息和流域内的气象因子变化信息，推断和认识流域内的水沙变化机制，将是十分艰巨的科学挑战。

2）流域水沙变化驱动因子的群体效应

流域是生态-地貌-水文耦合系统，流域水沙量变化与流域内气候气象、植被生态、坡面-沟道微地貌等条件变化密切相关，呈现出群体性、时滞性、非线性甚至极值关系。已有研究结果在一定程度上揭示了气候变化（蒸/散发潜力）、降水变化、下垫面条件改变对黄河流域径流变化的贡献机制，但远未厘清泥沙变化与其影响因素变化的复杂非线性关系。流域水沙输移的坡面—沟坡—沟道多过程层递耦合机制和林草植被、梯田、淤地坝等多措施耦合效应，在较为宽泛的时空尺度上协同演化，令单因子相关分析法失去可信的理论基础。因此，气候、植被、坡面水保工程、沟道水利工程等各主导因素的单独贡献与群体贡献的理论关系是什么？因素独立假设下的贡献率线性叠加在什么尺度下近似成立？能否寻找到某种有效的影响因素剥离方法，让单措施的效果评估简单易行？这些相互关联的问题，无论是基础认知层面还是实践应用层面，都依赖于对多因子耦合驱动机理的深入认识。

3）林草植被减蚀的临界效应

已有研究分析表明，黄土高原不同地貌类型区遏制侵蚀产沙的林草植被覆盖率存在阈值，在砾质丘陵区和盖沙区林草植被覆盖率约为 35%～40%，盖沙区和黄土丘陵沟壑区林草植被覆盖率约为 60%～70%。当林草植被覆盖率小于阈值时，植被改善，对减沙作用显著；当林草植被覆盖率大于阈值，作用趋于稳定。那么，临界效应是否存在约束条件？影响临界值变化的区域特征指标是什么？同一类型区临界值在坡面—流域—景观尺度是否具有同一性？辨析这些基本科学问题在于对林草植被减蚀的动力机制进行辨识，包括林草植被对降雨侵蚀能力的消解作用机理、对坡面产汇流过程的调控机理及对地表地下产流的再分配机理等。确定产流机制胁变的植被覆盖临界值，是制定黄土高原植被建设格局的基础科学问题。

4）淤地坝减蚀的时效性

基于已有研究，流域淤地坝系工程作为沟道中控制泥沙下泄最直接、最有效的措施，其淤满前的直接与间接减蚀效应已有共识。但鉴于淤地坝系工程定位监测资料少，单坝建设规模与布局多样、蓄排过程动态变化，使淤地坝减蚀机制难于模拟，坝系拦沙成效难以定量刻画。同时，沟道淤地后侵蚀基准面抬高，对坝控沟坡的稳定及对暴雨高含沙水流侵蚀能量消减等机理研究存在不足。特别是近年，局部区域的特大暴雨导致部分淤地坝的坝体出现损毁，引发了大暴雨事件是否会造成淤积使耕地大面积损坏和垮塌而出现"零存整取"现象的争论。通过对 2017 年"7·26"特大暴雨造成韭园沟（次降雨量 156mm）流域关地沟 1～4 号坝连续溃损后出库的淤积泥沙量调查，这部分淤积的泥沙仅占总淤积量的 4%～12%，对坝地的冲刷结果仅是一条洪水流路的细沟。那么，针对野外调查的淤地坝"淤积一大片、冲刷一条线"情况，如何基于水动力过程去解译？为此，迫切需要开展极端暴雨情况下淤地坝溃损的成因与溃损后坝地淤积泥沙输移形式、特征及其机制研究，并基于水沙动力学过程模拟与分析，辨识淤地坝工程"原地"和"异地"水沙效应，消除存在的误区，明确地坝防洪减蚀的长效机制。

8.3.2 黄河水沙情势预测关键技术

1)流域水文监测技术及配套设备研发技术

随着国家对水文投入力度的加强,水文站网和功能不断完善,水文测报技术手段显著提升。近年来,随着声学技术、光学技术、电子技术、遥感技术、卫星定位技术、物联网等技术的广泛应用,尽快提高水文监测现代化水平,以更好地支撑水文服务工作,是科技形势发展对水文提出的更高要求。当前,中国水文监测能力发展不均衡,地表水监测能力比较强,地下水监测能力比较弱;水量监测能力比较强,水质监测能力比较弱;汛情监测能力比较强,旱情监测能力弱;在应对突发性水事件方面的监测能力还比较弱,现有监测能力不能满足社会发展需求。此外,在监测设备方面,流量测验方面配置了ADCP、电波流速仪等高新电子设备,自动化监测水平逐步提高,但新仪器推广不足。在流量、泥沙、水质等方面的监测技术相对落后,总体上处于自动化、半自动化以及人工监测混合的状态,与国内其他同类行业相比有较大差距。

2)流域水沙变化成因分析与趋势预测技术

关于黄河流域水沙变化成因分析与趋势预测多是借助"水文法"与"水保法",在2000年后,LISEM、WEPP和SWAT等国际模型和数字流域模型等国内开发的分布式模型逐步开始应用于黄土高原流域侵蚀产沙模拟和预测。但由于黄河流域是水沙—地貌—生态多过程耦合的动态系统,已有的模型在实际应用上受到很大限制。因此,构建适用性强的流域分布式模型须以水沙动力学过程为基础,建立基于地貌单元—河网水系(沟系)构建的空间离散结构相协调的物理过程,实现坡面植被生长模型、坡面水动力学模型、河道水动力学模型的分布式耦合。为实现上述目标,须重点解决模拟技术中监测数据—基础过程—模型分辨率的尺度协调、模型单元的本构模型与模型参数的过程协调、措施耦合作用数学表达等关键技术,并优化计算效率,提升模型实用性。

3)流域水沙预测的不确定性分析及集合评估技术

由于各类模型可能存在某种假定、某些算法的近似或某些参数的概化表达,而模型的输入、参数和结构等又会引发输出结果的不确定性,并且各类模型由于结构的差异会导致输入数据的分辨率和结构参数等标准不一,使流域水沙变化模拟结果千差万别,甚至相互矛盾。为保证流域水沙变化模拟、预测结果的科学性和实用性,亟须开展针对不同预测方法的集合评估,即构建基于各类方法输入、参数、结构和输出等综合评价的集合评估技术,科学地确定输出值及其置信区间。集合评估不同于集合预报,前者是在对各类预测结果综合评价的基础上提出最接近真值的值,后者是对同一系统分段模拟来集合输出一个结果,后者是前者的对象。水沙变化不同模拟和预测方法的集合评估,有助于突破黄河水沙趋势预测难于形成一致共识的桎梏,为科学预测未来常态水沙情势提供重要依据。

8.3.3 黄河水沙调控技术

1）黄土高原水土流失综合治理技术

黄河高原是黄河泥沙主要来源区。持续开展该区域水土流失治理工作是减少入黄泥沙的必由之路。1949年以后，黄土高原先后实施了坡面治理、小流域综合治理及退耕还林工程等，生态环境保护与治理工作取得显著成效。但同时，面对流域减水减沙现状、社会经济结构调整与区域气象—水文系统自我协调约束等，特别是退耕还林工程的持续实施，黄土高原生态保护与治理格局面临新的调整需求。例如，局部区域植被演替已到高级阶段或者植被覆盖度已到上限，有的地质单元因退耕还林出现耕地面积不足等，那么，这些区域的林草植被改善是否还持续开展。又如，因农村劳动力转移到城镇致使部分区域的优质梯田被大量弃耕，而部分区域坡陡沟深、地形破碎使坡地梯田化潜力不足，坡梯政策面临着如何分区域推进等问题。淤地坝工程实现了沟道侵蚀阻控与农业生产有机统一，但由于设计依据的标准陈旧及下垫面的变化，新建坝系很难在短时期内淤满，给汛期防洪带来巨大压力，导致目前淤地坝建设出现了停滞。根据2017年无定河流域"7·26"特大暴雨水土保持综合考察结果，在韭园沟217座淤地坝中，骨干坝有27座（主沟道分布9座）、中型坝有40座，虽然次暴雨流域侵蚀模数达12959 t/km^2，但是流域泥沙输移比仅为0.15；而在裴家茆63座淤地坝中，骨干坝0座、中型坝15座，其中14座中、小型淤地坝可拦沙，但仅拦沙6.9万吨，输沙模数是韭园沟的4倍左右。可见，虽然流域下垫面治理措施变化整体向好，但是大暴雨事件下淤地坝仍是泥沙的重要汇集地，尤其骨干坝对径流与洪峰的削减作用显著（韭园沟建有骨干坝），沟道拦沙与水肥耦合的高产坝地仍有广阔的实际需求。因此，在黄河水沙新常态背景下，无论从黄土高原未来治理措施类型与布局，还是措施实施方式与进度安排，均应在剖析以上问题的基础上科学筹划、因地制宜、精准实施，适时调整黄土高原治理格局与治理模式。

2）黄河水沙调控技术

流域水沙运动的通量大小、滞留时间、空间分布不仅影响干流河道的水沙输移和冲淤演变，进而影响干流的生境、生态和防洪等条件，而且影响流域面上的生态功能及社会经济服务功能。在水沙变化的情况下，入黄水沙总量和时空分布特性关系到黄河重点水土流失区的治理、水资源利用及水沙调控体系运用的大方向，这些对黄河治理实践提出了重大需求。具体来说，黄河干流河道防洪减淤、黄河下游宽河治理，从行洪输沙、河道冲淤、水库调度、河流生态等不同角度，提出了中、下游控制节点的河床高程、平滩流量、河道冲淤量和生态流量等阈值需求。此外，黄河流域水沙产输过程是气象水文、地貌、生态等自然过程和人类活动影响的综合结果，存在多尺度的水沙产输模式及模式转变的气候与下垫面环境条件阈值体系。维持黄河流域健康的水沙阈值，是流域水沙产输过程与干流河道演变过程协调优化的结果，也是未来流域—河道系统处于近似常态平衡的指标体现。

显然，黄河水沙调控阈值具有丰富的内涵，在今后相当长一段时期内，应紧密围绕水沙变化的趋势、减少的程度、稳定的范围及由此带来的一系列新问题开展研究，确定现状向未来新常态演化的水沙调控阈值体系，并在此基础上制定相适应的水沙关系调控和下游河道改造等治黄策略，响应具体治理措施，包括加快建设完善黄河水沙调控体系、塑造与维持黄河基本的输水输沙通道、在中游降低潼关高程、在下游改造河道、黄河口相对稳定流路。对每项具体措施，仍需开展深入持续的研究工作，明确措施调控的阈值与实现方法。

8.4 技术路线图

8.4.1 发展目标与需求

黄河是一条洪水泥沙灾害严重的河流，历史上曾多次给中华民族带来深重灾难。治理黄河历来是治国安邦的大事。治黄 70 多年来，党中央、国务院高度重视黄河的治理开发与管理，黄河治理开发保护与管理取得了巨大成就，为促进流域及相关地区经济社会发展提供了重要保障。

但黄河"水少、沙多，水沙关系不协调"的基本特点，决定了黄河治理开发的复杂性、长期性、艰巨性。下游举世闻名的"二级悬河"态势加剧，洪水泥沙对黄淮海平原的威胁依然存在；黄河下游滩区群众生活生产、经济社会发展与滞洪沉沙矛盾突出；现状供水量已超过了黄河水资源的承载能力，水资源供需矛盾尖锐；流域内水土流失面积 46.5 万平方千米，还有一半以上的水土流失面积没有治理，黄土高原水土流失防治任务依然艰巨；水沙调控体系不完善，下游河道主槽仍会严重淤积，水库拦沙期塑造的中水河槽将难以长期维持等问题依然突出，严重威胁流域防洪安全及人民生命财产安全，极大限制了区域经济社会的可持续发展。而且，自 2000 年以来，黄河水沙情势剧变，新时期治黄战略是否调整等问题亟待研究。为此，开展黄河水沙变化与治理战略研究是科学治黄的前提与基础，研究成果对新时期治黄策略的制定具有重大理论指导意义。

科学认知黄河水沙变化机理、预测未来水沙变化趋势以及完善水沙调控措施技术体系是新时期国家提升治黄水平与科学制定治黄策略的重大技术需求。为此，2013 年国务院批复的《黄河流域综合规划（2012—2030 年）》提出了"实现维持黄河健康，谋求黄河长治久安，支撑流域经济社会可持续发展"目标，迫切需要从黄河水沙变化机理、水沙趋势预测技术研发、流域水沙调控体系完善等方面开展相关研究，研究结果旨在为推动黄河的健康可持续发展提供重要的理论支撑。

8.4.2 重点任务

1. 流域水沙演变机理辨识

1）流域水文系统产汇流和产输沙机制变化

（1）近期任务：揭示水沙变化在宏观上的空间分异特性与时间分阶段特征、在场次洪水过程中的产输机制与多尺度特性，阐明"坡面—沟道—流域"系统不同空间尺度地貌单元间的产流产沙耦合关系，分析不同空间尺度水沙搭配关系与水动力参数的响应规律，揭示"坡面—沟道—流域"系统水沙产输的力学机理。

（2）远期任务：重点辨析主要水土流失区"坡面—沟道—流域"水沙产输是模式改变还是机制转变；阐明下垫面变化对产汇流模式（机制）及产输沙模式（机制）的作用机理；研发产流机制自判断模拟技术，明确黄河流域水文系统产汇流和产输沙机制是否变化、如何变化及未来的变化趋势。

2）流域水沙变化驱动因子的群体效应

（1）近期任务：识别降雨和林草、梯田、淤地坝等下垫面因子变化对黄河流域水沙过程的影响机制，判断黄河水沙剧变主导因子及其贡献。同时，基于大数据建模和数据挖掘方法，研究侵蚀性降雨等气象要素、土地覆被、土壤、水利水保工程、供用水及社会经济等各方面影响因素存在的周期变化特性、发展趋势、突变和异常点分析的量化描述，挖掘分析各因素之间的响应关系，探究各因素对黄河水沙变化量化影响的数学表达。

（2）远期任务：辨识降雨和林草、梯田、淤地坝等下垫面因子变化对黄河流域水沙过程影响机制的尺度效应，定量化表达黄河水沙变化主控因子个体贡献率与群体贡献率之间的非线性耦合关系，揭示气候—生态—工程措施等综合作用下的多过程、多尺度耦合机制及其群体效应特征。

3）林草植被减蚀的临界效应

（1）近期任务：分析林草植被数量、质量变化对不同尺度流域土壤侵蚀及泥沙运动影响的力学机理；构建黄土高原林草植被指数与输沙量之间的耦合关系及其定量化表达，阐明黄土高原不同尺度流域林草植被变化对产沙的作用机制。

（2）远期任务：辨析黄土高原不同尺度流域林草植被变化对产沙的作用机制的尺度依存特征，以非平衡输沙理论为基础，诠释流域尺度上林草植被有效减沙的阈值，提出林草植被变化与产沙量关系的理论解释。

4）淤地坝减蚀的时效性

（1）近期任务：研究淤地坝等沟道工程对流域地表水文连通度及径流、泥沙通道的改变；

分析沟道工程对洪水过程调峰消能的群体效应，以及对沟道产输沙的阻控机制；揭示坡沟兼治条件下沟道工程级联方式对水沙汇集能量流过程的调节机理，以及对沟道泥沙侵蚀—输移—沉积的再分配过程。

（2）远期任务：系统地阐明淤地坝全生命周期下的水沙阻控过程机制，以及沟道工程减水减沙的"原地""异地"效应及其空间尺度变化规律；定量辨识沟道工程对流域水沙的减蚀效应及其时间和空间尺度特征，形成多时空尺度库坝工程水沙作用计算方法体系与参数数据库。

2. 流域水沙预测技术研发

1）流域水文监测技术及配套设备研发

（1）近期任务：进一步完善主要支流水文站网，优化站网布局；在传统地面监测基础之上，推广应用遥感等技术向空间立体全方位监测拓展；在常规水位、流量、泥沙及水质监测基础上，注重水生态监测拓展；研发具有自主知识产权的水文信息采集新仪器新设备，提高信息采集和传输的自动化水平，提高和水文信息的准确性和时效性。

（2）远期任务：充分借助计算机技术、传感器技术、现代通信技术等科技手段，研发具有自主知识产权的自动化和智能化流域水文监测设备，全面实现水文泥沙、水质多参数实时准确监测，切实提高监测工作的高效性，保障水文泥沙等监测结果的准确性。

2）流域水沙预测技术

（1）近期任务：研发多源异构数据融合与 ETL 标准化处理技术，加强适合黄河流域应用的大尺度分布式水文模型开发和应用研究，特别是变化环境下的产流汇流机理研究和模型参数化技术研究等，切实提高模型普适性；加强无资料地区或资料缺乏地区的水文预报技术研究；加强雷达测雨、卫星遥感、地面观测等多源信息的同化分析和应用，提高流域面降水量的估算精度，进而提高洪水预报的精度。

（2）远期任务：构建"自然—人为"多因素影响下的流域水沙动力学过程模拟模型，提高加强水文气象的学科交叉和结合，开展定量降水预报的研究和应用，进一步延长流域径流及洪水预报的预见期，提高洪水预报的效益和作用。同时，实现从单纯的预测预报向洪旱灾害预报预警转变，从重点防洪预报向防洪抗旱预报并重转变。

3）流域水沙趋势预测集合评估技术

（1）近期任务：针对各类既有水沙预测方法输入数据的精度、方法原理对误差传递和输出结果分辨率，提出在不同指标层面可评价各方法优劣的统一的普适评价指标体系；基于输入数据、原理方法和输出结果等不同层面，分别构建水沙变化预测结果与评价指标的函数关系，搭建多元耦合的非线性水沙变化评价模型。

（2）远期任务：搭建多目标可量化的评价体系与标准化、通用化的评价流程和评价平台，实现对不同原理结构和参数模块的预测方法进行标准化评估；针对黄河流域不同水沙预测方法所获得的水沙变化趋势预测结果，开展多对象的集合评估，实现黄河水沙预测结果误差范围及置信度的科学辨识。

4）流域降水、径流预报不确定性分析技术

（1）近期任务：综合考虑气候模式、降尺度方法及排放情景的不确定性，分析黄河流域未来气候变化多模式预估的不确定性；提出未来气候变化情景下降水等水文预估的概率预测体系，研究未来气候变化情景下降水预估的共识性与可信度；分析未来下垫面变化与人类取用水预测结果的精度，研究多系统中不确定性的传递机制，分析多系统联合扰动下二元水循环模拟的不确定性问题。

（2）远期任务：建立气候、下垫面、人类活动等多系统联合作用下的径流预测不确定性技术，识别各种不确定性因素在多个系统中的传递机制，提高流域径流预测精度。

5）气象水文耦合中的降尺度技术

（1）近期任务：针对中小尺度流域气象与水文数据尺度不匹配、大尺度数值模式预报结果无法直接应用到水文模型等问题，在逐步完善已有统计降尺度、动力降尺度方法基础之上，研发动力降尺度与统计降尺度相结合的降尺度技术方法，实现气象预测结果在空间上的尺度下移。

（2）远期任务：实现气象预测结果在空间上的尺度下移空间分辨力由几十平方千米到1平方千米，更大限度地满足气象和水文在尺度方面的耦合要求，切实提高研究区域未来气候情景预测精度，为提高流域未来水沙情势预测的准确性奠定基础。

3. 流域水沙调控技术体系完善

1）黄河下游河势稳定控制与输沙能力提升技术

（1）近期任务：针对黄河下游"二级悬河"凸显和防洪压力加大、黄河水沙调控体系主要构架尚未形成、游荡型河段河势控制技术不足、河道输沙潜力难以挖掘和泥沙处置途径不清晰等技术需求，亟须明确黄河下游未来防洪最不利标准，科学预测防洪形势及河床演变趋势。

（2）远期任务：基于黄河下游防洪形势及河床演变趋势预测结果，提出游荡型河道综合稳定及河槽输沙能力提升的理论与技术措施，制定下游河床整体不淤高和滩地良性治理的技术方案，形成黄河下游河道与滩地治理体系，为黄河下游未来50年的治理提供科学技术支撑。

2）河库联动高效输沙水动力条件塑造技术

（1）近期任务：提高河流输沙效率，减少输沙水量是优化河道内外水量分配，实现水资源高效利用。

（2）远期任务：根据黄河下游淤积的根本原因在于"水沙关系不协调"的客观实际，下一步应逐步认识高效输沙的水沙临界阈值，揭示变化环境下高效输沙机理，建立高效输沙水沙过程的水库联合调度技术；提出水库群泥沙多年调节方式。

3）流域水资源动态均衡配置技术

（1）近期任务：环境变化持续改变流域水资源供需格局并影响水资源系统的稳定性，水量分配方案评价面临要素不断变化、目标多元化等挑战。应逐步创建综合价值的概念和分析方法；耦合供水子系统与需水子系统，提出流域水资源供需联动分析技术。

（2）远期任务：统筹公平与效率、收益与风险等，集成均衡调控手段与方法，完善缺水流域水资源动态配置方法，形成多因素影响下的流域水资源动态配置技术方法体系。

4）骨干水库工程运行模式及水库联合调控技术

（1）近期任务：基于黄河水沙变化趋势预测，从河流自身功能、流域生态功能及社会功能良性维持的基本需求出发，从行洪输沙、河道冲淤等方面，确定黄河健康的关键控制指标；揭示复杂梯级水库群水—沙—电—生态耦合机制，明确其竞争与协作关系；研究新水沙条件下黄河的各种泥沙配置能力，提出水沙变化情势下黄河泥沙配置的可行模式。

（2）远期任务：未来应重点关注并分析骨干水库工程的不同运行模式、水库不同联合调控方案下的下游河道的水沙过程，开展黄河干支流骨干枢纽群多维协同的泥沙动态调控决策理论研究，提出骨干水库群联合调控技术与泥沙动态调控方案、模式及决策理论体系，制定综合效益评价方法；耦合水—沙—电—生态等多过程，采用多模型集成、多尺度叠加及多过程融合技术，建立梯级水库群多维协同调度仿真系统，提出复杂梯级水库群水—沙—电生态多维协同调度技术；统筹考虑洪水管理、协调全河水沙关系、合理配置和优化调度水资源等要求，形成完善的黄河水沙调控工程与非工程体系。

5）变化环境下的黄河防洪减淤技术

（1）近期任务：基于黄河未来径流、泥沙变化趋势的预测，分析并确定未来流域工农业用水，对当前工程条件下的水沙调控进行计算，提出未来黄河干支流主要控制断面的水沙过程。

（2）远期任务：考虑防洪减淤、流域生态、水资源利用等需求，根据维持黄河健康的水沙调控阈值研究，按照"上拦下排、两岸分滞"调控洪水、"拦、调、排、放、挖"综合处理和利用泥沙的基本思路，以河防工程为基础，以水沙调控体系为核心，多沙粗沙区拦沙工程、河道放淤工程、分滞洪工程等相结合，辅以防汛抗旱指挥系统和洪水风险管理等非工程措施，构建完善的黄河防洪减淤体系。

6）黄土高原水土流失综合治理技术

（1）近期任务：基于黄土高原自然条件和社会经济发展的区域特点，分析区域水土保持和生态产业技术的区域适宜性，结合黄土高原生态环境格局和生态衍生产业发展潜力，形成水土流失综合治理和生态产业关键技术体系，建立具有区域特色的水土保持和生态产业协同发展耦合模式，提出黄土高原水土保持与生态产业发展对策。

（2）远期任务：以水土保持技术综合化、系统化和可持续性为核心，形成充分考虑自然与经济社会协调发展的、适用于新时期黄土高原/山水林田/湖草系统综合整治技术体系和适用于不同类型区水土流失综合治理技术与模式，促进黄土高原区域生态功能的全面提升，实现黄土高原地区水土流失治理与生态经济产业的协同发展。

8.4.3 技术路线图的绘制

基于发展目标及需求，结合黄河水沙变化与治理战略研究重点任务，绘制了面向 2035 年的黄河水沙变化与治理发展技术路线图，如图 8-1 所示。

1. 目标

"子里程碑"共分为 2020—2025 年和 2026—2035 年两个大的阶段。目标分为近期目标和远期目标，2020—2025 年的近期目标：水资源供需矛盾缓解，水土流失面积减少，水沙调控体系进一步完善，流域防洪安全及人民生命财产安全保障能力增强；2026—2035 年的远期目标：实现维持黄河健康，谋求黄河长治久安，支撑流域经济社会可持续发展。

2. 发展需求

（1）科学认知黄河水沙变化机理，以提升水沙科学发展。

（2）提升水沙趋势预测技术研发，以把握未来水沙变化趋势。

（3）完善水沙调控措施技术体系，以提升黄河未来水沙应对策略。

3. 重点任务

实现关键共性技术，包括 3 大方面共 9 个方向的技术：

（1）流域水沙演变规律及其驱动机制基本理论，包括流域水文系统产汇流和产输沙机制变化、流域水沙变化驱动因子的群体效应、林草植被减蚀的临界效应、淤地坝减蚀的时效性共 4 个大方向的基础研究。该方面主要通过提升基础理论研究，为治黄工作奠定基础。

（2）黄河水沙情势预测技术，包括流域水文监测技术及配套设备研发技术、流域水沙变化成因分析与趋势预测技术、流域水沙预测不确定性分析及集合评估技术共 3 个方向的技术。通过对黄河未来水沙的预测判断，精准把握黄河未来的水沙情势。

（3）黄河水沙调控技术，包括黄土高原水土流失综合治理技术、黄河水沙调控技术 2 个方向的技术。通过对水土流失的治理和水沙的调控，构建长治久安的健康黄河。

8 面向 2035 年的黄河水沙变化与治理发展技术路线图

里程碑	子里程碑	2020年	2025年	2030年	2035年
目标		水资源供需矛盾缓解，水土流失面积减少，水沙调控体系进一步完善，流域防洪安全及人民生命财产安全保障能力增强		实现维持黄河健康，谋求黄河长治久安，支撑流域经济社会可持续发展	
需求		科学认知黄河水沙变化机理，以提升水沙科学发展			
		提升水沙趋势预测科技研发，以把握未来水沙变化趋势			
		完善水沙调控措施技术体系，以提升黄河未来水沙应对策略			
关键共性技术	流域水文系统产汇流和产输沙机制变化	阐明"坡面—沟道—流域"系统不同空间尺度地貌单元间的产流产沙耦合关系		明晰黄河流域水文系统产汇流和产输沙机制是否变化、如何变化以及未来变化趋势	
	流域水沙变化驱动因子的群体效应	探究各因素对黄河水沙变化量化影响的数学表达		揭示气候—生态—工程措施等综合作用下的多过程、多尺度耦合机制及其群体效应特征	
	林草植被减蚀的临界效应	构建黄土高原林草植被指数—输沙量之间的耦合关系及其定量化表达		诠释流域尺度上林草植被有效减沙的阈值，提出植被变化—产沙量的理论解释	
	淤地坝减蚀的时效性	分析沟道工程对洪水过程调峰消能的群体效应，以及对沟道产输沙的阻控机制		定量辨识沟道工程对流域水沙的减蚀效应及其时间和空间尺度特征，形成多时空尺度库坝工程水沙作用计算方法体系	
	流域水文监测技术及配套设备研发技术	推广应用遥感等技术向空间立体全方位监测扩展，研发具有自主知识产权的水文信息采集新仪器新设备		研发具有自主知识产权的自动化和智能化流域水文监测设备，全面实现水文泥沙、水质多参数实时监测的高效性和准确性	
	流域水沙变化成因分析与趋势预测技术	加强适于大尺度分布式水文模型开发和应用研究，加强雷达测雨、卫星遥感、地面观测等多源信息的同化分析和应用，提高模型普适性		提高加强水文气象的学科交叉和结合，从单纯的预测预报向洪旱灾害预报预警转变	
	流域水沙预测的不确定性分析及集合评估技术	明确多系统联合扰动下的不确定性问题，构建水沙变化预测结果与评价指标的函数关系		建立气候、下垫面、人类活动等多系统联合作用下的水沙预测不确定性技术，识别各种不确定性因素的在多个系统中的传递机制	
	黄土高原水土流失综合治理技术	形成水土流失综合治理和生态产业关键技术体系，提出黄土高原水土保持与生态产业发展对策		形成新时期黄土高原山水林田湖草系统综合整治技术体系，实现黄土高原地区水土流失治理与生态经济产业的协同发展	
	黄河水沙调控技术	研究新水沙条件下黄河的各种泥沙配置能力，提出水沙变化情势下黄河泥沙配置的可行模式		构建完善的黄河防洪减淤体系，形成完善的黄河水沙调控工程与非工程体系	
战略支撑与保障		《黄河流域综合规划（2012—2030年）》获国务院批复，为新时期的治黄工作指明了方向			
		河长制的全面实施，为新时期强化黄河流域管理，完善治水体系，维护河湖健康生命提供了重要的制度保障			
		科技创新能力的不断提升，为治黄事业发展提供了重要引擎和关键动力			

图 8-1　面向 2035 年的黄河水沙变化与治理发展技术路线图

8.5　战略支撑与保障

治理黄河，历来是中华民族安民兴邦的大事。自 1949 年以来，党和政府十分重视黄河治理开发工作。经过 70 年努力，黄河治理开发与管理工作取得巨大成就，有力地促进了黄河流域及相关地区经济社会发展，保障了黄淮海平原的安全。但黄河特殊的河情决定了治黄工作的长期性、艰巨性和复杂性，且随着新时期黄河水沙情势的变化，以及新时期治水思路的转变，已有流域规划不能适应新形势的要求。2007 年，国务院办公厅部署在全国范围内开展新一轮流域综合规划编制工作。按照国务院的要求和水利部的工作部署，水利部黄河水利委员会会同黄河流域 9 个省（自治区）在全面开展现状评价、深入论证的基础上，编制完成了《黄河流域综合规划（2012—2030 年）》，并于 2013 年 3 月获得国务院的批复。

《黄河流域综合规划（2012—2030 年）》在深入分析黄河治理开发保护与管理工作面临的新形势、新情况和新要求的基础上，统筹考虑维持黄河健康状态和流域经济社会可持续发展的需要，针对黄河治理开发保护与管理存在的主要问题，明确了今后一个时期开发、利用、节约、保护水资源和防治黄河水旱灾害的目标任务和总体布局，研究并确定了防洪（防凌）、水资源管理、河流水生态环境等方面的控制性指标，对黄河流域的水旱灾害防治、节水型社会的建设和水资源配置与保护、水土流失综合治理、水生态环境保护与修复、流域综合管理等做了全面部署，研究并提出了加强流域综合管理的政策措施，建立相应的组织责任体系和协调机制，明确各类水工程的投资主体，为规范流域水事活动、实施流域管理与水资源管理提供了重要依据，为开展黄河治理工作顺利开展提供了重要保障。

科技创新为治黄事业发展提供了重要引擎和关键动力。国家在黄河水沙变化关键问题与治理技术研发等方面持续投入专项资金开展科技攻关工作。自 20 世纪 80 年代以来，国内先后设立各类科技计划围绕黄河水沙变化特性、成因、规律及发展趋势开展相关研究工作。例如，1988 年和 1995 年水利部设立两期黄河水沙变化研究基金，黄河水利委员会设立三期黄河流域水土保持科研基金，以及国家"八五""九五"重点科技攻关计划项目的相关课题等。"十一五"国家科技支撑计划课题"黄河流域水沙变化情势评价研究"，分析了黄河流域 1997—2006 年的水沙变化成因，预测了 2020 年水沙变化趋势。"十二五"国家科技支撑计划课题"黄河中游来沙锐减主要驱动力及人为调控效应研究"，系统地评价了梯田、林草植被措施等的减沙作用及其对水沙变化的贡献率。2013—2014 年，黄河水利委员会与中国水利水电科学研究院联合开展了黄河水沙变化研究，对 2000—2012 年黄河水沙变化成因、趋势、驱动因子贡献率进行了系统分析评价，并预测了未来黄河来水来沙量。以上科技攻关项目相关成果为不同时期的黄河治理开发实践提供了重要的科学依据，同时为预判未来 15~20 年黄河水沙情势和研究黄河治理策略奠定了重要基础。

第 8 章编写组成员名单

组　　长：胡春宏

成　　员：曹文洪　张晓明　张治昊　赵　阳　王友胜　王昭艳
　　　　　解　刚　殷小琳　成　晨　刘　冰

执 笔 人：胡春宏　张晓明　赵　阳　王友胜

9

面向 2035 年的新型智慧城市建设发展技术路线图

为解决城市发展难题，实现城市可持续发展，建设智慧城市已成为当今世界城市发展不可逆转的历史潮流。中国智慧城市建设已跨越试点探索期，进入蓬勃发展期，工程规模已经超越世界上绝大多数国家和地区。但支撑新型智慧城市建设长期发展需求的工程科技体系仍未真正确立，所涉及的基础理论、核心技术、尖端设备等与发达国家相比仍存在较大差距，甚至受制于人。中国新型智慧城市建设工程科技 2035 发展战略研究项目，围绕我国未来 15 年智慧城市领域工程科技的发展趋势、目标策略、重点任务、关键科学问题开展战略咨询研究，探讨未来 15 年我国新型智慧城市建设工程的关键核心技术体系、重点任务、发展路径、以及需开展的重大工程等，并提出相应的措施、办法和建议等。

未来 15 年是我国实现中华民族伟大复兴的关键期，也是国际格局大调整期。新型智慧城市作为信息技术，尤其是作为颠覆性技术的平台载体与集中体现，势必会在大国竞争与博弈、提升国家科技创新能力等方面发挥重要作用，并将深刻改变国际政治和经济格局。为此，亟须瞄准面向 2035 年的新型智慧城市建设发展目标，解决一批制约本领域发展进步的基础科学问题；突破一批需求迫切、引领创新发展的核心关键技术；建设一批影响力大、带动性强的重大示范工程，培养一批能力突出、经验丰富的创新人才梯队；打造一套自主可控的新型智慧城市建设工程科技支撑体系，具备国际竞争力的智慧城市建设能力。同时，在国家层面加大加强对新型智慧城市建设工程科技支撑体系的培育和扶持，建立长期稳固的发展促进机制，全面践行"数字中国，智慧社会"发展理念。

9.1 概述

9.1.1 研究背景

新型城镇化是当前和未来一段时期中国的国家重大发展战略。目前，中国正经历着人类历史上最大规模的城镇化进程，与此同时，城镇化进程中遇到的"城市病"问题逐渐凸显、日益严峻，影响了城市的健康发展。为解决城市发展难题，实现城市可持续发展，建设智慧城市是当今世界城市发展不可逆转的历史潮流。从当前推进广度和资金投入情况来看，中国智慧城市建设已跨越试点探索期，进入蓬勃发展期，工程规模已经超越世界上绝大多数国家和地区。但支撑新型智慧城市建设长期发展需求的工程科技体系仍未真正确立，所涉及的基础理论、核心技术、尖端设备等与发达国家相比仍存在较大差距，甚至受制于人。

2035 年是实现我国"两个一百年"目标的重要时间节点，在此期间内，我国亟须瞄准国际前沿，不断缩短差距，根据新型智慧城市建设需求，打造我国自主可控的新型智慧城市建设工程科技体系，全面践行"数字中国，智慧社会"发展理念，大力提升城市可持续发展能力，大幅度提高我国社会经济发展水平与质量。为此，设立中国新型智慧城市建设工程科技 2035 年发展战略研究项目，对中国未来近 15 年智慧城市领域工程科技的发展趋势、目标策略、重点任务、关键科学问题开展战略咨询研究，探讨未来近 15 年我国新型智慧城市建设工程科技的关键核心技术体系、重点任务、发展路径及需要开展的重大工程等，并提出相应的措施、办法和建议等。

9.1.2 研究方法

本项目在研究过程中，综合采用多种研究方法来完成相关研究任务，包括国内外文献检索分析法、交流学习法、学术研讨法、定性与定量研究结合法等。

9.1.3 研究结论

建设智慧城市已成为当今世界发展不可逆转的历史潮流，但需要工程科技的强力支撑。本项目总结了我国未来新型智慧城市建设工程科技领域的5个基础研究领域的情况：城市泛在感知领域、信息传输与链接领域、大数据平台技术领域、大数据融合与智能分析领域、城市建模与优化领域。其中，需要解决的关键科学问题包括智慧城市范式与新城市理论、城市物理世界与数字世界的耦合交互、城市复杂问题的计算与求解。

利用智能支持系统制作了新型智慧城市建设的重点技术清单，明确新型智慧城市建设的重点技术方向。从新一代城市信息基础设施、城市数据融合环境、城市运营管理平台及城市应用服务4个方面提出新型智慧城市建设的重大工程项目建议，并建议在核心技术自主可控、复合学科人才体系、"产、学、研、用"产业生态、重点示范分级分类等方面采取措施，以保障面向2035年的新型智慧城市建设各项工作的顺利推进。

9.2 全球技术发展态势

9.2.1 全球政策与行动计划概况

近年来，国外很多发达国家将智慧城市的建设升级为国际战略，智慧城市建设成为刺激经济发展和建立长期竞争优势的重要战略。截至2014年，美国、瑞典、爱尔兰、西班牙、德国、芬兰、日本、新加坡、韩国等国家的共计300多个城市正在进行智慧城市建设。这些国家对智慧城市建设的投入力度不断加大，制定并发布了一系列相关产业和科研政策[1]。

智慧城市的概念最早由IBM在2009年提出，但智慧城市的缘起要追溯到20世纪90年代。1993年，美国政府发布国家信息基础设施行动倡议；1994年，美国签署"协调地理数据获取和使用：国家空间数据基础设施"的总统令；1998年，美国提出"数字地球"。这些都算是智慧城市的萌芽或雏形[2]。总体来看，国际智慧城市建设经历了3个阶段[3-6]：第一个阶段是20世纪90年代到2008年智慧城市概念提出以前的时期，在该阶段很多国家在城市管理中开始有意识地运用互联网、光纤局域网、传感器网络、移动互联网等技术，改进城市管理、提升效率，如马来西亚的多媒体超级走廊MSC、日本的e-Japan计划、韩国的U-Korea战略等，但尚未形成智慧城市的整体概念。第二阶段是探索起步阶段，从2009年到2013年，智慧城市概念初步形成，少数国家和地区探索运用云计算、第三代（3G）移动通信技术、社交网络等技术，加强城市信息的综合应用和智能处理，如欧盟的欧洲智慧城市计划、西班牙的巴萨罗那 MESSI 战略、日本的 i-Japan、韩国的 U-city 等。第三个阶段是从 2013 年以来的深化推广阶段，世界上大多数国家和地区明确提出智慧城市建设的规划和目标，开始运用物联网、大数据、第四代（4G）移动通信技术等技术，如新加坡的智慧国家 2025 计划、澳大利亚的国家智慧城市计划、印度的创建 100 个智慧城市行动计划及英国的 Hyper Cat City 智慧城市倡议等。2018 年 4 月，谷歌旗下城市创新公司 Sidewalk Labs 表示，将于 2020 年在加拿大多伦多开建首个智慧城市项目，并在 2018 年开始对其部分智慧城市技术进行测试，图 9-1 所示为谷歌 Sidewalk Toronto 智慧社区。

图 9-1　谷歌 Sidewalk Toronto 智慧社区

9.2.2　基于文献和专利统计分析的研发态势

在中国工程院"2035 发展战略研究项目"总体组的指导下，本项目组利用 Web of Science 数据库作为检索工具，对研究智慧城市的相关文献进行了检索，检索时间范围为 2008—2017 年，时间跨度为 10 年，共检索到相关文献 10997 篇，涉及 37630 位作者，其中，46 位作者发表的论文数量不少于 10 篇，并且都是核心发表人。研究智慧城市的相关文献年度发表数量统计如图 9-2 所示。

从图 9-2 可以看到，研究智慧城市的相关文献发表数量在 2008—2014 年一直保持稳定增长的态势，从 2015 年开始出现大幅度提升，后又继续保持着高发表数量且平稳增长态势。研究智慧城市的相关文献发表数量的变化在一定层面上，反映了智慧城市在不同阶段发展的历程，从最初的探索阶段到快速发展阶段，再到如今趋于成熟阶段。文献发表数量整体上呈现增长趋势，表明智慧城市相关技术研究从 2008 年以来一直是学术界研究的热点，并且处于快速稳定发展的阶段。这给智慧城市建设提供了理论基础和指导方向，使智慧城市建设更加完善。

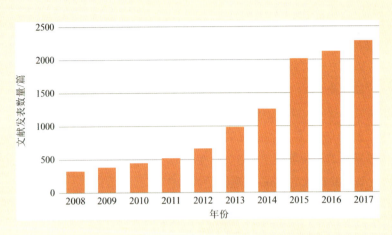

图 9-2 研究智慧城市的相关文献年度发表数量统计

从图 9-3 所示的发表智慧城市相关文献的国家统计情况来看，美国仍处于领先位置，但中国紧跟其后，所占比重也高达 15%，超过其他发达国家。这些情况说明近些年中国非常重视在智慧城市领域的研究投入，相关研究学者在自己擅长领域研究不断深入、积极创新。

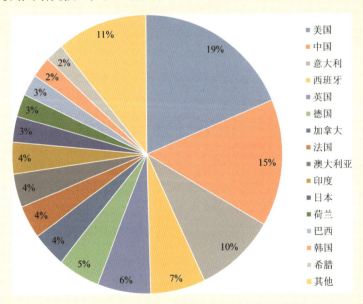

图 9-3 发表智慧城市相关文献的国家统计情况

从图 9-4 所示的智慧城市相关文献关键词出现频率统计和图 9-5 所示的相关文献所属学科分布统计来看，智慧城市研究近年来主要集中在物联网（Internet of Things）、大数据（Big Data）、云计算（Cloud Computing）、城市规划（Urban Planning）等方面，并涉及电子工程（Electronic Engineering）、计算机科学（Computer Science）、通信工程（Telecommunications）、城市研究学（Urban Studies）、土木工程（Civil Engineering）、能源燃料（Energy Fuels）、交通运输（Transportation）等多个学科，其中以涵盖多个分支的计算机科学所占比重最大，说明计算机科学与技术在智慧城市建设中发挥重要的作用。

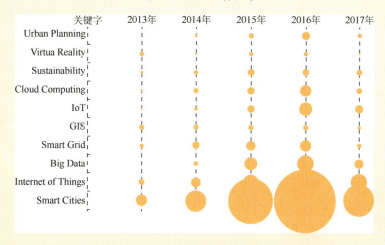

图 9-4 智慧城市相关文献关键词出现频率统计

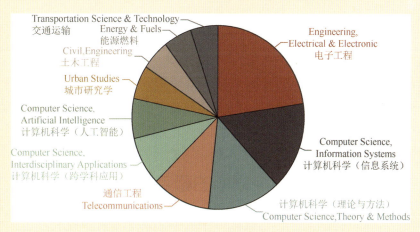

图 9-5 智慧城市相关文献所属学科分布统计

综合文献分析结果可知，智慧城市研究因其应用的迫切性使它始终是学术界研究热点，大量文献资料的发表为智慧城市建设提供了理论支撑和发展方向。中国在智慧城市领域发表的相关文献数量排名世界前列，具有较强的科研实力。智慧城市是多领域、多学科的交叉和融合，各研究领域的自我发展和多方合作为智慧城市建设奠定了坚实的基础。

9.3 关键前沿技术与发展趋势

9.3.1 城市泛在感知领域的重点技术方向

1. 城市泛在感知网络体系构建及其集成整合技术

泛在网络自然而深刻地融入了人类的日常生活和工作中,因此需要强化城市感知网络建设的顶层设计,对终端层、网络层及业务层等现有技术进行有序整合和综合利用,结合互联网与传统电信网络优势,构建可交换、可共享、可集成整合的感知网络,最终实现环境智能感知的泛在网络愿景[8]。

2. 城市数据协同感知与泛在接入技术

泛在网络是智慧城市数据获取的主要技术手段,通过各类传感器网络可同时对现实物理世界和虚拟网络世界进行感知。因此,智慧城市建设需要各方数据协同共享,无缝泛在接入,实现跨网络、跨行业、跨应用、异构多技术的融合和协同;需要研究面向城市人文、地理与信息三元空间多重感知数据的有机融合与协同技术[9]。

3. 城市全空间高精度定位与智能位置服务技术

导航与位置服务应用正在成为国家中长期发展规划重点关注及建设的产业。高精度定位技术为位置服务系统奠定基础,而智能位置服务攸关社会民生和经济发展,在信息技术产业中有着不可或缺的地位,两者对构建智慧城市发挥着重要的支撑作用[10]。

9.3.2 信息传输与链接领域的重点技术方向

1. 新一代移动通信网络的混合蜂窝网络组网与移动边缘计算技术

随着第五代(5G)移动通信网络时代的来临,大容量、低时延的网络传输将变为现实,人类将进入万物互联的物联网时代,智慧城市建设也将步入一个崭新阶段。5G 及更高级的移动通信网络需要突破混合蜂窝网络组网、超密集异构网络融合、移动边缘计算、新型无线传输技术、多址接入技术等技术,将传统电信蜂窝网络与互联网业务进行深度融合,加速网络中各项内容、服务及应用的快速下载,提升终端用户的体验效果[11]。

9.3.3 大数据平台技术领域的重点技术方向

1. 智慧城市操作系统体系架构及其构建技术

智慧城市操作系统是智慧城市建设的基础设施,为智慧城市各种应用提供操作系统级的基础大数据平台。由于城市是一个地理空间,因此智慧城市操作系统的构建必须以地理空间信息技术作为技术支撑,以云服务体系架构作为基础架构,并支持雾计算、边缘计算[12]。未来应以 GIS 平台为核心,打造智慧城市操作系统,其核心要素和能力为数据集成与融合、可视化表达,以及开放式的二次开发环境。

2. 超大规模智慧城市大数据实时处理与集成管理技术

大数据时代,随着可获取数据的渠道及类型的增多,数据规模也变得越来越大,需要一种基于大数据实时处理与集成管理的技术支持,构建高扩展性、高性能的分布式大数据处理框架,实现内存级别的分布式处理模式,实现超大规模智慧城市大数据的集成管理,并提供即时的大数据服务能力[13]。

9.3.4 大数据融合与智能分析领域

1. 城市多源数据自动语义关联和动态融合技术

城市运行过程中产生或使用的绝大部分数据来源非常分散,而且是基于自然语言描述的一种高层次的抽象信息。然而,智慧城市是建立在机器认知基础上的城市数字化表达,需要基于可量化的精准分析。因此,从自然语言中抽取空间语义信息,对空间概念进行量化表达,与地理空间数据进行语义关联和动态融合,消除 GIS 中结构化空间信息与自然语言中的非结构化空间信息之间的语义障碍,是建设智慧城市的核心技术之一[14]。

2. 城市大数据深度挖掘与可视化分析技术

城市大数据由结构化数据、非结构化数据、半结构化数据组成,这些巨量数据中蕴含丰富的知识资源。通过数据挖掘和分析,可以从毫无关联的数据中得出有价值的结论。因此,需要研究城市大数据深度挖掘技术,为智慧城市的应用分析提供数据支撑;再通过大数据可视化分析技术,为城市建设提供决策支撑,把各类信息以可视化方式呈现给政府中的决策者、行业用户及公众[15]。

3. 城市交通监测仿真与控制优化技术

中国智能交通已有 10 多年的历史，但仍然存在交通堵塞、城市道路设施无法满足车辆需求、因不恰当的道路规划而造成资源浪费等问题。而基于巨量视频的交通行为智能分析、预测和控制技术可以有效地缓解或遏制这些不良的交通状况。通过模式识别、目标检测跟踪等技术，可以判断当前交通状况，对异常情况发出预警，从而达到控制和优化城市交通的目的[16]。

4. 城市社会经济大数据分析与预测技术

传统的社会经济数据在地学研究和使用中存在着数据结构不一致、空间单元不匹配、数据在空间单元内均一化、时滞性强等问题。针对这些问题，提出对人口密度、GDP 等社会经济指标数据进行空间化并运用大数据分析与预测技术，以更科学的方式推动城市社会经济发展[17]。

9.3.5 城市建模与优化领域的重点技术方向

1. 城市全空间信息智能获取与高精度实时建模技术

目前，大多数人类生活和工作都是在室内进行的，对室内智能服务的需求也越来越多，而定位和导航的精准必须依赖室内地图的精度和准确性。另外，城市地下空间的开发利用越来越多，地下空间的精准获取与高精度建模将为地下空间的有效开发利用提供关键技术支撑。因此，需要研究能解决城市室内室外和地上地下空间的全空间高精度、多细节信息获取的问题并能自动完成三维建模的技术[18]。

2. 虚拟城市环境实时构建与动态表达技术

在大数据时代，对集几何、物理和行为模型于一体的虚拟城市环境，需要构建可动态、广泛地融入地理规律的城市环境综合认知体系，集成地理过程模型、地理协同与专家知识，建立城市环境模型形式化与情境化的动态表达技术体系，实现城市行为和状态的集成表达、推演预测、评估调控，提升利用地理知识理解巨量数据所包含的信息并重现地理现象及过程的能力，最终提升城市的自由调控能力[19]。

3. 城市空间仿真与优化技术

城市空间仿真是将虚拟现实技术应用在城市规划、建筑设计等领域。城市空间仿真和优化可使城市的运转和空间利用更智能、更高效、更敏捷、更低碳、更和谐。基于城市大数据、空间分析和专业模型，建立全数字化的分析平台，实现城市环境、规划方案、建筑设计、设施配置、路网布局及各类城市空间决策的模拟、仿真与优化，是建设智慧城市的基础性关键技术之一[20]。

4. 国土空间开发格局优化与功能提升技术

国土空间开发是国家发展战略的基础和重要组成部分，优化国土空间开发格局、统筹协调生产、生活、生态——"三生"空间配置，是未来15年我国实现可持续发展的重点任务和根本途径。因此，在城市地区实施主体功能区战略，构建以"两横三纵"为主体的城市化格局，把增强综合经济实力作为首要任务，同时保护好耕地和优化生态，从而达到优化国土空间开发格局的目的[21]。

5. 城市土地资源立体化利用管理技术

传统的土地管理技术立足于二维土地利用方式，难以科学有效地管理立体化视角下的土地利用和人地关系，而且中国国土资源管理及其他相关部门对地上地下空间开发利用管理和地下空间的建设评估也存在较大空缺。因此，迫切需要发展关于城市土地资源立体化利用模式的认知理论，探索城市土地资源立体化利用综合调查评价技术，创新城市土地资源立体化利用规划技术，发展基于空间使用权的不动产统一登记技术，进而形成城市土地资源立体化利用管理技术体系，为城市土地资源的节约集约利用和城市的可持续发展提供理论指导和技术支撑[22]。

6. 城市空间规划在线协同技术

当前，我国城市空间规划类型众多，"规划失控"已成为城市规划建设的"顽疾"之一。秉承"互联网+"思维，借助大数据、云计算、传感网络、空间分析等技术，开展在线规划指标自动计算、规划协同编制模式构建、在线规划成果控制及审核、开放式公众参与等研究，进而构建城市空间规划在线协同工作平台，是解决城市空间规划建设"顽疾"，提升城市空间规划科学性、协同性、可控性的有效路径[23]。

7. 智能建筑设计与智慧控制技术

智能建筑是指根据用户的需求把建筑物的结构、系统、服务和管理进行最优化组合，从而为用户提供一个高效、舒适、便利的人性化建筑环境，其技术基础主要由现代建筑技术、现代计算机技术、现代通信技术和现代控制技术组成，强调提高建筑的适用性和工作效率，降低建筑能耗成本。智慧建筑则是在智能建筑的基础上，增加了云端信息服务的共享及对数据进行分析和学习的能力，进一步注重用户生活质量的提高、安全和环境友好等[24]。

8. 海绵城市运行监测与智能预警技术

海绵城市是指城市具有海绵的特性，其对环境的适应力强，且抵御自然灾害的弹性大。近年来，城市化进程不断加快，城市基础设施建设日趋完善，虽然提升了城市的魅力，但降低了城市自身的排泄功能，城市内涝现象频发。通过雨洪综合利用管理，把危害变成资源，不仅可以解决城市水资源短缺、地下水位下降等问题，而且能预防暴雨造成的经济损失和人员伤亡[25]。

9. 城市安全监测预警与应急管理技术

随着城市化进入加速发展的阶段，各种公共安全风险愈发明显，同时中国自然灾害频发。在互联网尤其是宽带移动互联网高速发展和普及的时代，基于众筹群智的全感知、全开放、全共享、全参与模式的城市安全动态监控、预测预警及应急管理技术将成为解决城市公共安全、城市基础设施安全、城市自然灾害防灾减灾问题的新途径，研究构建城市多部门协同的安全监测、保障和减灾防灾的自然灾害应急体系[26]成为当务之急。

10. 城市基础设施精细化管理与综合决策技术

随着社会和经济的发展，城市数量增加、规模扩大，城市基础设施管理的重要性也日益突出，加强和完善城市基础设施管理是一项十分迫切的任务。对城市基础设施进行精细化管理，可以解决管理空间划分不明确、信息获取滞后、工作效率低等问题，也有利于政府的决策实施，是改善城市生产、生活环境，提升城市品位的有效途径[27]。

11. 城市社会综合治理与智慧服务技术

在新网络、新数据环境下，提高中国城市的治理水平，将市民生活、工作及城市治理的空间打造成为政府、市场、社会各方参与的协同创新的空间，研究以人为本的创新技术来激发社会活力，开发集信息采集、电子监察、应急指挥、网格化管理等功能于一体的智慧城市管理系统，为人民提供更多及时、智能化的服务[28]。

12. 基于人类行为分析的城市运行优化与提升技术

城市是一个复杂的有机生命体，城市的发展与生活在其中的人类活动密切相关、彼此相互作用，城市人类行为模式深刻影响着城市的运行与发展。因此，需要研究人类行为轨迹数据与地理空间实体匹配技术，研究构建人类行为的时空模型，探索研究优化城市设计、改善城市结构、转变城市治理模式、提升城市运行效率、促进城市发展的新路径和新方法[29]。

9.4 技术路线图

9.4.1 发展目标与需求

1. 发展目标

2020 年总体目标是掌握一批国际领先的智慧城市建设关键核心技术，基本建立解决城市问题的智慧城市建设支撑技术体系，在城市数据空间语义集成、虚拟城市环境构建的基础理论与方法方面取得原创性成果。2025 年总体目标是智慧城市先进技术在城市各行业领域中深度推广,制定具有国际影响力的先进规范标准体系。2035 年总体目标是智慧城市建设支撑技术体系走向成熟并广泛应用。

2. 需求

在统一的数字化城市空间中实现全维度信息开放共享的基础支撑平台,在此基础上发展在线协同的智慧城市管理、建设与发展的核心技术,实现城市的泛在感知、高度互联、智慧分析、科学管理、优化建设和提高幸福感的核心目标。以高性能计算、泛在感知网络为基础,以大数据处理技术为支撑,重点发展以解决超大规模城市面临的治理问题为导向的智慧城市支撑技术,着力完善城市大数据的分析理论与方法体系,努力实现城市运行状态的全面感知、数据的自动关联和动态融合、虚拟城市环境的实时构建与动态表达、城市运行的仿真和优化提升,积极推动智慧城市技术在规划、交通、公共安全、卫生、应急、公众服务等领域中的深度应用,全面提升政府的城市运营水平,实现城市运行优化的新路径。

9.4.2 重点任务

1. 基础研究领域的重点任务

1)城市泛在感知技术

城市泛在感知技术着眼于城市数据的感知与获取,研究利用航天航空、地面及移动传感器与社会人文感知等技术,对智慧城市进行全方位感知与时空数据智能获取。涉及传感器技术、多传感器集成控制、物联网、室内室外定位、卫星遥感影像及社会、文化、经济、环境等数据获取的理论方法与应用技术[30]。

智慧城市建设需要对整个城市运行、管理状况展开及时、准确的监控,城市决策者通过智慧城市获取全面、动态、实时的城市数据信息,掌握城市运行、发展状况,为城市发展的科学决策和管理提供有效依据。随着航空航天技术、光电技术、传感器技术与物联网技术的飞速发展,智慧城市的泛在感知与时空信息的获取呈现出实时化、数字化、动态化和广域化的特点。城市泛在感知是智慧城市的"千里眼"和"顺风耳",各类感知传感器设备、网络实时信息、城市社会经济统计信息可以为智慧城市提供实时、全面、位置精确的信息。通过泛在感知技术监测城市管理事项,从而智能识别、立体感知城市环境、状态、位置等信息全方位变化,这是感知数据融合处理、分析的基础,也是智慧城市各个关键系统高效运行的数据基石[31]。

2)信息传输与链接技术

信息传输与链接技术着眼于数据的通信与传输,涉及多源传感器之间、传感器与大数据平台服务器之间数据传输的物理通道、传输协议、数据压缩方法与传输网络的优化[32]。随着微机电系统、高速无线通信、泛在异构网络与人工智能等领域技术的迅速发展，数据的传输与链接的节点计算能力、网络容错能力及系统自组织能力得到了大幅度提升，呈现出数据传输模式的多样化、数据传输控制模型的智能化、数据传输算法与传输协议的高度融合化等特点。信息传输与链接涉及多个技术层面：在保障多源传感器以及其他终端的能源供给方面，需要研究无线能量传输技术；在提高多源传感器之间的通信信道抗干扰能力方面，需要研究多信道通信技术；在改善多源传感器传递与接收数据质量方面，需要研究协作分集技术；在提升多源传感器数据传输的速率与可靠性方面，需要研究自适应组织与高速传输技术[33]。

在智慧城市大数据平台建设过程中，需要通过有线、无线的数据链路，将传感器和终端检测到的数据上传到大数据平台，并把系统平台的信息推送到各个扩展功能节点，实现城市中感知、分析与控制的闭合链。感知设备与控制系统之间的数据传输速度和质量是目前制约诸多智慧城市应用的瓶颈，因此，信息传输与链接是将多源传感器进行联网协作与集成的重要研究领域。

3）大数据平台技术

智慧城市大数据平台技术是对智慧城市感知的整合。当前在智慧城市的建设中，行业之间、部门之间与应用系统之间相对独立，尤其是涉及智慧城市的多源大数据仍缺乏统一的标准与深度的连通，导致了信息与知识无法整合，无法从整个智慧城市的角度进行大数据分析。因此，大数据平台基础研究领域需要研究统一数据接入机制、巨量多源大数据管理、高负载和巨量数据处理能力、实时性数据管理与提取机制、全面运营监控指标体系、时空大数据可视化平台等理论方法与应用技术，对整个智慧城市的大数据进行整合与管理。开展巨量多源的异构时空基础设施数据资源管理体系、统一的城市大数据语义集成与交互标准、高负载和海量数据处理能力、泛在感知实时数据资源动态清洗与提取能力、大数据平台全面运营监控指标体系与管理机制、时空大数据仿真与可视化等理论方法与应用技术的研究工作，从而实现对整个智慧城市大数据资源的高效整合与管理[34]。

大数据平台技术领域的研究工作将紧密围绕新型智慧城市建设过程中对信息资源的整合与管理的实际需求，在充分运用先进的数据科学与 IT 技术的基础上，通过整合城市各行业多源异构数据资源，制定统一的数据标准规范体系，搭建数据支撑云存储环境，从而全面提高智慧城市大数据平台建设、管理和服务水平。当前智慧城市的建设过程中，行业、部门与应用系统之间彼此相对独立，不同行业、不同部门、不同应用之间的多源异构数据资源仍缺乏统一的数据标准与语义关联机制，导致了城市空间内部，各应用系统之间数据资源与知识体系无法进行深度融合与共享，无法从整个智慧城市的角度开展大数据分析与数据挖掘工作，信息传输与利用效率低下。大数据平台及其相关技术的研究，将通过深度整合各行各业日常运行数据资源、城市泛在感知网络实时获取数据资源，形成多尺度、多维度、目标化的智慧城市时空基础设施数据资源管理体系；制定统一的城市大数据语义集成与交互标准，实现城市空间内部各行各业、多源异构数据资源之间的动态集成和实时更新；以空间数据洞察为核心，贴合行业需求的数据融合、数据分析与深度挖掘为导向，基于先进的 IT 基础设施和大数据处理与管理技术，建立智慧城市大数据平台，提高对多源异构数据资源的互操作能力，从而解决当前智慧城市建设过程中所存在的服务缺乏个性化定制、缺乏深度挖掘、数据应用价值低等问题[35]。

4）大数据融合与智能分析技术

随着大规模数据的关联和交叉，数据特征和现实需求都发生了变化，以大规模、多源异构、跨领域、跨媒体、跨语言、多传感器、动态演化、普适化为主要特征的数据发挥着更重要的作用，相应的数据存储、分析和理解也面临着重大挑战。当下亟待解决的问题是如何利用数据的关联、交叉和数据融合分析实现大数据的价值最大化。大数据融合与智能分析技术是研究如何将原本分散的数据重新整合，用动态的方式融合不同的数据源，将数据转化为知识资源，涉及实体识别、冲突检测、知识抽象与建模、关系推演、深度知识发现、普适性机理剖析和归纳等技术内容，最终利用数据的关联、交叉和数据融合分析实现大数据的价值最大化[36]。

大数据融合与智能分析技术研究不同数据源、不同数据精度和不同数据模型的数据融合理论与方法，涉及时空分析算法、数据可视化、预测模型、机器学习、建模仿真、预测决策、语义引擎等大数据的分析与知识发现方法。智慧城市是基于数字城市、物联网和云计算建立的现实世界与数字世界的融合，以实现对人和物的感知、控制和智能服务[37]。而智慧城市中由众多传感器组成的物联网将不断地采集巨量多源异构数据，这些大数据需要进行融合、分析、挖掘才能充分用于各类场景，从而提供智慧服务。

5）城市建模与优化技术

城市建模与优化技术是通过城市建模技术对整个城市的物质环境与人文环境的实体要素的表达，并通过多源感知大数据发现的知识，对城市进行智慧管理与时空优化。城市模型是在深度分析构成城市整体的各要素（人口、经济、资源、环境等）的组织结构与运行机理的基础上，采用建模技术表达城市的物质环境与人文环境的实体要素，模拟和预测城市系统中多要素之间内部相互作用的规律与外部形态特征[38]。城市模型是理解城市空间现象变化、对城市系统进行科学管理和规划的重要工具。城市建模与优化是综合计算机科学、地理信息科学、城市规划学等多学科的协同研究。其中，城市全空间高精度定位、城市空间三维建模、虚拟城市环境构建、城市空间仿真等技术为城市动态三维模型的构建提供了技术支撑。云计算、大数据结合机器学习和深度学习等技术将城市不同要素聚合为一个统一的城市系统模型，并进行模型优化，最终实现智慧城市系统面向用户需求的智能决策。

智慧城市运行产生的巨量数据，为城市发展情况进行精细的模拟预测、时空优化及规划政策的动态评估提供新的手段。城市建模与优化是对城市系统内复杂的城市环境的全面感知与透彻表达，是解决城市管理问题的关键技术。通过城市建模与优化相结合，实现运行中的智慧城市模型与现实中城市资源及城市运行过程并行互通和同步演进，精确模拟和预测城市系统各要素的动态运行现状和趋势，对城市资源管理和应急反应做出智能化决策。以人的需求为导向，提升城市功能结构优化，提供优质的公共服务，促进城市可持续发展[39]。

2. 关键科学问题

1）理论层面：智慧城市范式与新城市理论

新型智慧城市具有跨学科的特性，是典型开放的复杂巨系统，建设智慧城市，首先需要加强对基础概念的认识与统一，重视智慧城市基本原理、方法和客观规律的探索。结合城市化理论与方法，研究智慧城市范式，分析影响智慧城市发展的基本原理，揭示新型智慧城市发展客观规律；加强对城市建设、城市规划、信息科学及相关其他学科经典理论在智慧城市的领域的拓展与深入，吸收和整合智慧城市相关学科的研究方法、理论基础，全面总结智慧城市领域初步形成的理论、方法；探讨符合中国国情的智慧城市发展理论和模式，为中国新型智慧城市发展提供理论依据。

2）系统层面：城市物理世界与数字世界的耦合交互

智慧城市通过建立人、机、物三元融合的虚、实结合的空间，将现实世界与数字世界进行有效融合，现实人、虚拟人同时与现实城市、数字城市的交互。如何构建泛在传感网，对物理城市基础要素体系进行全方位感知；如何将多源异构感知数据进行接入、传输、组织、融合、管理、表达，构建智慧城市操作系统；如何进一步将现实城市与数字城市进行感知与协同，实现有无相生、虚实共计的协同交互，是智慧城市在系统层面需要解决的核心问题。

3）决策层面：城市复杂问题的计算与求解

智慧城市建设的目标是服务于城市决策，如何实现"智能"决策，核心是需要科学认识城市问题，并对复杂问题进行计算与求解。如何认识城市复杂问题，科学准确地定义城市感知基本单元，进而建立其城市要素的统一认知模型；如何阐明城市大数据计算范式，解决城市大数据复杂计算问题；如何从多源、异构、海量数据中挖掘有价值的数据模式，探明城市数据的内在机理；如何构建城市的领域、论域、主题的知识体系模型，实现基于城市数据的复杂学习与问题求解，是智慧城市决策层面的主要科学问题。

3. 重点技术方向

本项目组使用了中国工程院战略咨询智能支持系统对已检索到的论文和专利数据进行了深入分析，先后制定了论文和专利交互式技术清单，并结合全球技术清单库筛选出相关技术清单项，依据前文的基础研究领域及关键科学问题，最后经过几轮整合和研讨得到了供专家问卷咨询的技术清单，最终形成新型智慧城市建设的重点技术方向，即进一步优化后的技术清单（见表9-1），技术清单制作流程如图9-6所示。

9 ▪ 面向2035年的新型智慧城市建设发展技术路线图

表9-1 进一步优化后的技术清单

基础研究领域名称	重点技术方向
城市泛在感知领域	城市泛在感知网络体系构建及其集成整合技术
	城市数据协同感知与泛在接入技术
	城市全空间高精度定位与智能位置服务技术
信息传输与链接领域	新一代移动通信网络的混合蜂窝网络组网与移动边缘计算技术
大数据平台技术领域	智慧城市操作系统体系架构及其构建技术
	超大规模智慧城市大数据实时处理与集成管理技术
大数据融合与智能分析领域	城市多源数据自动语义关联和动态融合技术
	城市大数据深度挖掘与可视化分析技术
	城市交通监测仿真与控制优化技术
	城市社会经济大数据分析与预测技术
城市建模与优化领域	城市全空间信息智能获取与高精度实时建模技术
	虚拟城市环境实时构建与动态表达技术
	城市空间仿真与优化技术
	国土空间开发格局优化与功能提升技术
	智慧建筑运行监测与智能控制技术
	海绵城市运行监测与智能预警技术
	城市基础设施精细化管理与综合决策技术
	城市土地资源立体化利用管理技术
	城市空间规划在线协同技术
	城市安全监测预警与应急管理技术
	城市社会综合治理与智慧服务技术
	基于人类行为分析的城市运行优化与提升技术

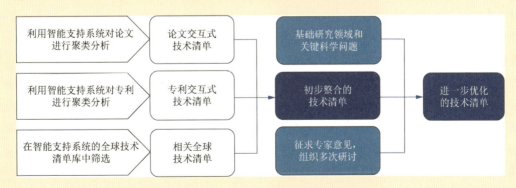

图9-6 技术清单制作流程图

4. 重点示范工程

新型智慧城市建设的重大工程总体目标是完善新一代城市信息基础设施，促进城市大数据融合，构建城市大数据平台，实现城市大数据应用服务，在城市泛在、共享信息基础设施的基础上，构建统一安全架构保障，实现物理空间、社会空间与网络空间的三元空间数据融合。具体包括构建泛在感知的城市物联感知网络、构建安全高效的网络传输基础设施、构建时空协同的虚拟城市环境、全面提升智慧城市大数据平台能力、积极推广智慧城市大数据服务体系。

1）构建泛在感知的城市物联感知网络

着眼于城市空间内泛在数据的感知与获取，利用航空航天技术、光电技术、传感器技术、物联网技术及社会感知等技术，全面汇集城市中的公共安全、交通运输、城市部件、生态环境等领域的动态鲜活信息，构建具备实时化、动态化、广域化、泛在化感知能力的城市物联感知网络。

2）构建安全高效的网络传输基础设施

着眼于城市空间内数据的通信与传输，加快布局先进的网络技术研发及应用，部署覆盖全面的无线网络，建设面向空间协同的高精度导航定位网络，发展工业互联网、面向无人驾驶的车联网等，研究智能化网络安全架构、复杂信号处理与高效传输技术，加快建设安全、高效的天地一体化信息网络传输基础设施，推进天基信息网、未来互联网、移动通信网的全面融合。

3）构建时空协同的虚拟城市环境

着眼于城市空间内物质环境、人文环境的实体要素表达需求，利用城市空间时空模型、虚拟现实、增强现实技术，基于城市泛在感知传感网络，建立虚拟模型与城市实体要素之间的链接机制，通过安全、高效的网络传输基础设施实现城市实体及其虚拟模型的二元实时关联。

4）全面提升智慧城市大数据平台能力

着眼于城市空间内数据的整合与管理，面向全社会、全行业，针对数据的采集、存储、交换和共享等环节，建立统一的数据资源标准来规范信息共享业务流程，研究巨量多源大数据管理、高负载和大数据处理技术，建立实时数据管理与提取机制，全面运营监控指标体系，应用时空大数据可视化平台等理论方法与应用技术，对整个智慧城市的大数据进行整合管理；针对泛在感知传感网络所获取的多源异构数据的特点，研究巨量多源异构感知数据的时空拓扑特征归纳方法，优化结构化和非结构化混合数据的管理机制，实现对混合结构感知数据的高效存储与快速检索。

5）积极推广智慧城市大数据服务体系

着眼于城市空间内数据的信息服务需求，基于智慧城市大数据平台，研究不同数据源、不同数据精度和不同数据模型的数据融合理论与方法，通过大数据分析与知识挖掘的相关技术方法，结合城市中重点领域的应用需求，打通信息共享通道，引导各级政府和公共服务机构开放数据资源，进一步推动数据资源的开发和共享，使各类业务信息资源统一融合，构建从城市数据网络到城市领域知识图谱，再到城市应用服务的推送通道，形成"数据网络—知识网络—应用网络"的智慧城市大数据服务体系。

9.4.3 技术路线图的绘制

针对新型智慧城市建设在 2020 年、2025 年、2035 年的发展战略目标，依据新型智慧城市建设工程科技的重点技术方向，从目标层、实施层两个方面制定新型智慧城市建设发展的技术路线。面向 2035 年的新型智慧城市建设发展技术路线图如图 9-7 所示。

（1）核心目标：在统一的数字化城市空间中实现全维度信息开放共享的基础支撑平台，在此基础上发展高度在线协同的智慧化城市管理、建设与发展的核心技术，实现城市的泛在感知、高度互联、智慧分析、科学管理、优化建设和提高幸福感的核心目标。

（2）手段与途径：融合多种先进技术，综合城市管理与建设的实际需求及旨在研究如何破除城市病的各个分支学科，利用大数据技术、网络技术、地理信息技术、物联网技术、软件技术和计算技术等，在统一的全维度数字化城市虚拟仿真空间平台的基础上，打通各种壁垒，实现城市各种维度信息的深度互联与协调统一，构建大规模、高性能和智慧化分析的计算平台，实现城市管理与建设的智慧化、信息化、网络化、协同化体系。

（3）重点突破的核心关键技术：强化城市感知的顶层设计，构建可交换、可共享、可集成整合的感知网络，研究感知数据的挖掘技术，从而获取城市运行状态的第一手数据资料，为智慧城市的应用分析提供数据支撑。基于城市大数据、空间分析和专业模型，建立全数字化的分析平台，实现关于城市环境、规划方案、建筑设计、设施配置、路网布局及各类城市空间决策的模拟、仿真与优化，这是智慧城市的基础性关键技术之一，也是大数据技术进入智慧城市并发挥作用的最佳切入点之一。在大数据时代，集几何、物理、行为和人文等多种模型于一体的虚拟城市环境，需要构建可动态、广泛融入地理规律的城市地理环境综合认知体系，集成地理过程模型、地理协同、人类活动与专家知识，建立城市地理环境模型形式化与情境化的动态表达技术体系，实现城市行为和状态的集成表达、推演预测、评估调控，提升利用地理知识理解巨量城市数据的演化机制，并重现城市地理现象及变化过程的能力，最终提升城市的自由调控能力。

图 9-7 面向 2035 年的新型智慧城市建设发展技术路线图

（4）预计取得的标志性成果：统一的、全维度信息集成的数字化城市虚拟空间是智慧城市在信息化时代建设的基础支撑，也是必经之路。因此，它的建成是智慧城市建设起步的标志之一，在统一虚拟城市空间的基础上构建各种维度信息的深度开放互联体系，并在泛在感知技术基础上，实现分布式的高性能、大规模智慧化分析与挖掘的信息平台。

结合国家社会经济发展情景，以问题为导向，建设智慧化、信息化的城市管理与建设技术体系。在智慧化、信息化城市管理与建设体系中，需要进一步明确城市智慧体系的建设目标、实现手段与途径、需要突破的核心关键技术和未来预期的标志性成果，构建多学科交叉的技术研究体系，为研究成果的多领域推广积累技术方案，最终实现数据全方位开放共享、信息多维度深度互联、城市规划科学、城市管理精准高效的2035年中国新型智慧城市新局面。

9.5 战略支撑与保障

截至2017年4月，中国省级和副省级城市提出智慧城市建设的比例达到100%，地级市提出建设智慧城市的比例达到87%，总数超500个，位居世界首位[40]。2016年4月19日，在全国网信工作会议上，习近平总书记提出新型智慧城市的概念。2017年10月18日，习近平总书记在十九大报告中进一步提出建设"数字中国、智慧社会"的宏伟目标。新型智慧城市建设，已经上升为国家发展战略[41]。但与中国当前蓬勃建设局面产生强烈反差的是，支撑新型智慧城市建设发展的工程科技支撑体系仍存在诸多不足，具体表现如下：新型智慧城市范式与新城市理论存在较大空白；新型智慧城市建设工程科技未能形成完整的技术体系；新型智慧城市建设工程科技学科培养体系基本缺位；新型智慧城市建设重大工程经验严重不足。因此，建议打造我国新型智慧城市建设工程科技支撑体系，全面践行"数字中国，智慧社会"发展理念

未来15年是中国实现中华民族伟大复兴的关键期，也是国际格局大调整期。以信息技术为代表的新技术革命正全面影响和改变着人类社会的发展进程[42]。新型智慧城市作为信息技术尤其是颠覆性技术的平台载体与集中体现，势必会在大国竞争与博弈、提升国家科技创新能力等方面发挥重要作用，并将深刻改变国际政治和经济格局。为此，亟须瞄准2035年新型智慧城市建设发展目标，解决一批制约本领域发展进步的基础科学问题，突破一批需求迫切、引领创新发展的核心关键技术，建设一批影响力大、带动性强的重大示范工程，培养一批能力突出、经验丰富的创新人才梯队，打造一套自主可控的新型智慧城市建设工程科技支撑体系，具备国际竞争力的智慧城市建设能力。同时，在国家层面加大加强对新型智慧城市建设工程科技支撑体系的培育和扶持，建立长期稳固的发展促进机制，全面践行"数字中国，智慧社会"发展理念[43]。因此，建议如下：

（1）加大相关科学技术的研究和投入力度，贯彻核心关键技术自主可控战略。建议在国

家层面系统设计和大力加强对新型智慧城市领域基础科学与应用技术研究的全面部署，优化国家科技计划和科研平台的支持体系，坚持走自主可控、安全可信的新型智慧城市建设之路，鼓励自主创新，打破垄断格局。一是发挥国家自然科学基金委员会支持源头创新的重要作用，聚焦新型智慧城市领域基础科学问题攻关和前沿探索；二是发挥科技部支持技术创新的重要作用，聚焦新型智慧城市领域关键技术突破；三是发挥国家发改委支持产业创新的重要作用，聚焦新型智慧城市领域工程科技示范应用。

（2）加强复合学科建设与扶持，培养新型智慧城市完备人才体系。建议以新型智慧城市建设为需求和导向，在国家层面着手设计、建设和扶持工程科技类专业方向，并形成自成体系的复合型独立专业学科。发挥教育部支持学科设置、建设与发展的重要作用，结合新型智慧城市建设工程科技支撑体系的理论体系与技术体系，设立并扶持面向新型智慧城市建设的学科及专业方向，为新型智慧城市建设培养涵盖高素质复合型人才、高层次创新型人才和高端技能型人才为一体的完备人才体系。

（3）深化示范工程引领作用，推进城市内在逻辑深层次变革。根据城市自身禀赋与发展水平，遵循城市发展客观规律，坚持"以人为本"核心理念，分级、分类推进新型智慧城市建设是科学的态度和理性的选择。国家有关部委设立的试点示范工程对推进智慧城市建设起到了重要引领作用。部分示范应用已经显示，智慧城市建设将改变城市治理模式和社会生态结构，城市内在逻辑将产生革命性变革。在智慧城市建设蓬勃兴起的新背景条件下，应深化示范作用，总结示范成果，进行理论提升、技术培育和工程规范，推动形成城市新范式，既为我国新型城镇化建设和未来城市发展提供理论、技术和工程路径指引，又形成中国版本的现代城市科学，为世界城市的发展贡献中国智慧。

第9章编写组成员名单

组　　长：郭仁忠

副组长：李清泉

成　　员：陈学业　黄正东　孟　建　徐　明　王伟玺　李晓明

　　　　　汤圣君　李　游　聂　可　郭　晗　胡金晖　黄　希

　　　　　武明妍　黄启明　董　琳　李洋伟　江　凯

执笔人：王伟玺

10

面向 2035 年的粮食生产系统适应气候变化技术路线图

　　农业是对气候变化最为敏感的领域之一，气候变化的加剧给农作物产量、农作物空间格局、农作物种植制度等带来显著的影响。因此，提出中国粮食生产系统适应气候变化的措施至关重要。本章通过文献计量、技术预见清单制定等方法，结合中国社会发展需求，绘制了符合中国农业可持续发展要求的面向 2035 年的粮食生产系统适应气候变化技术路线图，包括适应气候变化的农作物空间分布优化战略、适应气候变化的农作物种植结构调整战略及适应气候变化的农作物单产提升战略。通过优化调整种植制度、加强高标准农田建设、提高农业机械化水平、节水灌溉及测土配方施肥等关键技术，提高应对气候变化的适应能力和弹力，合理有效地利用自然资源，实现农业系统的可持续发展，满足粮食生产需求。

10.1　概述

10.1.1　研究背景

2013 年联合国政府间气候变化专门委员会（Intergovernmental Panel on Climate Change，IPCC）第五次评估报告指出，近 100 年来，人类活动使得大气中的 CO_2、CH_4 等温室气体浓度不断增加，导致平均地表温度上升 0.85℃。而 1951—2012 年全球平均地表升温速率为每 10 年增加 0.12℃，这几乎是 1880 年以来升温速率的两倍[1]。中国的平均地表升温速率比同期全球平均值略高，近 50 年来平均表面温度增加了 1.10℃[2]。气温升高和温室气体浓度的增加，明显地促使粮食生产区的光、温、水等气候资源要素的时空分布格局发生变化[2,3]，导致土壤有机质、微生物及土壤肥力发生变化[4]，加剧了局部地区生物灾害的爆发及气象灾害（主要是旱涝灾害）的频发[5~6]，并通过环境要素的变化诱导粮食作物品种生理生态特征发生变化[7]。此外，地表温度上升会使作物的生育期缩短[8]，生物量发生变化，对粮食产量[9]、种植制度[10]、生产方式、结构布局等产生较为深远的影响[11]。粮食生产系统如何有效地应对气候变化带来的影响，人类活动如何有效地帮助粮食生产系统应对气候变化带来的巨大影响，是目前粮食生产系统研究亟须解决的关键科学问题之一。

10.1.2　研究方法

利用文献计量的方法，对粮食生产系统适应气候变化领域已有的研究进行梳理。文献计量学作为图书情报学的分支学科，以各种文献的外部特征作为研究对象，采用数学与统计学方法来定量地描述、评价和预测科学技术的现状与发展趋势[12]。本章从全球在本领域的总体发展趋势、国际主要研究力量、研究热点及研究关联性等方面论述粮食生产系统适应气候变化的发展态势，探究其发展趋势，为技术路线图的制定提供参考。

利用聚类分析法和德尔菲调查相结合的方法，在文献计量分析的基础上，提炼本领域技术清单。通过关键词，将本领域文献及专利分为 20 类，结合目前全球已有的技术清单，生成技术预见备选清单。针对生成的技术预见备选清单，通过德尔菲调查，征询专家组成员的意见，进一步对技术预见备选清单进行调整和完善，最终制定出符合本领域未来发展的 12 项技术清单，为本领域的未来发展提供支撑。

10.1.3 研究结论

在文献计量及技术预见分析的基础上，结合国家和社会发展的需求，制定了面向 2035 年的粮食生产系统适应气候变化技术路线图。为进一步适应气候变化对粮食生产系统带来的影响，通过加强高标准农田建设、完善耕作制度、建立功能区和保护区、提高农业机械化水平、提升节水灌溉能力、推广测土配方施肥策略等关键技术的研究，提高适应气候变化的农作物布局优化、种植结构调整及农作物单产提升能力，建立应对气候变化的适应能力和弹力，并通过有效管理自然资源，实现农业系统可持续发展，满足粮食需求。

10.2 全球技术发展态势

10.2.1 全球政策与行动计划概况

随着全球温度的不断升高、极端气候等的加剧，气候变化成为全球关注的热点，世界各国或国际性组织针对气候变化提出不同的应对策略。国际食物政策研究所（International Food Policy Research Institute, IFPRI）在其制定的《2018—2020 战略规划》中指出，IFPRI 将增加投资，研究气候变化对粮食生产系统的影响，通过制定相应的技术、政策和制度，改变农业食物系统，减少农田温室气体排放，缓解气候变化[13]。世界银行（World Bank）在《2016—2020 年气候变化行动计划》指出，到 2020 年，全球至少 40 个国家将制定气候智能农业概况和投资计划，并为主要作物引进杂交种子和碳捕捉技术；在非洲、南亚、中东和北非地区大规模实施高效/低能耗灌溉项目；利用饲料和品种提高牲畜生产力，同时通过粪便管理或生物沼气池实现减排等一系列措施，保障气候智能型农业项目的大规模实施[14]。

10.2.2 基于文献统计分析的研发态势

基于 Web of Science 数据库，通过制定检索式，共检索出 1995—2016 年发表的 3105 篇文献，对检索到的文献进行计量分析，梳理目前本领域的研究态势。总体来看，1995—2016 年，在本领域，全球论文发表数量整体呈现上升趋势。其中，美国在该领域具有较强的竞争力和创新性，中国虽然后期有较快发展，但竞争力和创新性有待提高。气候变化对粮食生产系统的影响分析是当前研究的热点，其中气候变化、农业及作物模型一直是研究的热点。近年来，研究热点延伸至作物物候、产量、土壤、生物碳及温室气体等方向。

1. 总体发展趋势

在粮食生产系统适应气候变化研究中，1995—2016 年，该领域核心期刊上的论文发表数量共 3105 篇，总体处于上升趋势，如图 10-1 所示。过去 20 年，全球粮食生产系统适应气候变化研究的发展趋势大致可分为两个阶段：1995—2007 年，全球论文发表数量处于缓慢上升阶段，年均增长率为 10% 左右；2008—2016 年，全球论文发表量处于快速增长阶段，年均增长率为 19% 左右。主要原因是 2007 年 IPCC 发布了第四次评估报告，报告指出全球地表温度呈现更为显著的上升趋势，气候变暖成为热议话题。2015—2016 年的论文发表数量呈现较高的水平，反映了该领域仍然是目前研究的热点。

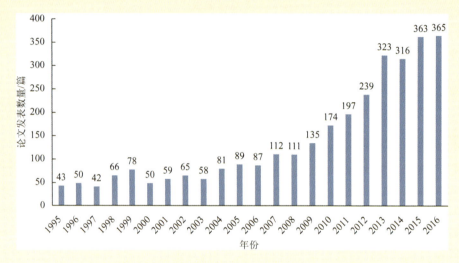

图 10-1　1995—2016 年粮食生产系统适应气候变化研究的总体发展趋势

中国在粮食生产系统适应气候变化研究中的发展趋势基本与全球发展保持一致，整体处于上升趋势（见图 10-2），但起步较晚。1996 年，中国在该领域核心期刊发表了最早的 2 篇论文后，一直保持上升态势，在 1996—2016 年，共发表论文 383 篇，在 1995—2007 年处于小幅度增长阶段，在 2008—2012 年处于稳定增长阶段，而在 2013—2016 年则处于快速增长阶段，年均论文发表数量 60 多篇，这在一定程度上反映了中国对气候变化研究的关注度日愈加强。

2. 主要国家研究力量分析

通过统计 1995—2016 年主要国家在粮食生产系统适应气候变化研究中的论文发表数量（见图 10-3），分析主要国家在该领域的科研力量。论文发表数量排名前 10 的国家发表的总论文数量为 2256 篇，占世界总论文发表数量的 72.66%，其他国家的论文发表数量占 27.34%。其中，美国在该领域的论文发表数量占主导地位，发表论文 737 篇，占世界总论文发表数量的 23.74%,约是中国的 2 倍,这在一定程度上显示了美国在粮食生产系统适应变化研究中的积极性和实力。其次是中国,论文发表数量为 383 篇,占世界总论文发表数量的 12.33%。英国发表论文 269 篇,位居第三,澳大利亚以 257 篇位居第四,德国以 160 篇位居第五,加拿大、西班牙、法国、荷兰、意大利分别发表文章 118、94、85、84 和 69 篇,分别位居第六至第九位。

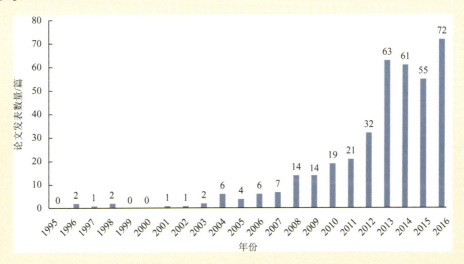

图 10-2 1995—2016 年中国粮食生产系统适应气候变化研究趋势

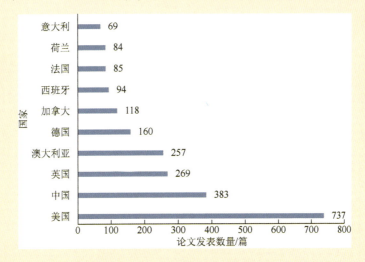

图 10-3 1995—2016 年主要国家在粮食生产系统适应气候变化研究领域的论文发表数量

针对论文发表数量占据主要地位的前 5 个国家,对比其在粮食生产系统适应气候变化研究中的文献相对产出率(见图 10-4),分析各国在该领域中的竞争力。结果表明,美国在该研究领域文献相对产出率一直保持在19%以上，远高于其他国家。2006年后随着其他国家在该研究领域的兴起，美国文献相对产出率呈现下降趋势，但仍具有较强竞争力。中国在该研究领域竞争力呈现不断增强趋势，文献相对产出率在2006年之前一直低于5%，竞争力较低；2016年后文献相对产出率达到19.73%，排名仅次于美国，成为新生力量。澳大利亚和英国的情况较为相似，呈高走低开的趋势，2002年之前它们的文献相对产出率均值分别为14.54%和13.99%，仅次于美国，但2002年之后竞争力不断下降。德国的文献相对产出率虽然呈上升态势，但一直处于相对较低的水平，竞争力较低。

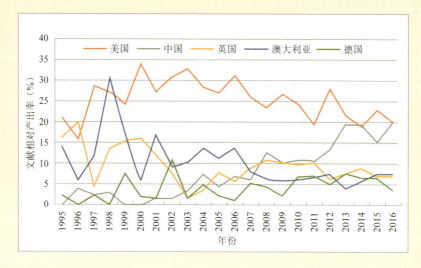

图 10-4　1995—2016年粮食生产系统适应气候变化研究的主要国家文献相对产出率

针对论文发表数量占据主要地位的前5个国家，进一步对比1995—2016年这5个国家在粮食生产系统适应气候变化研究中的平均文献引证指数（见图10-5），分析主要国家的创新性。结果表明，这5个国家的相关数据波动性较强，但美国的平均水平最高，平均文献引证指数值为46.86；其次是德国，平均文献引证指数值为34.92；英国的平均文献引证指数值为41.57，澳大利亚的平均文献引证指数值为29.93，中国相对较弱，平均文献引证指数值为19.07。美国在该领域的平均文献引证指数相对较为平稳，整体处于领先地位，英国、澳大利亚及德国在该领域的平均文献引证指数起伏较大，英国平均文献引证指数在1995年、2004年及2005年处于领先位置，平均文献引证指数最高达到208；德国在1995年及2001年处于较高的水平，平均文献引证指数分别为216和137；澳大利亚则在2009年以平均文献引证指数110.70位居第一。

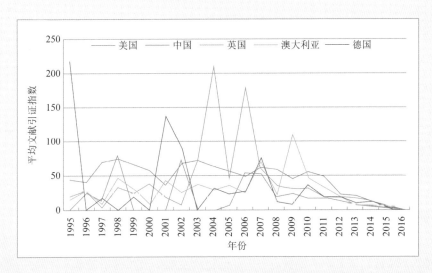

图 10-5　1995—2016 年粮食生产系统适应气候变化研究中的主要国家平均文献引证指数

3. 主要机构研究力量对比

表 10-1 是 1995—2016 年粮食生产系统适应气候变化研究论文发表数量排名前 10 的机构，在论文发表数量排名前 10 的研究机构中，有 3 个来自中国，3 个来自美国，澳大利亚、法国、英国、荷兰各 1 个，这 10 个研究机构的论文发表数量占世界总论文发表数量的 11.85%。其中，中国科学院是该领域论文发表数量最多的研究机构，占世界总论文发表数量的 3.33%，该机构在本领域核心期刊发表论文始于 1997 年，其在 2014—2016 年的论文发表数量占 1995—2016 年总论文发表数量的 40.78%。中国农业大学在该领域的总论文发表数量为 42 篇，位居第二，2014—2016 年论文发表数量占总论文发表数量的 54.76%。中国农业科学院 1995—2016 年在该领域的论文发表数量为 40 篇，位居第三，其第一篇核心论文发表于 2004 年，但 2014—2016 年论文发表数量占总论文发表数量的比重最高，为 67.50%。在该领域起步很早（在 1995 年之前）的英国雷丁大学的总论文发表数量为 25 篇，但其在 2014—2016 年的论文发表数量占比最低，仅占 4%。

表 10-1　1995—2016 年粮食生产系统适应气候变化研究论文发表数量排名前 10 的机构

主要研究机构	所属国家	论文发表数量/篇	发表时间	2014—2016 年论文发表数量占 1995—2016 年总论文发表数量的比重(%)
中国科学院	中国	103	1997—2016 年	40.78
中国农业大学	中国	42	2008—2016 年	54.76
中国农业科学院	中国	40	2004—2016 年	67.50
美国农业部农业研究所	美国	32	1995—2016 年	9.38
伊利诺伊大学	美国	28	2002—2016 年	35.71

续表

主要研究机构	所属国家	论文发表数量/篇	发表时间	2014—2016年论文发表数量占1995—2016年总论文发表数量的比重(%)
联邦科学与工业研究组织	澳大利亚	26	1995—2016年	30.77
法国国家农业研究院	法国	25	1995—2016年	32.00
雷丁大学	英国	25	1995—2016年	4.00
瓦赫宁根大学	荷兰	24	2000—2016年	37.50
加州大学戴维斯分校	美国	23	2000—2016年	30.43

4. 研究热点及演变趋势

关键词大致能直接反映文章的研究内容，通过对文献中关键词的分析，可以大致反映出该领域的总体特征、研究热点及重点方向。通过对主要研究机构所发表文献的关键词进行词频分析，提炼出该领域的主要技术主题词和近期技术主题词（见表10-2）。由图10-6可以看出，1995—2016年，粮食生产系统适应气候变化研究领域出现频率较高的关键词有"气候变化、作物产量、玉米、农业、粮食安全、适应、土地利用、作物模型、温度、二氧化碳、小麦、生物能源、中国、蒸散、干旱、水稻、物候"等。其中，"气候变化"出现的频率最高，出现了655次；其次是"作物产量"，出现了150次；"玉米、农业、粮食安全"分别出现了147次、145次、115次。整体而言，目前粮食生产系统适应气候变化研究侧重于对主要粮食作物产量的适应性研究。

表10-2 主要机构在粮食生产系统适应气候变化研究领域的热点分析

机构名称	主要技术主题词	近期技术主题词
中国科学院	气候变化（28）；中国（26）；农业（15）	物候（7）；作物（4）；土壤湿度（3）；生物炭（2）；CO_2浓度（2）；蒸散（2）；荟萃分析（2）；模型比较（2）；氮（2）；氮肥（2）；水稻（2）；大豆（2）；产量差（2）；植物光合模型（2）
中国农业科学院	气候变化（21）；中国（16）；粮食安全（7）；农业（7）	华北平原（4）；小麦（3）；气候变暖（2）；干旱（2）；N_2O；区域响应（2）
荷兰瓦赫宁根大学	气候变化（15）；粮食安全（7）；农业（5）；作物模型（5）	作物模型（5）；气候（3）；尺度（3）；氨（2）；农田系统（2）；温室气体（2）；模型比较（2）；N_2O（2）；氮利用效率（2）；情景模拟（2）；泥浆管理（2）；系统分析（2）；估产（2）

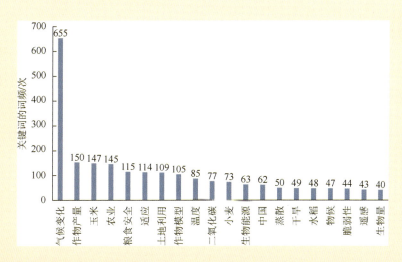

图 10-6　1995—2016 年粮食生产系统适应气候变化研究文献关键词的词频分布

通过前期的对比分析，选取了中国科学院、中国农业科学院及荷兰瓦赫宁根大学主要机构的研究热点进行分析。从主要技术主题词来看，中国科学院的研究中出现较多的高频词是"气候变化"，出现 28 次；其次是"中国、农业"，说明中国科学院研究主要关注中国农业适应气候变化的相关研究。中国农业科学院的主要技术主题词与中国科学院的相比，除了"气候变化、中国及农业"外，还比较关注"粮食安全"，而荷兰瓦赫宁根大学的主要技术主题词除了"气候变化、粮食安全、农业"，还重点研究"作物模型"。从近期技术主题词看，中国科学院发表的文献中出现频率最高的关键词是"物候"，出现 7 次，其次是"作物、土壤湿度、水稻、大豆、产量差、氮肥、植物光合模型"等。而中国农业科学院发表的文献中近期技术主题词词频较高的是"华北平原"，出现 4 次，其次是"小麦、干旱、区域响应"等。荷兰瓦赫宁根大学的近期技术主题词主要是"作物模型、气候、情景模拟、系统分析、估产、氮利用效率及温室气体"等。

综上所述，粮食安全及作物模型是一直以来的研究核心，研究热点从核心主题词延伸到"作物物候、农田系统、区域响应、作物产量、产量差、生产潜力、温室气体、土壤湿度、生物炭及氮利用效率"等。

5. 研究机构的关联性分析

从表 10-3 可以看出对粮食生产系统适应气候变化进行研究的主要机构之间均有不同程度的合作，研究内容也不尽相同。在该领域中国科学院与中国农业科学院的合作研究最多，主要集中在"适应、气候变暖、影响、物候、碳汇、华南地区"等热点研究，其中"适应"出现的次数最多，为 9 次，其次为"气候变暖、影响"。中国科学院与美国伊利诺伊大学也有较多的合作交流，主要是"生物能源、生物量、土地利用变化、氮肥、气候变暖、作物、高温胁迫"等方面，其中关键词词频较高的是"生物能源"（8 次），其次是"生物量和土地利用变化"。中国科学院与美国农业部农业研究所的合作较多地集中在"温室气体、作物生长模型、土壤侵蚀、水分胁迫、蒸腾作用及碳足迹"研究方向,其中词频最高的是"温室气体(4次)和作物生长模型(4次)"。相比较而言,其他机构之间的相互合作较少,中国科学院与中国农业大学在本领域的合作主要集中在"农业生产系统模型"及"土壤湿度"方向,中国农业大学与美国农业部农业研究所之间的合作研究多是关于"马铃薯、土壤温度及气体交换"的研究,美国农业部农业研究所与伊利诺伊大学的合作研究主要是关于"光合作用、CO_2 浓度及亚洲稻"。

表 10-3 主要机构的合作研究

机构名称	中国科学院	中国农业大学	中国农业科学院	美国农业部农业研究所
中国农业大学	农业生产系统模型(4); 土壤湿度(2); 生命周期评估(2); 生物炭(2)	—	—	—
中国农业科学院	适应(9); 气候变暖(8); 影响(7); 物候(5); 碳汇(3); 模拟(2); N_2O(2); 光周期(2); 可利用水资源(2); 华南地区(2)	春玉米(4)	—	—
美国农业部农业研究所	温室气体(4); 作物生长模型(4); 土壤侵蚀(3); 水分胁迫(2); 蒸腾作用(2); 碳足迹(2)	马铃薯(3); 土壤温度(2); 气体交换(2)	二氧化碳(2); 农业技术转移决策支持系统(2)	—
美国伊利诺伊大学	生物能源(8); 生物量(6); 土地利用变化(6);氮肥(5);气候变暖(3);生物燃料(3);作物(3);高温胁迫(2); CO_2 浓度(2);远程连接(2)	荟萃分析(2)	气候变化(7)	光合作用(7); CO_2 浓度(3); 亚洲稻(2)

表 10-4 是粮食生产系统适应气候变化研究中主要机构研究相似度矩阵，相似度值越小，表示研究内容重叠越少；值越大，表示相关性越强。在论文发表数量排名前 5 的机构中，国内机构之间的研究内容相似度比与国际机构的研究内容相似度整体偏高。其中，中国科学院与中国农业科学院的研究内容相似度值最高，为 0.67，其次是中国农业科学院与中国农业大学，研究内容相似度值为 0.50，中国科学院与中国农业大学研究内容相似度值为 0.43。美国农业部农业研究所与中国研究机构之间的研究内容相似度比与美国伊利诺伊大学的高，与中国农业科学院的研究内容相似度值最高为 0.29，其次是中国科学院与中国农业大学，研究内容相似度值分别为 0.27 和 0.26。美国伊利诺伊大学与其他各机构的研究内容相似度值都偏低，在 0.15～0.18 之间。综上所述，国内各机构间的研究内容相似度比国外机构的高。

表 10-4 粮食生产系统适应气候变化研究中主要机构研究相似度矩阵

机构名称	中国农业大学	中国农业科学院	中国科学院	美国伊利诺伊大学
美国农业部农业研究所	0.26	0.29	0.27	0.16
美国伊利诺伊大学	0.15	0.15	0.18	—
中国科学院	0.43	0.67	—	—
中国农业科学院	0.50	—	—	—

10.3 关键前沿技术与发展趋势

利用智能支持系统对前期检索到的 3105 篇文献和 9628 项专利数据进行聚类分析，根据《基于文献计量的技术动态扫描报告》的技术热点分析结果，结合本领域的研究现状，制定初始交互式技术清单。经专家咨询，最终确定了 12 项技术预见备选清单，对关键前沿技术与发展趋势进行了较为全面的技术方向分析。

10.3.1 气候变化导致的粮食生产资源要素的变化规律

气候变化导致的粮食生产资源要素的变化规律主要分为气候变化对水热资源的影响规律、气候变化对土壤理化特征的影响规律、水热资源对粮食生产的影响规律及气候变化对粮食作物品种资源生理生态特征的影响规律。该技术研究方向主要分析全球气候变化背景下中国粮食主产区水热资源时空格局演变趋势，研究这种水热资源时空变化对中国粮食生产的影响过程和影响程度，研究中国粮食生产对气候变化导致的水热资源时空变化的适应过程与能力；以野外台站农田试验和环境控制实验为技术方法，研究气候变化对中国粮食主产区农田土壤理化特征的影响规律，探讨中国粮食主产区农田土壤有机质和土壤肥力在气候变化作用下的变化过程及其对粮食生产的作用;通过室内实验和环境控制实验,研究气候变化对中国粮食作物品种资源生理生态特征(尤其是抗逆基因、生长发育、光合效率、产量形成和产品品质等)变化的影响规律,分析中国主要粮食作物品种的这种变化对中国粮食生产发展的影响过程和程度。

10.3.2 气候变化介导的农业灾变规律

气候变化介导的农业灾变规律主要包括病虫害大规模流行的生态学机理和爆发规律、气候变化对病虫害发生与发展的影响规律、病虫害对中国粮食生产的影响规律、病虫害对中国粮食生产的影响规律及气象灾害对中国粮食生产的影响规律。该技术研究方向主要侧重分析气候变化可能介导的中国粮食主产区农业病虫害生物学特征变异和病虫害流行暴发的规律,阐明气候变化对粮食作物主要病虫害及其天敌的影响途径与过程,探索中国粮食主产区主要病虫害流行暴发的规律,揭示气候变化背景下粮食主产区主要病虫害的时空格局消长动态和病虫害大规模流行暴发的生态学机理;摸清气候变化对中国粮食作物主要病虫害发生与发展时空分布规律和影响程度;探明气候变化对中国粮食主产区旱涝等气象灾害的影响途径与过程,阐明粮食主产区农业气象灾害时空变化规律,模拟预测不同气候变化背景下中国粮食主产区旱涝等气象灾害发生的频度及其对中国粮食生产的影响程度。

10.3.3 农作物监测技术

农作物监测技术主要包括农作物长势监测技术、农作物墒情监测技术、农作物病虫害监测技术及自然灾害监测技术。这些技术基于遥感技术和农业传感器产品,实现对农作物本体、土壤含水量和营养成分、农作物病虫害、气象环境等信息的快速获取,构建作物长势模型、土壤墒情模型、病虫害诊断模型和自然灾害评估模型,对农作物的长势、墒情、病虫害和自然灾害进行监测。

10.3.4 气候变化驱动的中国粮食生产系统空间数值模拟预测

气候变化驱动的中国粮食生产系统空间数值模拟预测主要包括粮食生产系统空间数值模拟模型的建立、空间数值模拟评价模型、数值模拟模型的参数反演及不同气候变化情景下中国粮食生产发展变化趋势的预测。该技术研究方向是从系统构成的角度出发,分析气候变化与中国粮食生产系统及其组成部分的影响途径和过程;在资源要素、生产布局和灾害影响研究的基础上，构建以气候变化为驱动力的中国粮食生产系统空间数值模拟评价模型，模拟预测不同气候变化情景下，中国粮食生产发展变化趋势和区域差异、粮食主产区农村经济发展和农民收入的变化趋势，提出应对气候变化的中国粮食生产发展策略和粮食主产区农村经济发展对策。

10.3.5 气候变化对农作物空间格局的影响

气候变化对农作物空间格局的影响主要有基于遥感技术的耕地分布制图、基于遥感技术的农作物分布制图、气候变化对农作物种植规模的影响过程、气候变化对农作物种植结构的影响过程和途径、气候变化对中国农作物空间格局的影响机理。该技术基于遥感技术和地面样点数据提取耕地的空间分布，在耕地空间分布的基础上进行农作物分布制图；分析气候变化背景下中国粮食主产区农作物种植规模的变化和规律，研究农作物种植规模的变化对农作物空间格局的影响过程；分析在气候变化的背景下，中国粮食主产区农作物种植结构的变化特征，研究气候变化对农作物种植结构的影响过程和途径；探讨气候变化对中国农作物空间格局的影响机理。

10.3.6 气候变化对农作物种植制度的影响

气候变化对农作物种植制度的影响包括农作物种植制度提取技术、农作物典型物候特征提取技术、气候变化对农作物物候的影响过程、气候变化对农作物种植熟制的影响、气候变化对农作物种植界限的影响及气候变化对农作物种植制度的影响机制。该技术主要探索气候变化背景下中国粮食作物种植方式演变机制特征和发展趋势，探讨气候变化对农作物种植方式的影响机理；基于气象和遥感数据，分析气候变化背景下中国粮食作物类型典型物候的变化趋势，探讨气候变化对农作物物候期的影响过程；进一步研究农作物种植熟制及种植界限的演变规律，分析气候变化对农作物熟制及种植界限迁移的影响机理；揭示气候变化对中国农作物种植制度的影响机制。

10.3.7 适应气候变化的农作物种植区空间扩展潜力分析

适应气候变化的农作物种植区空间扩展潜力分析主要包括农作物生长发育对气候变化响应的敏感性指标分析、农作物模型的建立和模拟能力分析及适应气候变化的农作物潜在种植空间分布。该技术主要分析农作物生长发育对气候变化响应的敏感性指标，改进农作物模型的模拟能力；评估农作物潜在种植空间分布和实际种植空间分布的变化过程与变化幅度，揭示气候变化的影响机制和程度，通过空间分析和尺度综合，评估农作物潜在的和实际种植空间分布的变化趋势及其对气候变化响应的空间差异规律，分析适应气候变化的农作物种植区空间扩展潜力。

10.3.8 适应气候变化的农作物复种指数提升潜力分析

适应气候变化的农作物复种指数提升潜力分析包括复种指数提取方法、潜力复种指数的研究、复种可提升潜力的时空格局分布和变化、复种指数提升增加的播种面积估算。该技术主要是结合气象数据和遥感数据，研究适应气候变化的农作物物候期的变化及规律，分析农作物熟制对气候变化的响应规律和特征，利用遥感技术获取的农作物空间分布数据，研究气候变化背景下的农作物复种指数提升潜力，估算可增加的农作物播种面积。

10.3.9 现有技术应对气候变化的实际效果和风险评估分析

现有技术应对气候变化的实际效果和风险评估分析主要包括应对气候变化的田间管理技术、应对气候变化的品种选育技术、现有技术应对气候变化的效果分析及现有技术应对气候变化的风险评估4个方向。该技术侧重研究播期调整、抗逆品种选育、节水灌溉、地膜增温保墒和平衡施肥等现有应对气候变化技术，对中国不同区域主要农作物（水稻、小麦、玉米和大豆）的效果；针对现有不同适应技术的类型和形式，研究分析其可能性、适应性、现实性和政策相关性，评估主要适应技术的可能风险。

10.3.10 适应气候变化的空间分布优化调整

适应气候变化的空间布局优化调整包括影响作物分布的潜在气候指标分析、农作物种植的气候适宜性区域划分及农作物种植区的优化调整。该技术通过筛选影响水稻、玉米、小麦和大豆等作物分布的潜在气候指标，利用最大熵模型和ArcGIS空间分析功能，划分主要农作物种植气候适宜性区域，与通过遥感技术获取的实际农作物空间分布进行空间叠加，分析农作物种植区域扩展或缩减的潜在数量和空间分布。

10.3.11 适应气候变化的农作物种植制度优化途径

适应气候变化的农作物种植制度优化途径包含农作物种植熟制对气候变化的响应过程、农作物对气候变化响应的特征分析、关键物候期对气候变化的响应规律及适应气候变化的农作物种植制度优化。该技术基于农田系统空间格局和气候变化数据，分析农作物种植熟制和气候变化的相关关系和响应过程；利用时空统计和空间面板模型，深入研究农作物种植界限变化对气候变化的时空响应规律，揭示不同农作物对气候变化响应的空间方向性、时间滞后性和区域差异性；研究农作物关键物候期适应气候变化的规律；进一步阐明应对气候变化的农作物种植制度的优化路径。

10.3.12 适应气候变化的农业生产技术优化途径

适应气候变化的农业生产技术优化途径包含适应气候变化的农业生产技术优化、气候变化驱动的农田系统模拟模型及多目标优化模型。该技术基于效果和风险评估结果，筛选出适宜不同区域、不同农作物应对气候变化的关键技术组合；发展新一代气候变化驱动的农田系统模拟模型，提出不同气候变化情景下农田系统适应气候变化的调整战略；发展多目标优化模型，提出技术模式组合等调整战略。

10.4 技术路线图

中国农业是受气候变化影响较为敏感和脆弱的领域之一。气候变化将使中国未来农业生产系统面临农业生产的不稳定性增加、产量波动大、农业生产布局和结构出现变动、农业生产条件改变、生产成本和投入大幅度增加等问题[15]。国家评估报告指出，如果不采取任何措施，在今后 20~50 年内，中国的农业生产将受到气候变化的严重冲击；到 21 世纪后半期，中国主要农作物如小麦、水稻和玉米的产量可能下降 37%[16]。气候变化将严重威胁中国长期的粮食安全。因此，适应气候变化是中国农业当前紧迫的任务。

10.4.1 发展目标与需求

1. 发展目标

结合中国的农业发展规划及社会发展需求，提炼出本领域中长期的发展目标。

（1）建立应对气候变化的适应能力和弹力，有效应对突发的自然极端气候变化。例如，发生干旱或洪涝时，保证粮食安全生产十分重要。针对此目标，应该加强农田水利建设，提高抗旱防洪除涝能力。

（2）有效管理自然资源，实现农业系统可持续性。目前，随着农业对自然资源的影响逐渐增加，如何高效利用自然资源（水资源、土地资源等），实现农业可持续发展是重中之重。针对此目标，一方面应当实施国家农业节水行动，加快灌区续建配套与现代化改造，推进小型农田水利设施达标提质，建设一批重大高效节水灌溉工程；另一方面应当与现代科技相结合，充分应用遥感技术等高效监测手段，大力发展数字农业，实施智慧农业/林业水利工程，推进物联网试验示范和遥感技术的应用。

（3）保证粮食需求，提升营养供给。满足粮食需求是中国粮食生产首先应当考虑的问题。在保证粮食供给的同时，充分的营养供给也应列入目标范畴。针对此目标，首先要满足粮食需求，严守耕地红线，全面落实永久基本农田特殊保护制度。对全国种植结构进行调整，做到"两保"，即粮食耕种面积稳定保持在16.5亿亩左右，谷物耕种面积稳定保持在14亿亩。此外，还应当大规模推进农村土地整治和高标准农田建设，稳步提升耕地质量，进而提升营养供给。

2. 发展需求

发展需求表现在以下4个方面。

（1）提升耕地质量。此需求是针对目前存在农田标准不达标而导致的低产、土地利用率低等问题。为改善此现象，应当建成集中连片、旱涝保收的8亿亩高标准农田，全国耕地基础地力提升0.5个等级。

（2）加强农业生产能力建设。此需求主要针对目前国家农业机械化水平和自动化水平不高等问题。为有效解决此问题，应当将农业科技进步贡献率提升到60%以上，其中，重要农作物的耕种收综合机械化水平达到68%以上。

（3）节约高效用水。水资源作为农业种植不可缺少的因素，主要有雨养和灌溉两种方式。针对灌溉水资源利用程度不高的问题，国家提出到2020年农田灌溉水有效利用系数应达到0.55，有效灌溉率达到55%，节水灌溉率达到64%，之后努力将农田灌溉水有效利用系数提高到0.6，有效灌溉率达到57%，节水灌溉率达到75%。

（4）防治农田污染。目前存在种植者为提高土地生产力而超标投入化肥、农药的问题，不仅有害于种植的作物，而且剩余的大量化学药剂也渗入土壤中，造成农田污染。针对此现象，中国提出将全国测土配方施肥技术推广覆盖率提升到90%以上，化肥利用率提高到40%。此举不仅可以减少化肥的投入，而且保证了土壤健康和食品安全。

10.4.2 重点任务

针对以上3个发展目标和4方面发展需求，提出如下三大重点任务。

1. 适应气候变化的农作物空间分布格局优化战略

农作物空间分布格局是指在特定的地形和气候条件下，人类为了自身的生存和发展而有意识地对农作物种植结构进行调整、经营和利用的一种空间表现形式。气候变化改变了作物生长的环境条件，在不同的时间和空间尺度上对作物的生长发育、作物布局、产量品质等造成了严重影响。并且近年来在全球气候不断变暖的背景之下，极端气候事件频发，强度增加，区域范围内温度和降水显著变化，给农作物的种植方式和分布格局带来了极大挑战。因此，开展作物空间分布格局对气候变化的响应研究是中国在未来气候情景下科学配置农作物资源分布、优化管理和分配制度的关键环节。此任务分 3 个部分进行。

（1）分析气候变化背景下中国农作物种植结构的变化特征及规律，构建以气候变化为驱动的中国粮食生产系统空间数值模拟预测模型。

（2）研究气候变化对农作物种植结构的影响过程、途径及机理；因地制宜，提取不同农作物种植区适应气候变化的空间分布格局优化调整策略。

（3）基于遥感技术的耕地、农作物分布图，建立空间数值模拟评价模型，预测不同气候变化情景下中国粮食生产发展变化趋势。

2. 适应气候变化的农作物种植结构调整战略

在不开垦新耕地且粮食单产维持不变的条件下，单纯通过提高复种效率仍有可观的粮食增产潜力来应对未来中国的粮食安全问题。予以更好的优惠政策扶持粮食增产高潜区、关注这些重点区域的耕地流失、务农人员转移及其他限制因素能在未来解决中国人地矛盾及在粮食供给的进程中起到非常重要的作用。此任务分两个部分进行。

（1）调整适应气候变化的农作物种植熟制战略，研制农作物种植制度提取技术，分析气候变化对农作物种植制度的影响机理。

（2）分析适应气候变化的农作物复种指数提升潜力，分析复种可提升潜力的时空格局分布和变化，估算复种指数提升后增加的播种面积。

3. 适应气候变化的农作物单产提升战略

适时调整选育品种策略、加强栽培调控技术可以有效应对气候变化带来的影响，确保农作物的高产优质。具体表现在以下两个方面。

（1）探索气候变化介导的农业灾变规律及监测技术，包括农作物长势监测技术、农作物墒情监测技术、病虫害监测技术和自然灾害监测技术。

（2）分析现有技术应对气候变化的效果，评估现有技术应对气候变化的风险。

10.4.3 技术路线图的绘制

结合本领域内的文献计量分析、技术预见清单、发展目标与需求、重点任务，制定了面向 2035 年的粮食生产系统适应气候变化技术路线图，如图 10-7 所示。本技术路线图描述面向 2035 年的中国粮食生产系统适应气候变化发展战略研究，包括目标、需求、重点任务、关键技术、重大项目和战略支撑与保障 6 个部分。其中，关键技术是当前的着重研究方向，共包括 5 个方向。

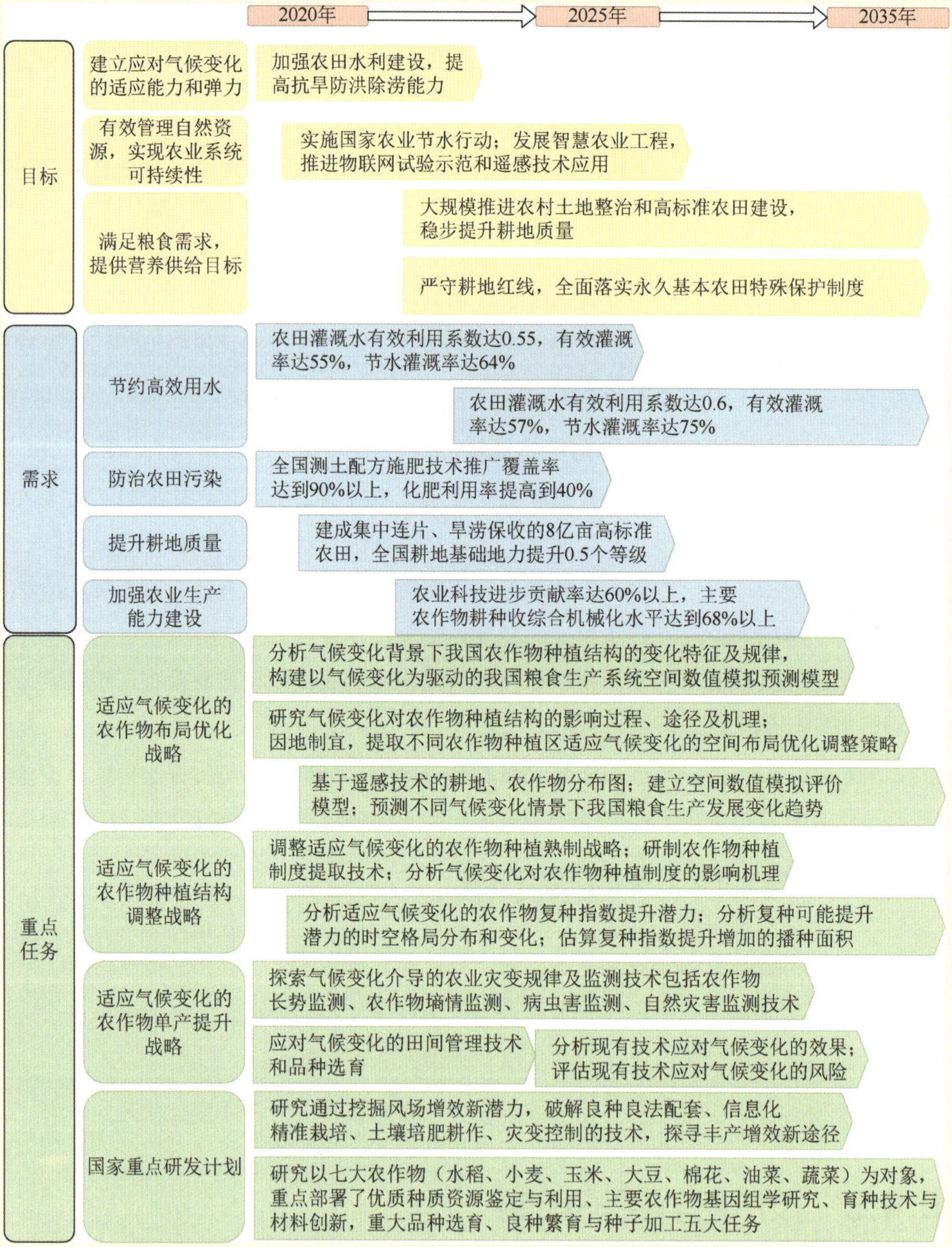

中国工程科技 2035 发展战略研究——技术路线图卷（一）

		2020年	2025年	2035年
目标	建立应对气候变化的适应能力和弹力	加强农田水利建设，提高抗旱防洪除涝能力		
	有效管理自然资源，实现农业系统可持续性		实施国家农业节水行动；发展智慧农业工程，推进物联网试验示范和遥感技术应用	
	满足粮食需求，提供营养供给目标		大规模推进农村土地整治和高标准农田建设，稳步提升耕地质量	
			严守耕地红线，全面落实永久基本农田特殊保护制度	
需求	节约高效用水	农田灌溉水有效利用系数达0.55，有效灌溉率达55%，节水灌溉率达64%		
			农田灌溉水有效利用系数达0.6，有效灌溉率达57%，节水灌溉率达75%	
	防治农田污染	全国测土配方施肥技术推广覆盖率达到90%以上，化肥利用率提高到40%		
	提升耕地质量	建成集中连片、旱涝保收的8亿亩高标准农田，全国耕地基础地力提升0.5个等级		
	加强农业生产能力建设		农业科技进步贡献率达60%以上，主要农作物耕种收综合机械化水平达到68%以上	
重点任务	适应气候变化的农作物布局优化战略	分析气候变化背景下我国农作物种植结构的变化特征及规律，构建以气候变化为驱动的我国粮食生产系统空间数值模拟预测模型		
		研究气候变化对农作物种植结构的影响过程、途径及机理；因地制宜，提取不同农作物种植区适应气候变化的空间布局优化调整策略		
			基于遥感技术的耕地、农作物分布图；建立空间数值模拟评价模型；预测不同气候变化情景下我国粮食生产发展变化趋势	
	适应气候变化的农作物种植结构调整战略	调整适应气候变化的农作物种植熟制战略；研制农作物种植制度提取技术；分析气候变化对农作物种植制度的影响机理		
		分析适应气候变化的农作物复种指数提升潜力；分析复种可能提升潜力的时空格局分布和变化；估算复种指数提升增加的播种面积		
	适应气候变化的农作物单产提升战略	探索气候变化介导的农业灾变规律及监测技术包括农作物长势监测、农作物墒情监测、病虫害监测、自然灾害监测技术		
		应对气候变化的田间管理技术和品种选育	分析现有技术应对气候变化的效果；评估现有技术应对气候变化的风险	
	国家重点研发计划	研究通过挖掘风场增效新潜力，破解良种良法配套、信息化精准栽培、土壤培肥耕作、灾变控制的技术，探寻丰产增效新途径		
		研究以七大农作物（水稻、小麦、玉米、大豆、棉花、油菜、蔬菜）为对象，重点部署了优质种质资源鉴定与利用、主要农作物基因组学研究、育种技术与材料创新、重大品种选育、良种繁育与种子加工五大任务		

图 10-7　面向 2035 年的粮食生产系统适应气候变化技术路线图

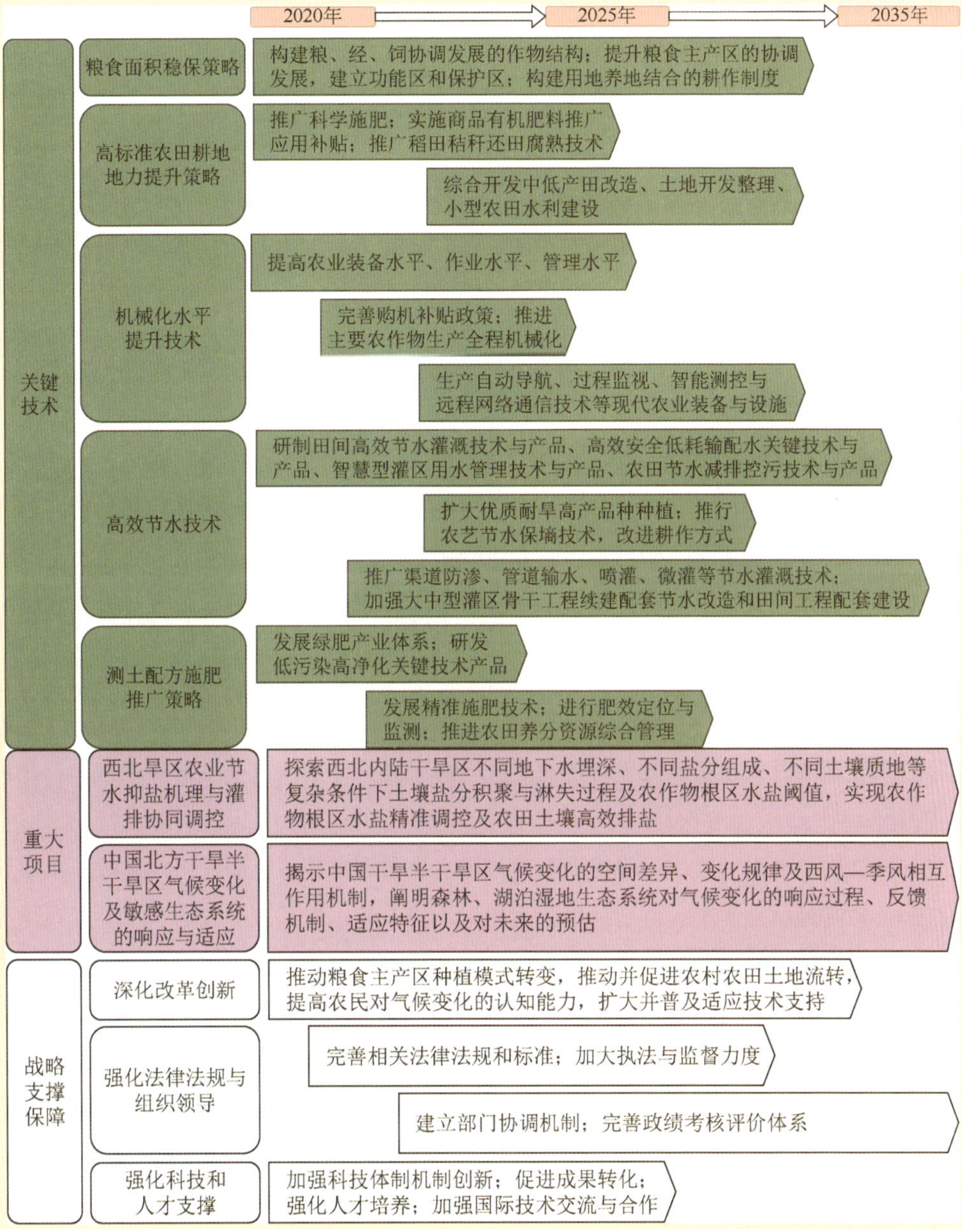

10 面向2035年的粮食生产系统适应气候变化技术路线图

类别	子类	2020年 — 2025年 — 2035年
关键技术	粮食面积稳保策略	构建粮、经、饲协调发展的作物结构；提升粮食主产区的协调发展，建立功能区和保护区；构建用地养地结合的耕作制度
	高标准农田耕地地力提升策略	推广科学施肥；实施商品有机肥料推广应用补贴；推广稻田秸秆还田腐熟技术 / 综合开发中低产田改造、土地开发整理、小型农田水利建设
	机械化水平提升技术	提高农业装备水平、作业水平、管理水平 / 完善购机补贴政策；推进主要农作物生产全程机械化 / 生产自动导航、过程监视、智能测控与远程网络通信技术等现代农业装备与设施
	高效节水技术	研制田间高效节水灌溉技术与产品、高效安全低耗输配水关键技术与产品、智慧型灌区用水管理技术与产品、农田节水减排控污技术与产品 / 扩大优质耐旱高产品种种植；推行农艺节水保墒技术，改进耕作方式 / 推广渠道防渗、管道输水、喷灌、微灌等节水灌溉技术；加强大中型灌区骨干工程续建配套节水改造和田间工程配套建设
	测土配方施肥推广策略	发展绿肥产业体系；研发低污染高净化关键技术产品 / 发展精准施肥技术；进行肥效定位与监测；推进农田养分资源综合管理
重大项目	西北旱区农业节水抑盐机理与灌排协同调控	探索西北内陆干旱区不同地下水埋深、不同盐分组成、不同土壤质地等复杂条件下土壤盐分积聚与淋失过程及农作物根区水盐阈值，实现农作物根区水盐精准调控及农田土壤高效排盐
	中国北方干旱半干旱区气候变化及敏感生态系统的响应与适应	揭示中国干旱半干旱区气候变化的空间差异、变化规律及西风—季风相互作用机制，阐明森林、湖泊湿地生态系统对气候变化的响应过程、反馈机制、适应特征以及对未来的预估
战略支撑保障	深化改革创新	推动粮食主产区种植模式转变，推动并促进农村农田土地流转，提高农民对气候变化的认知能力，扩大并普及适应技术支持
	强化法律法规与组织领导	完善相关法律法规和标准；加大执法与监督力度 / 建立部门协调机制；完善政绩考核评价体系
	强化科技和人才支撑	加强科技体制机制创新；促进成果转化；强化人才培养；加强国际技术交流与合作

图10-7 面向2035年的粮食生产系统适应气候变化技术路线图（续）

1. 粮食面积稳保策略

为首先保障水稻、小麦、玉米等粮食作物的种植面积，应当构建粮、经、饲协调发展的作物结构；促进粮食主产区的协调发展，建立功能区和保护区；构建用地与养地相结合的耕作制度。

2. 高标准农田及耕地地力提升策略

在保证重点粮食作物的种植面积达到标准的前提下，如何提升耕地地力、建设高标准农田是研究的重点。耕地地力受到机械化水平、土壤肥力、土地规划等多方面因素影响，因此，应当推广科学施肥，综合开发中低产田改造、土地开发整理、小型农田水利建设，实施商品有机肥料推广应用补贴，推广稻田秸秆还田腐熟技术。

3. 机械化水平提升技术

目前，中国农业的机械化程度普遍偏低，尤其是针对农田种植规模较小的区域，应当提高农业装备水平、作业水平、管理水平；完善购机补贴政策，推进主要农作物生产全程机械化；采用高产高效种养技术与农作制度；拥有基于生产自动导航、过程监视、智能测控与远程网络通信技术的现代农业装备与设施。

4. 高效节水技术

面对水资源缺乏的现状，如何可持续地进行灌溉成为需要研究的关键技术之一。此技术分3个方向。

（1）发展农作物生命需水过程控制与高效用水生理调控技术；研发田间高效节水灌溉技术与产品，研发高效、安全、低耗输配水关键技术与产品，研发智慧型灌区用水管理技术与产品，研发农田节水减排控污技术与产品。

（2）扩大优质耐旱高产品种的种植，限制高耗水作物的种植；推行农艺节水保墒技术，改进耕作方式。

（3）推广渠道防渗、管道输水、喷灌、微灌等节水灌溉技术，完善灌溉用水计量设施；加强大中型灌区骨干工程续建配套节水改造和大中型灌区田间工程配套建设。

5. 测土配方施肥推广策略

确保精准施肥，在保障农作物健康生长的前提下，为了不造成土壤污染和化学药剂流失，应当发展绿肥产业体系，研发低污染高净化关键技术产品，发展精准施肥技术，进行肥效定位与监测，推进农田养分资源综合管理。

10.5 战略支撑与保障

由于粮食生产系统适应气候变化是涉及多部门、多学科和领域的系统工程，结合未来气候变化对粮食作物产量的影响评价及其不确定性，从国家层面、区域引导各级政府广泛参与，加强中国粮食生产系统对未来气候变化的适应能力。

10.5.1 深化改革创新

（1）推动粮食主产区种植模式转变。围绕气候变化给粮食生产系统带来的机遇和挑战，协调农业资源要素与农作物生产的时空变化及其协调特征，调整粮食作物空间分布格局，实现种植模式创新，促进粮食生产系统种植模式与资源要素的协调和优化[17]。

（2）推动并促进农村农田土地流转。粮食种植系统种植规模会影响农民对气候变化适应措施的采纳，因此，推动农村农田土地流转，发展多种经营形式，增强规模生产优势，有助于提高气候变化的应对能力。

（3）提高农民对气候变化的认知能力。现阶段农民对气候变化的认知仍存在一定的盲目性，可以通过网络、电视、报纸多种途径宣传气候变化及其适应的相关知识，加强农民对气候变化、极端气候事件的认识，在制定适应气候变化以及农业发展规划时，优先考虑极端气候事件的潜在影响及应对策略。

（4）扩大并普及适应技术支持。在应对气候变化的关键问题上，政府部门通过扩大气候变化的适应技术支持，有利于农民合理地采取适应措施。例如，通过提供技术支持和物资支持，定期提供技术培训等，可以使农民及时采取有效的措施。

10.5.2 强化法律法规与组织领导

（1）强化法律法规，完善扶持政策。针对农作物种植，应构建更为详细精准的法律法规，完善相关法律法规和标准，加大执法与监督力度。对农业发展困难区域，应加大投入力度，包括政策、资金、技术等投入，健全和完善扶持政策，保证精准扶持。

（2）加强组织领导。对不断发展变化的农业市场，应建立部门协调机制，健全市场化资源配置机制，做到供给平衡，稳定市价，推进农业发展，引领经济进步。同时，为保障组织领导正确有效，应完善政绩考核评价体系，建立社会监督机制，提倡公民监督和舆论监督。

10.5.3 强化科技和人才支撑

科学技术和人才支撑作为农业发展的重要动力，应赋予更多政策支持，加强科技体制机制创新，促进科研成果转化，强化人才培养，加强国际技术交流与合作。

1. 科技支撑

（1）推动适应气候变化的科技资源共享。鼓励高等院校、科研院所等与企业加强合作，促进科研成果转化，实现"产、学、研"统一；也可以通过加强对农业气象学科的科技支撑力度。例如，联合国内科研单位建立农业防灾减灾相关方向的重点实验室，奠定适应气候变化技术的科技基础。

（2）加大对农业基础学科的科技投入。研究气候变化对农作物产量及其产量性状的影响，挖掘粮食作物生产能力的主要限制因素及其生产潜力，通过加强农业基础学科的合作，从作物学、生态学、地学、农业气象学等多学科入手，提高气候变化下粮食生产系统的稳定性。

（3）推动作物生长与资源协调。通过加快农作物育种工作进程和田间管理措施的协同作用、资源高效利用与资源空间适宜性匹配等研究，实现产量的提升和资源的高效利用。

2. 人才支撑

（1）加强高端人才培养。做好人才规划工作，充分考虑不同岗位的人才需求情况，对农业生产与气候变化的适应领域的人才培养进行一定程度的政策倾斜，形成均衡发展的态势。加强农业人才队伍建设，实施"走出去，引进来"人才战略，培养和造就一批学科带头人和后备人选及相应的骨干研究队伍。

（2）积极参与并推进国际合作项目。积极联合国内外相关机构展开研究，通过构建国际合作平台，提高中国在应对气候变化领域的国际影响力；加强同国际先进组织、机构间的沟通，促进多国家、多学科、多层次的合作，积极开展应对气候变化的关键技术研究。

（3）邀请国际知名学者来中国访问与实地考察，开展交流和合作，推动中国现阶段的工作进展，促进中国适应气候变化的相关成果在全球范围内推广和应用。

（4）加强国家战略合作。通过"一带一路""南南合作"等倡议，围绕本国新阶段的要求和任务，促进适应气候变化的标准化合作，提高中国在应对气候变化行动中的国际影响力。

第 10 章编写组成员名单

组　　长：唐华俊

成　　员：周清波　杨　鹏　吴文斌　史　云　余强毅　夏　天　查　燕　陆　苗
　　　　　胡亚南　宋　茜　谢安坤　朴日晨　陈　迪　范玲玲　项铭涛　魏妍冰

执笔人：吴文斌　陆　苗　梁社芳　魏妍冰

面向 2035 年的口腔卫生保健发展技术路线图

党的十八大提出了 2020 年全面建成小康社会的宏伟目标，未来 15 年是中国经济社会转型及快速发展的重要阶段，中国的医疗卫生服务体系也面临着服务模式和管理模式的转变、发展的历史任务。

口腔健康是全身健康的重要组成部分，是人类现代文明的重要标志，口腔医学作为一个独立于临床医学以外的临床一级学科，涵盖龋病、牙周疾病等常见疾病，其发病率居高不下。世界卫生组织（WHO）确定口腔健康是人体健康的十大标准之一，并且把口腔疾病列为人体五大重点防治的慢性病之一，其原因就在于口腔健康与全身健康有着密切的联系，人体主要慢性疾病与口腔疾病有着共同的危险因素，口腔疾病既有相对独立性又必须与全身系统性疾病共同防治的特点。

11.1 概述

11.1.1 研究背景

世界卫生组织制定的国际疾病分类法第 11 版将"口腔"定义为"口面复合体（Oral-facial Complex）"。国际疾病分类法将疾病或紊乱（Disease or Disorder）进行了区分，指出构成一个疾病需要满足 6 个要素和 13 个参数，这 6 个要素为有相应症状、有发病病因、有发病过程和转归、对治疗有何种反应、与遗传有无关联、与环境因素有无关联。据此，原发于口腔的疾病将近 200 种，若加上有口腔相关症状的全身系统性疾病，则将近 1000 种。

尽管近年来中国居民的口腔健康知识水平和口腔健康行为有所改善，口腔医学技术和材料也快速发展，但是中国居民的口腔健康状况仍不容乐观，居民口腔健康素养普遍较差，口腔疾病仍然是危害居民身体健康的一类主要慢性疾病，且未得到有效控制。针对上述口腔相关症状的诊治现状和诊治效果与人民群众日益增长的需求还相去甚远。

口腔健康作为全身健康的重要组成部分，同时也与许多其他慢性疾病有着共同的危险因素。口腔病灶的微生物及其产物可以进入身体其他部位而引发或加重机体的其他多种慢性非传染性疾病，这就是著名的口腔病灶感染学说。例如，糖尿病患者往往有较严重的牙周病，牙周病已成为糖尿病的第六并发症；口腔感染与心血管疾病（动脉粥样硬化）、肺部疾病（慢性阻塞性肺疾病）有共同的危险因素。牙菌斑中的细菌，如链球菌、放线杆菌在牙龈炎出血破损后可进入血流，促成动脉粥样硬化患者的血管内皮粥样硬化斑块的形成。相关研究结果已证实牙周炎是心血管疾病或卒中的一个独立危险因素；口腔内的致病因子可进入呼吸道，可能成为呼吸性疾病的致病因子；牙菌斑中的幽门螺杆菌可进入消化系统，引起胃炎、胃溃疡、十二指肠溃疡等。

党的十八大以来，全面深化改革，坚持以人民为中心的发展思想，以重大问题为导向，聚焦民生，在全面建成小康社会的征程上为谋民生之利、解民生之忧迈出实质步伐。习近平总书记明确提出"没有全民健康，就没有全面小康"，满足人民群众对健康的期盼，推进健康中国建设是党和国家实现全面建成小康社会目标的重大方针和治国理政的重大战略。《国家中长期科学和技术发展规划纲要（2006—2020 年）》确定了未来 20 年国家重点建设领域"人口与健康"中的"心脑血管病、肿瘤等重大非传染疾病防治"和"城乡社区常见多发病防治"的两大优选主题内容。围绕口腔卫生开展保健、预防，不仅可以有效改善人民群众的口腔局部健康，而且可以事半功倍地从整体上提高国家对于有口腔相关症状的全身系统性疾病的防控水平，使人民安心工作、舒心生活，保障国家长久发展，实现全民健康。

11.1.2 研究方法

围绕本课题研究内容，拟采用口腔卫生医疗市场调研、口腔医疗相关产业链信息整合分析、专家咨询等方法，真实展示当前口腔医疗卫生保健事业的发展现状，以及面临的竞争与挑战，为相关医疗机构、卫生产业相关企业和政府提供未来15年口腔卫生事业发展的建议。

1. 口腔卫生医疗市场调研与整合分析

以提供口腔卫生健康服务的医疗机构为调研对象，对相关的卫生服务市场信息进行系统的收集、整理、记录和分析，获取调研资料。具体方法包括以下4个。

（1）就医当事人调查。当事人是医院医疗行为发生的一方，他们的就医情况最能直观地反映市场实际状况，是最直接的项目资料。可以访问当事人，了解为什么选择相关口腔医疗服务、有何感受、会做出何种评价、最注重的因素是什么等。

（2）正式出版物汇总分析。口腔专业杂志和专著是口腔医疗行业重要的情报源，可以收集能反映特定调研区域的有关医疗走势、政策法规、市场竞争环境、行业精英人物等方面的出版物，提炼相关信息，并进行荟萃分析。

（3）互联网信息分析。互联网的应用越来越普及，因此网络情报源也显得越来越重要。互联网上的信息不仅能及时提供各个方面的信息，而且能提供其他媒体无法提供的情报。网络资源已逐渐替代传统纸媒，提供更便捷、更直观的信息，并且拥有各类付费试用的数据库及资源中心等。

（4）口腔医疗相关产业链信息整合分析。政府部门或事业单位组织出版的市场调研报告因为依托于政府登记机构，所以资料比较准确，有很大的参考价值。在已进行的周密的市场调研基础上，整合分析国家统计局、海关总署、商务部、财政部、国务院发展研究中心、医疗卫生行业相关协会、中国行业研究网、全国及海外多种相关期刊等公布和提供的大量资料，可以对口腔医疗卫生行业发展情况、发展趋势及其所面临的问题等进行分析，有助于形成面向2035年的口腔医疗卫生产业政府战略规划/区域战略规划。

2. 专家咨询

以口腔健康维护及健康策略顶层设计为核心问题，选择并邀请国内口腔医学、生命科学、药学、材料学领域的相关知名专家，采用口头和书面征询（问卷、访谈等）、收集专家们发表的书面结论、召开专家咨询"圆桌"会议等形式，在全民健康体系中讨论、分析中国口腔卫生保健现状及未来改善中国居民口腔健康状况、提高国民生活质量的保健战略，并最终以调研咨询报告形式向卫生主管部门提交"面向2035年的中国口腔卫生保健战略"的建议，力争到2035年实现中国居民主要口腔健康指标基本达到中等发达国家水平的目标，为人民健康水平持续提升提供口腔卫生保障。

11.1.3 研究结论

通过智能支持系统和专家咨询等研究方法发现，目前口腔学科更加注重与临床医学、循证医学、生物医学工程学、组织工程学、生物材料学等多学科的杂交与融合，推动了口腔医疗数字化、个体化、微创化、功能化理念的不断发展。

11.2 全球技术发展态势

11.2.1 全球政策与行动计划概况

对研究论文的主题词进行分析，可以大致反映该领域的总体特征、发展趋势、研究热点和重点方向。利用 TDA 工具对近 10 年口腔卫生保健、口腔慢病防控方面研究论文的主题词进行分析，可发现该领域每年最受关注的研究主题词和当年新出现的主题词。从最受关注的主题词来看，oral health、dental care、oral care、oral infectious disease、periodontal disease、caries、oral cancer、early diagnosis of oral cancer、oral microbiology、oral bacteria、prosthodontics products、prosthetic materials 是 10 年来一直都备受关注的主题词。从新出现的主题词来看，每年都有新的研究主题出现，近年新出现的主题词包括 precision medicine、personalized medicine、biological materials、biomaterials。基于专利数据中的标题和摘要信息，借助于 TI 的聚类和可视化功能，并通过内容分析，得到了口腔卫生保健领域的技术研发热点。口腔卫生保健相关技术的热点布局及发展趋势如图 11-1 所示。从图中可以看出，口腔卫生保健领域的热点技术在专利地图上表现为白色山峰，较为集中，主要包括含氟保健产品研发技术（如牙线、氟化物与牙菌斑防控）、电动牙刷研发技术、木糖醇防龋技术（含木糖醇复合物的牙线产品研发，包含钠盐及钙盐的龋再矿化液的研发、根管治疗，尤其是根管长度测量及与根管治疗相关产品的加工制造技术）、数据存储与数据传输技术、信息展示技术。在这些热点技术中，针对氟化物的研发技术与电动牙刷研发技术具有一定的相关性，数据存储、传输与信息展示技术具有一定的相关性，在地图上相对距离较近。除此之外，还有一些专利技术处于次热点地位，如正畸矫治托槽、光导纤维可视化技术、钛种植体技术、牙周缺损的探诊技术、激光治疗牙周炎技术、玻璃离子胶黏剂研发技术、甲基丙烯酸甲酯（树脂）研发技术、根管充填后桩核产品技术、牙科设备汽水管道及泵、喷水装置等与设备研发有关的技术布局也相对集中。

通过专利应用关系可间接反映专利权人的竞争与合作关系。从口腔卫生保健产品主要专利权人的专利引用网络（见图 11-2）中可以发现，高露洁公司处于网络的核心地位，此外，登士柏公司、吉列公司、飞利浦公司、宝洁公司处于次要核心地位，上述专利权人之间的相互引用较为频繁。处于网络边缘的专利权人也均为国外的保健产品公司，如强生、联合利华、科尔等公司，上述专利权人多数仅引用他人专利，而较少被其他专利权人引用。中国的专利权人未出现在网络中，说明中国专利合作较少，竞争力差，不具备原始创新性。

图 11-1　口腔卫生保健相关技术的热点布局及发展趋势

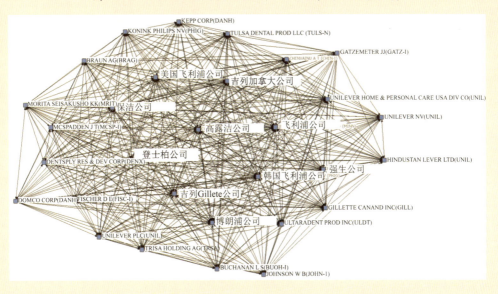

图 11-2　口腔卫生保健产品主要专利权人的专利引用网络

11.2.2 基于文献和专利统计分析的研发态势

1. 全球研究趋势分析

在口腔医学的相关研究中，2011—2016 年口腔医学领域研究论文发表数量趋势如图 11-3 所示。可以从图中看出，在此期间口腔医学研究可分 3 个阶段：2000—2010 年，该领域的研究处于起步状态，论文发表数量很少；2011—2012 年，该领域的研究处于快速增长阶段，论文发表数量暴增近 10 倍，在此期间，口腔医学领域的研究相当活跃；2012—2016 年，口腔医学领域研究论文发表数量呈平稳增长趋势，数量保持在较高的水平，反映了其研究热度仍在持续。

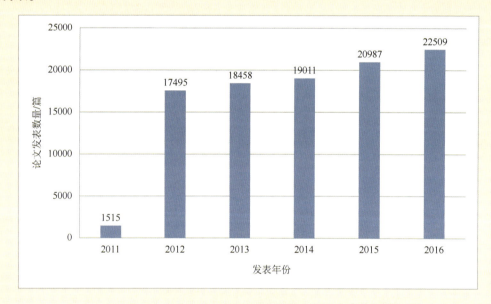

图 11-3 2011—2016 年口腔医学领域研究论文发表数量趋势

2. 全球开发趋势分析

截至 2016 年，TI（Thomson Innovation）数据库中收录的全球口腔医学相关专利技术申请量达到 127871 项。其中，2001—2016 年，中国的申请量达 375 项，在世界排名第二，说明中国在口腔医学领域的开发具有一定优势，但与在此期间专利申请量世界排名第一的美国相比仍有一定差距。从 2001—2015 年口腔医学领域专利收录趋势（见图 11-4）来看，TI 数据库中全球专利记录量基本保持呈指数级增长，表明在此阶段口腔医学领域相关专利的开发发展迅猛；2011—2015 年，该领域专利开发发展缓慢，增长停滞，有待进一步的提高。由于数据库更新及统计速度的限制，2016 年的部分专利数据收集不完全，造成了一定的下降趋势。

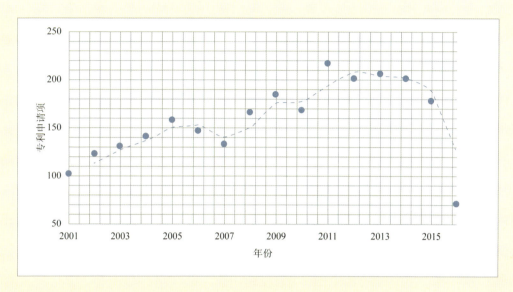

图 11-4　2001—2015 年口腔医学领域专利收录趋势

3. 各国研究趋势对比分析

从各国在口腔医学研究论文发表数量来看,美国在口腔研究领域的论文发表数量占世界总论文发表数量的 34.2%,处于领先地位;而中国作为该领域研究的第二大国,论文发表数量占了 13.6%,表明中国在口腔医学研究中的巨大潜力及重要贡献;日本居第 3 位,其研究能力与发展潜力不可小觑。巴西、印度、英国等国家的论文发表数量相近,分别位居第 4 位、第 5 位、第 6 位,分别占世界总论文发表数量的 7.6%、7.5% 和 6.9%。排名前 10 的国家在口腔医学领域的论文发表数量比较如图 11-5 所示。

4. 各国开发趋势对比分析

通过对比中国、美国、日本、韩国、俄罗斯的专利申请量随最早优先权年的变化趋势,可以发现,美国作为口腔医学研究相关专利收录数量排名第一的国家,从 2001—2013 年,其在该领域的专利收录数量呈现高水平波动状态,但 2013—2016 年表现出下降的趋势;中国的口腔医学领域专利开发起步较晚,但近 10 多年来发展迅速,呈指数级增长趋势,表现出中国在该领域研究中的出巨大潜力。日本、俄罗斯、韩国在口腔医学领域的专利开发起步较早,然而,近 10 多年来,此三国在该领域的专利收录数量却呈现较低水平波动状态,发展不甚明显。

中国、美国、日本、韩国、俄罗斯在口腔医学领域的专利收录量比较如图 11-6 所示。

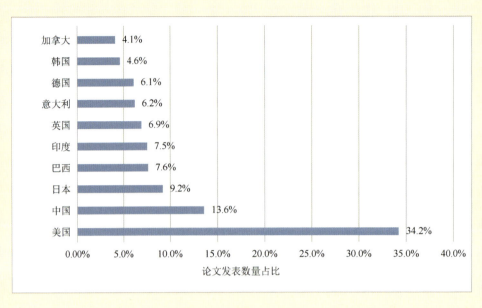

图 11-5 排名前 10 的国家在口腔医学领域的论文发表数量比较

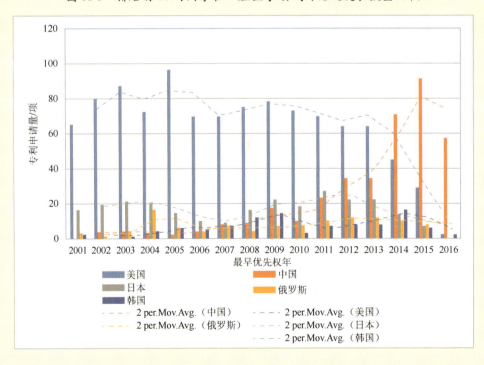

图 11-6 中国、美国、日本、韩国、俄罗斯在口腔医学领域的专利收录量比较

5. 单位 GDP 专利数量与单位 GDP 论文发表数量分析

为了排除国内生产总值（GDP）体量的影响，测算了单位 GDP 对应的专利申请量（也称为单位 GDP 专利数量），即当年的专利申请量与当年 GDP 的比值。对比发现，美国和俄罗斯的单位 GDP 专利数量均存在一个波峰，俄罗斯的波峰出现时间较早，出现于 2004 年，美国的波峰出现时间相对较晚，于 2009 年和 2014 年分别出现了两次波峰；美国和俄罗斯的单位 GDP 专利数量一直维持在一个较高水平，在一定程度上反映了两国对口腔卫生保健领域的重视；中国的单位 GDP 专利数量从 2001 年开始一直处于持续稳定增长的态势，在 2015 年已位居全球第一，在一定程度上反映了中国在口腔卫生保健领域的研发竞争中，已具备了较好的国际话语权。2000—2016 年美国、中国、日本、俄罗斯、韩国、德国六国的单位 GDP 对应的专利申请量如图 11-7 所示。

图 11-7　2000—2016 年美国、中国、日本、俄罗斯、韩国、德国
六国的单位 GDP 对应的专利申请量

此外，进一步分析美国、中国、日本、巴西、印度、英国、意大利、德国、韩国和加拿大十国的单位 GDP 论文发表数量（见图 11-8），可以发现，在论文发表数量排名前 10 的国家中，中国的单位 GDP 论文发表数量在 2012—2015 年（"十二五"期间）处于最低水平。此外，美国、德国、日本等世界 GDP 大国在本指标上的表现也相对不足，但仍明显好于中国，一定程度上体现了中国在 GDP 高速发展阶段，在口腔卫生保健的基础研究领域产出能力尚不足，亟待国家加大对该领域的投入力度，催生基础研究重大成果，以基础科研推动临床转化，提升全民口腔卫生保健水平。

6. 专利相对产出率分析

专利相对产出率（某专利权人在某一领域的专利申请量与全部竞争者的专利申请量的比

值）用于判断专利权人的竞争位置，产出率越高，竞争力越强。美国、中国、日本、俄罗斯、韩国、德国六国的专利相对产出率趋势如图 11-9 所示，从图中可以看出，2015 年我国在口腔卫生保健领域的申请专利 91 项，全部竞争者的专利申请量（全球申请量）为 172 项，则 2015 年我国在口腔卫生保健领域的专利相对产出率为 52.90%。

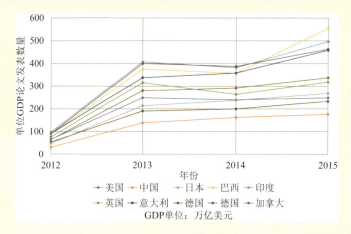

图 11-8　2012—2015 年十国单位 GDP 论文发表数量

图 11-9　2000—2016 年美国、中国、日本、俄罗斯、韩国、德国六国的专利相对产出率趋势

通过比较中国与美国、日本、俄罗斯、韩国和德国在口腔卫生保健领域的专利相对产出率，可以看出，在 2013 年以前，美国在口腔卫生保健研究领域处于全球绝对优势地位，专利相对产出率一度达到 60% 以上，远高于其他国家；在 2013 年以后，美国专利相对产出率呈显著下降趋势，在 2016 年已降低到历史最低水平，仅占全球的 2.82%。日本在口腔卫生保健领域的专利相对产出率在全球一直处于较高水平，在 2001—2012 年几度达到 10% 以上，在 2013 年后所占比例有所下降，在 2015 年降低到 4.07%。从专利申请的角度来看，我国口腔卫生保健研发的发展从 2001 年开始，保持了持续上升的稳定态势，随着社会经济的发展和全

民健康意识的加强,国民对口腔卫生保健的需求日益增加,促使我国在本领域的专利相对产出率呈现爆发式增长,一举超越美国,在世界竞争中处于领先地位。

7. 专利成长率和论文成长率分析

采用专利成长率(某专利权人在某年度获得的专利数量与上一年度的专利数量的比值)可以计算当前阶段专利较前一阶段增减的幅度。通过比较中国与美国、日本、俄罗斯、韩国和德国在口腔卫生保健领域的专利成长率(见图11-10),可以发现,全球口腔卫生保健的专利成长率基本维持在1左右,美国的专利成长率也维持在1左右,并与全球专利成长率的波动基本保持一致,说明美国一直保持口腔卫生保健专利技术发展的引领地位。而中国与韩国、德国、俄罗斯的专利成长率在2002—2016年先后出现了几次大幅度波动,例如,中国在2011年的专利成长率为2.3,韩国在2004年的专利成长率为4,德国在2008年的专利成长率为3.5;俄罗斯在2003年、2004年的专利成长率均为4。中国口腔卫生保健领域的专利成长率浮动较美国剧烈,专利成长率的稳定性有待提高。

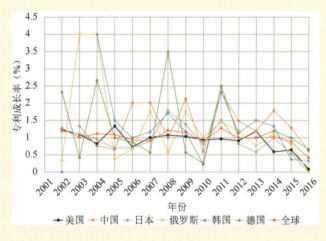

图11-10　2001—2016年六国专利成长率趋势图

使用类似的方法计算了十国在2013—2016年的论文成长率趋势(见图11-11),通过对比在口腔卫生保健领域研究论文发表数量位居世界前10的国家(美国、中国、日本、巴西、印度、英国、意大利、德国、韩国、加拿大)的论文成长率,可以发现,这些国家在口腔卫生保健领域的论文成长率呈现一致的趋势,继2013年的显著增长后,论文成长率基本维持在1左右,表明各国论文发表数量在近年增长有限。鉴于中国在该领域论文发表数量与美国尚存在较大差距,论文成长率尚有极大的提升空间。加强中国在口腔卫生保健基础研究领域的投入力度,提升基础研究论文产出的数量与质量,促进基础研究的活跃程度,有望实现中国在本领域赶超世界一流。

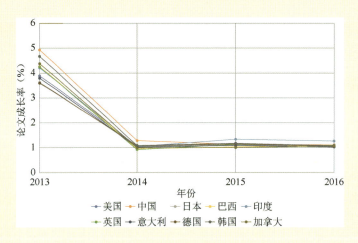

图 11-11　2013—2016 年十国论文成长率趋势

8. 机构研究能力对比

自 2012 年以来,全球口腔卫生保健领域研究论文发表数量排名前 15 的机构如表 11-1 所示。美国哈佛大学是全球口腔卫生保健领域研究论文发表数量最多的机构,其次是巴西的圣保罗大学、美国华盛顿大学和加拿大多伦多大学。美国有 8 个机构入围全球前 15 名,依次为哈佛大学、华盛顿大学、密歇根大学、加州大学旧金山分校、北卡罗来纳大学、宾夕法尼亚大学、加州大学洛杉矶分校和佛罗里达大学。从国家分布来看,在全球前 15 名的机构中有 8 个来自美国,2 个来自中国,英国、加拿大、韩国、瑞典和巴西各占 1 个。在排名全球前 15 的中国机构中,四川大学和上海交通大学分别位列第 11 和第 14,合计论文发表数量占前 15 位机构总论文发表数量的 10.57%。这一结果与中国教育部第三次学科评估口腔医学专科排名一致(四川大学和上海交通大学分别位列教育部口腔医学一级学科专科排名的第一和第二位),论文发表情况进一步体现了四川大学和上海交通大学在口腔卫生保健领域的研究处于国内领先、国际一流的学术地位。因此,加强对上述机构优势领域基础研究的投入(如四川大学在口腔细菌感染性疾病与全身健康、上海交通大学在口腔肿瘤防治领域具有传统优势)力度,有望实现中国在口腔卫生保健基础研究特色领域的优势。

表 11-1　全球口腔卫生保健领域研究论文发表数量排名前 15 的机构

排　名	主要研究机构	所属国家	论文发表数量/篇	占比（%）
1	哈佛大学	美国	1123	10.97
2	圣保罗大学	巴西	1105	10.80
3	华盛顿大学	美国	798	7.80
4	多伦多大学	加拿大	783	7.65
5	密歇根大学	美国	736	7.19

续表

排名	主要研究机构	所属国家	论文发表数量/篇	占比（%）
6	加州大学旧金山分校	美国	665	6.50
7	北卡罗来纳大学	美国	614	6.00
8	宾夕法尼亚大学	美国	601	5.87
9	国立首尔大学	韩国	573	5.60
10	加州大学洛杉矶分校	美国	557	5.44
11	四川大学	中国	548	5.36
12	佛罗里达大学	美国	539	5.27
13	卡罗林斯卡学院	瑞典	536	5.24
14	上海交通大学	中国	533	5.21
15	伦敦大学国王学院	英国	522	5.10

9. 机构开发能力对比

表 11-2 给出了全球口腔卫生保健领域专利数量排名前 8 的机构名单，美国公司在口腔卫生保健领域拥有的专利数量在全球处于绝对领先优势，在排名前 8 的公司中占据 7 个席位；拥有最多专利的是美国的宝洁公司（The Procter & Gamble Company），其在口腔卫生保健领域的专利达到 34 项；美国的高露洁公司（Colgate-Palmolive Company）位列第 2 位，拥有专利 11 项。中国公司在口腔卫生保健领域拥有的专利数量较低，说明中国在专利申请与专利转化方面尚存在一定的脱节，亟待国家大力布局，积极推动基础科研成果的临床转化，切实推进全民口腔卫生保健。

表 11-2　全球口腔卫生保健领域专利数量排名前 8 的机构

排名	专利权人	所属国家（地区）	专利量/项
1	宝洁公司（The Procter & Gamble Company）	美国	34
2	高露洁公司（Colgate-Palmolive Company）	美国	11
3	国际香精香料公司（International Flavors & fragrances Inc.）	美国	5
4	中央研究院（Academia Sinica）	中国台北	4
5	艾伯维公司（AbbVie Inc.）	美国	3
6	强生公司（Johnson & Johnson Consumer Inc.）	美国	3
7	因赛特医疗公司（Incyte Corporation）	美国	3
8	希乐克公司（Xyleco Inc.）	美国	3

11.3 关键前沿技术与发展趋势

11.3.1 口腔疾病新型药物研发

药物普遍应用于口腔疾病治疗的过程中,尤其是口腔黏膜疾病与口腔肿瘤的治疗效果与药物密不可分。目前口腔疾病药物普遍存在作用不明显、不良反应大的问题。研发新型口腔药物及给药系统,如靶向给药、缓控释给药、纳米给药、透皮给药、黏附给药等,可以提高疗效,降低药物对全身的毒副作用。

11.3.2 新型口腔医疗设备的开发和完善

口腔医疗设备是指单独或组合使用于人体口腔及颌面部的仪器、设备、器具、材料或其他物品,也包括所需要的软件,对口腔疾病的诊断和治疗起到重要的辅助作用。

口腔医疗设备已成为现代口腔医学的一个重要组成部分。新型口腔医疗设备的开发和完善是不断提高口腔医学科学技术水平的基本条件,也是口腔医学现代化程度的重要标志。口腔医学的发展在很大程度上取决于医疗设备的发展,医疗设备甚至在口腔医疗行业发展中,对突破技术瓶颈也起到了决定性的作用。

11.3.3 口腔疾病医疗数据通信、传输与处理技术

利用先进的计算机技术对口腔疾病医疗过程中的数据进行通信传输与处理,实现远程医疗,实现医学网络资源共享,极大地提高了医疗水平和医学教育水平。在提高信息处理准确度的同时,也极大地提高了信息处理的效率,使医院的使用者及时对相关数据进行分析和整理,推动医疗行业发展,达到较高技术水平。口腔疾病医疗数据通信、传输与处理技术具有非常高的应用价值,可为广大患者与患者家属创造更为人性化的就医环境。

11.3.4 口腔医学激光诊疗技术

激光是利用受激发射放大原理产生的高相干性、高强度的单色光。产生激光束的光源称激光器,激光器在口腔医学领域里有广泛的用途,对口腔疾病的诊疗有重要意义。

在诊断方面,各种激光分析、诊断仪器(如激光肿瘤诊断分析仪、激光全息显微镜、激

光 CT 等）的应用能使医生迅速、客观地得出结果。在治疗方面，激光治疗技术（如激光刀、激光治疗机、激光微光束技术、内窥镜激光）广泛用于牙本质敏感的治疗、牙龈切除、着色牙漂白、牙周袋/拔牙窝的消毒及口腔颌面外科手术。在基础医学研究方面，除深入研究激光生物学效应外，还应用激光技术（如荧光漂白恢复技术、激光衍射测量技术、激光流式细胞计、激光拉曼光谱技术等）进行细胞及分子的研究。

激光技术不仅为临床诊治疾病提供了崭新手段，也为研究口腔疾病的产生原理及发展提供了途径。

11.3.5 新一代医学成像技术在口腔医疗过程中的应用

新一代医学成像技术在口腔医学中占有重要的地位，具有简单方便、非侵入性和高特异性等特点，是最基本的检查手段。新一代医学成像技术的使用能够更早、更好地发现病变，并且能对病灶进行有效的定位和定性，创伤小，准确度高，具有一定的新颖性和尖端性。医学成像技术的迅速发展愈发显示出其在医疗中的重要性，已有技术不断完善，新的技术不断涌现，促进了现代口腔医学的发展。

11.3.6 口腔癌个体化诊疗新技术

个体化诊疗首先通过分子诊断区分个体差异，然后进行个体医疗设计，采取优化的、有针对性的治疗干预措施，使之更加有效和安全。

将个体化诊疗新技术引入口腔癌的治疗中，对患者进行基因检测，预测化疗药的疗效，选择合适的药物进行治疗，已经成为提高疗效、减少无效治疗的合理选择。这一新技术的应用不仅可以降低并发症风险，最大限度地延长患者的生存期，而且还可以降低医疗费用。

11.3.7 口腔疾病精准医疗新技术

精准医疗是人类基因组计划的延续，是医学发展的必然产物，是一种考虑人群基因、环境及生活方式造成的个体差异的、旨在促进患者健康和治疗疾病的新型医学模式。

口腔疾病精准医疗深入研究个体差异对口腔疾病发生、发展的影响，根据疾病发生的遗传学背景，结合环境与宿主生活习惯等因素，建立新的口腔疾病知识网络，实现个体化的疾病精准预防与精准治疗。

11.3.8 口腔医学纳米诊疗技术

纳米材料具有可控的小尺寸、独特的磁学和光学性能、良好的可修饰性、对其他分子的高效负载率等诸多优势，在口腔医学中有广泛的应用，如成像对比剂、纳米复合树脂、纳米黏合材料、纳米根管充填材料，可以提高诊断治疗的准确性与效率。此外，纳米诊疗技术还可用于拔牙麻醉、骨缺损修复和口腔/颌面部肿瘤的治疗。

21世纪是纳米科技的世纪，人们将以全新的视野看待生物医学问题，在纳米水平上可以更加深入地研究各种组织的结构和功能，并充分发挥其优势。纳米技术时代的到来，将使口腔卫生事业的发展及对口腔工作人员的教育培训达到新的层次，必将在口腔医学的发展中起到不可估量的作用。

11.3.9 口腔医疗过程预警技术

医疗风险无处不在，其中，口腔医疗风险又有其特殊性。口腔医疗技术的发展使得侵入性检查和治疗越来越多，加上患者高度的个体差异性，使得口腔医疗风险的可能性显著增加。建立完善的口腔医疗过程预警技术的目的就在于降低医疗风险，防止医疗事故，确保医疗安全，防范医疗纠纷，减少给患者及其亲属带来的伤害，减轻医院负担。

11.3.10 新型口腔医疗器械的设计与完善

在口腔疾病治疗的过程中每时每刻都需要使用医疗器械。进行新型口腔医疗器械的研发对减少医生的工作量、减轻患者的痛苦、增强治疗效果有着十分重要的意义，如新型植入式医疗器械、"药械合一"医疗器械、新型口腔手术器械等。

11.3.11 新型口腔材料的使用和改进

口腔材料被广泛用于牙齿的缺损修补、牙列的缺失代替和颌面部组织器官的修补，使其恢复解剖形态、功能和外观。同时，口腔材料也用于口腔预防保健。口腔材料种类繁多，材料质量的高低决定了修复体的质量。根据历史经验，口腔材料每更新一次，口腔医学必将产生一次巨大变革。在当今材料学飞速发展的浪潮中，新型材料如纳米材料、生物材料等的陆续出现与改进，给临床治疗修复技术带来了新的突破，也更加凸显它对口腔医学发展的促进与推动作用。

11.3.12 计算机技术在口腔医学中的应用

随着科学技术的不断发展，计算机已经成为我们生活的一部分。我们已经逐步进入了数字化时代，数字化已成为现代科学技术的标志，数字化技术同样引领口腔医学的发展。采用数字化技术治疗口腔及颌面部疾病，可以使得口腔诊疗更快、更精确、更安全，后遗症更少。例如，3M Lava、数字化口腔美容修复技术、数字化曲面体层片及 CBCT 在牙种植中的临床应用，利用三维激光扫描技术建立附着体义齿的三维数字化模型，利用三维图像处理软件实现埋伏牙可视化等。

11.3.13 光纤技术在口腔疾病诊疗过程中的应用

光纤是一种由玻璃或塑料制成的纤维，主要工作原理是根据光在光纤中的全反射，把外部光源发出的光通过光纤束导入体内，照射需要检查的部位，再通过光纤束把观察到的病变图像信号传出体外。由于光纤具有柔软、体积小、质量轻及灵敏度高等特点，在口腔医学中的应用十分广泛，如口腔内窥镜、光纤诊断系统、光纤治疗工具和光纤通信系统等。此外，可将光纤良好的信号传导能力与激光的优良特性相结合使用。例如，用光纤连接激光手术刀，这一方法已应用于临床，并可用作光敏法控癌。又如，利用光纤将激光导入体内的激光内窥镜术，不必开刀就直达病灶进行治疗。因此，有理由相信，光纤在今后的口腔疾病诊疗过程中会发挥越来越重要的作用。

11.3.14 口腔疾病治疗中的微创技术

口腔疾病治疗中的微创技术会使手术部位创伤小、损伤少、恢复快，而且还会保留健康口腔组织，保护牙体、牙髓、牙周、血管等组织结构，减少治疗后的并发症。口腔疾病治疗中的微创技术包括微创牙体牙髓治疗、微创牙周治疗及微创牙周手术、微创口腔修复、微创贴面、微创拔牙、种植及在各种腔镜下完成的手术等。

11.3.15 口腔微生态与口腔疾病诊疗的关系

口腔是一个复杂而完整的微生态系统，为口腔内各种微生物（细菌、真菌、支原体等）的定植与繁殖提供环境及条件。许多口腔疾病的发病原因是口腔微生物环境紊乱，同时口腔疾病也对其微生态造成改变，口腔微生态的变化可为口腔疾病的诊疗提供信息。例如，龋齿、牙周病、口腔溃疡、口臭等都与口腔微生态的变化有着密切的关系。

11.3.16 基于发育学原理的口腔干细胞技术与再生医学技术

干细胞技术与再生医学技术主要用于研究机体正常组织的特征与功能、受创后修复与再生机制及干细胞分化机制，从而寻求有效的生物治疗方法，促进机体修复与再生或构建出新的组织与器官，以改善或恢复损伤组织和器官形态及功能。应用领域涉及口腔医学各学科，包括口腔/颌面部外科、牙周、正畸及修复等。

利用干细胞技术与再生医学技术，有望解决由先天或后天原因造成的牙及其支持组织、口腔颌骨、关节病变或缺失，以及颌面部畸形、缺损、功能障碍等问题。

11.3.17 增材制造技术在口腔医学中的应用

增材制造技术融合了计算机辅助设计、材料加工与成形技术和数字模型文件，是一种通过软件与数控系统将专用的金属材料、非金属材料及医用生物材料，经过一系列加工处理制造出实体物品的制造技术。增材制造技术在口腔临床中有着广泛的应用，例如，用于制作精密修复体、颌面部重建钛板、安放正畸托槽的导向器、种植牙手术导向板、试戴贴面等。此外，增材制造技术与组织工程相结合，还可制作与自体组织无排斥反应的赝体，增材制造技术在方便医生的同时也可方便患者。在口腔数字化的大趋势下、口腔三维成像技术、由增材技术制造的组织工程支架/冠桥/个性化托槽等的进一步研究，将会给口腔临床治疗带来颠覆性的变化。

11.3.18 口腔疾病与全身系统性疾病的关系

口腔疾病与全身系统性疾病有着密切的关系。首先，有些口腔疾病的局部表现是某些全身系统性疾病的早期或唯一症状，如麻疹、猩红热、营养性疾病、艾滋病等都有其口腔症状；其次，口腔疾病的感染源也可通过血液和淋巴管到达其他器官而引起全身系统性疾病。相关报道表明，口腔疾病与糖尿病、肺炎、消化系统疾病、泌尿系统疾病、大脑发育、艾滋病的发生都有关系，重视并认清口腔疾病与全身系统性疾病的关系对于提高诊断和治愈率是十分重要的。

11.3.19 口腔及五官感染性疾病防治技术

口腔及五官感染性疾病与全身系统性疾病有着密切关系，感染性疾病的病原体可通过血液、淋巴管到达其他器官而引起疾病，如心脏病、糖尿病等。而且，由于口腔疾病诊疗的独特性，产生交叉感染的概率较高，这种危险贯穿整个操作流程，对患者和医护人员的生命健康造成严重威胁。因此，口腔和五官感染性疾病防治技术十分重要。通过加强安全防护工作，严格控制传染源，阻断传染途径，对易感人群进行有效保护，努力对口腔及五官感染性疾病进行防治。

11.4 技术路线图

慢性病是严重威胁中国居民健康的一类疾病，中国居民因慢性病而死亡的人数占总死亡人数的86.6%，造成的疾病负担已占总疾病负担的70%以上，已成为影响国家经济社会发展的重大公共卫生问题。2017年1月，国务院办公厅发布了《中国防治慢性病中长期规划（2017—2025年）》（以下简称《规划》），要求加强行为和环境危险因素控制，强化慢性病早期筛查和早期发现，推动由疾病治疗向健康管理转变。《规划》明确将口腔疾病、心血管疾病、癌症、慢性呼吸性疾病和糖尿病，以及内分泌、肾脏、骨骼、神经疾病等列入慢性病的行列。提出要将12岁儿童患龋率控制在25%以内，社区卫生服务中心和乡镇卫生院将逐步提供口腔预防保健等服务，将口腔健康检查纳入常规体检内容。《规划》提出将"共建共享、全民健康"作为建设健康中国的战略主题，其核心是以人民健康为中心，坚持以基层为重点，以改革创新为动力，以预防为主，政府与社会、个人的积极性相结合，推动人人参与、人人尽有、人人享有，落实预防为主，推行健康生活方式，减少疾病发生，强化早诊断、早治疗、早康复，实现全民健康。

11.4.1 发展目标与需求

健全口腔健康教育及预防保健体系。世界卫生组织将牙周组织健康状况列为人类健康的10项标准之一。健康管理研究成果表明，可以通过一定的方法识别那些很快就要利用卫生保健服务的人，并对他们采取相应的干预措施。利用这种措施可以有效地保持和改善人群健康状态，使人群维持低水平的健康消费。可见，口腔预防是全民预防保健的有机组成体，是持续保障民众健康质量、降低社会总体医疗成本支出的有效手段之一，对于保障中国城乡居民口腔健康和促进社会整体进步具有重要意义。如果将口腔预防纳入基本健康保险范畴，由政府引导，依托医疗保险体系，发挥市场资源协同推进的对民众和重点人群的定向干预行动，将可以有效地改变口腔急性保健模式（患病就医），将口腔健康管理不断前移和下沉社区，减少口腔致病率，最大限度地降低口腔医疗支出。

现阶段，中国口腔卫生人力资源存在着人力分布不均衡、人力结构不合理、口腔卫生服务利用率低等问题。口腔预防专业人才队伍的数量和结构与其承担的责任存在相当大的反差，主要表现在以下3个方面。

（1）口腔卫生保健服务人力资源总量不足。

（2）目前口腔医疗服务更多地倾向治病，而在预防保健等新型医疗服务方面，显得相对不足。

（3）中国常见口腔疾病患病率与患者就诊率呈现反差之势。主要原因如下：一方面是口腔预防未纳入公共卫生规划，另一方面是国民的口腔健康意识不均衡。

通过本项目的建设，可以利用资金统筹、信息交互、技术支撑、集中采购、专业培训等手段，有效地整合不同水平的口腔卫生保健服务力量，从组织架构、专业资源、教育培训、基础作业等方面系统地提升口腔预防工作质量水平。期望经过15年的建设，到2035年，实现对传统松散型分布的口腔保健服务人力资源的有效运用和有机组合。最大限度地节约交易费用，发挥规模效益，提升口腔预防保健质量水平和服务满意度。建立健全由政府主导、专科机构指导、以社区卫生服务中心为执行主体的广覆盖、区域化的口腔健康体系，是合理利用有限的卫生资源，满足社会人群的基本口腔健康和重点人群预防保健需要的有效方法。通过对口腔健康教育及初级预防的社区化和属地化布局，可以实现规模经济和范围经济，产生更好的区域协同效应，弥补资源市场的不完全性，降低管理成本和交易费用；实现地理空间上的广覆盖，确保专业医疗质量的一致性，降低患者信息获取和交易的成本。

11.4.2 重点任务

1. 口腔肿瘤与全身系统性疾病的关系研究

口腔肿瘤是一类对患者产生系统性影响的口腔疾病。口腔肿瘤会破坏患者全身免疫系统的稳定和平衡，也可能转移到身体其他部位。肿瘤患者放化疗后发生全身系统性疾病的风险也大大增加，口腔肿瘤已经成为影响中国居民卫生健康的重大疾病。口腔恶性肿瘤的发病与患者咀嚼烟叶/槟榔、酗酒、长期食用腌制食物等生活方式存在着相关性。同时，现代医学也认为，恶性肿瘤实质是一种基因病和一种全身性疾病。肿瘤的发生和发展是一个多基因、多步骤、多因素的过程，在内外致癌环境因素刺激下，伴随机体的系统紊乱和免疫功能障碍，才最终发展到器官的癌变。口腔肿瘤的发生除与生物、物理、化学等自然环境因素有关外，还与社会环境造成的不良生活方式（如吸烟、焦虑等）密切相关。因此，口腔肿瘤是一种生物-心理-社会性疾病。由于口腔肿瘤是一种全身系统性疾病，其治疗指导思想和原则仅仅依靠解剖学观点是不够的，口腔肿瘤治疗必须结合解剖学、肿瘤生物学及患者个体的免疫状况进行系统性考虑，才能获得满意的效果，口腔肿瘤综合治疗观应运而生。

通过本项目建设，希望可以深入理解和研究口腔恶性肿瘤发生过程涉及的全身系统性因素对患者发病的影响，建立起机体稳态内环境与肿瘤发生微环境之间的相互作用和影响关系的框架。在此基础上，建立并推广口腔肿瘤治疗的整体性、系统性观念，在正确运用现有治癌手段的同时，积极寻找和发展新疗法，如肿瘤免疫治疗，促进并完善口腔肿瘤的系统治疗，制定关于口腔恶性肿瘤早期发现、早期治疗的策略，进一步提高患者疗效和生存质量，并降低公共卫生经费。

2. 完善和发展中国口腔慢性感染性疾病（龋病、牙周病）防控体系

结合中国第四次全国口腔疾病流行学的调查结果，了解中国龋病及牙周病发病情况及特点，并通过实地考察及会议交流，结合地域、种族及经济差异等因素，汇总形成现阶段中国龋病及牙周病防治总体情况报告；通过对比中国与欧美等医疗发达国家在龋病及牙周病防控方面的政府关注度、政策导向，以及保障体系、干预模式等，总结欧美等医疗发达国家在牙病防控方面的经验，提出中国未来牙病预防的重点，找出中国此类疾病治疗体系的切入点。结合中国经济发展实际，探索适合中国国情的牙病预防模式，为建立科学、有效的龋病及牙周病防治体系提供依据及可行性途径，为政府制定龋病及牙周病防控政策提供决策依据；系统分析和整理欧美等医疗发达国家的龋病及牙周病防控的科学研究证据，深入学习其龋病、牙周病预防和治疗等系列指南、龋病及牙周病治疗保障体系和干预模式，研究其在龋病及牙周病流行病学、研究进展等方面的科学证据，结合中国的国情，探究合适的科学管理模式，总结未来龋病及牙周病的防控重点和措施，为中国制定龋病及牙周病防控总则提供依据。

中国在口腔慢性炎症性疾病防控方面具有自身的特点和优势，也存在一定的问题，通过本项目的研究，期望在未来 15 年内，吸收医疗发达国家关于龋病及牙周病的诊疗经验，结合中国当前的社会经济发展实际，面向 2035 年，提出符合中国国情的、科学有效的龋病及牙周病防治体系，为国家制定龋病及牙周病管理政策提供科学依据与建议。

3. 口腔疾病与全身系统性疾病关系研究

人唾液中的细菌含量平均高达 7.5 亿个/ml，而菌斑中的细菌数则高达 2000 亿个/g。口腔慢性感染性疾病可以通过转移性感染、转移性损伤和转移性炎症等方式引起全身系统性疾病。牙周炎目前已被作为心血管病的一个独立危险因素，也是与胆固醇增高或吸烟等值的冠心病危险因素。牙周炎已被认为糖尿病的第六个常见的长期并发症。患牙周炎的孕妇早产危险性是口腔健康孕妇的 4.28 倍，生出低体重婴儿的危险性是口腔健康孕妇的 5.28 倍。口腔慢性炎症与呼吸系统疾病、类风湿性关节炎、肾炎、虹膜睫状体炎的关联也被广泛报道。口腔病灶长期存在也可能导致在治疗某些系统性疾病过程中引发患者感染，导致针对系统性疾病的治疗计划难以顺利进行，危害患者的全身健康。因此，对口腔疾病与全身系统性疾病关系的研

究已刻不容缓。建议在 2035 年之前，建立口腔疾病—全身系统性疾病多学科联合治疗体系，树立口腔疾病全身性危害理念，将口腔疾病研究与临床大医学相结合，探索口腔疾病与全身系统性疾病之间的相互影响关系，督促口腔科医师密切关注医学发展的前沿，全面了解全身系统性疾病的治疗进展及药物的不良反应，培养全科医生的生命体全局观念，重视患者的口腔健康状况，在治疗全身系统性疾病前处理好口腔病灶，从整体出发为患者设计治疗方案。

4．口腔医学新型先进生物材料及口腔修复矫治相关产品的自主研发

口腔修复矫治是口腔医学的重要分支学科，利用人工材料制作各种矫治器或修复体，以恢复、重建或矫正患者的各类畸形、后天缺损或异常的口腔颌面系统疾病，从而恢复其正常形态和功能。口腔修复矫治治疗过程涉及大量生物材料的使用。中国口腔医疗材料需求旺盛，相关进口额快速增长，2006—2010 年复合增长率高达 27.89%；其中，2010 年相关进口额达到 1.53 亿美元，同比增幅为 21.37%。欧洲、亚洲是中国口腔医疗材料的主要进口来源地。在 2011 年中国口腔医疗材料进口来源国家和地区中，排在进口额首位的是德国，进口额为 2716.96 万美元，占同期中国口腔医疗材料总进口额的 17.76%。排在第二位和第三位的分别是瑞士和日本，相关进口额分别为 2261.8 万美元和 2184.72 万美元，占比分别为 14.79%和 14.28%。紧随其后的是美国、巴西，相关进口额占比分别为 11.43%和 10.43%。来自排名前五位的国家的进口额占比合计 68.69%。昂贵的口腔医疗材料"洋品牌"垄断口腔市场，使患者"望牙兴叹"，不仅加剧了患者看病贵的形势，而且让医患关系日益紧张。要挤掉"洋耗材"价格虚高的"水分"，则必须鼓励民族产业发展，生产出质优价廉的产品，与进口产品竞争，打破"洋耗材"的垄断现状。但是，总体上国内口腔医疗材料的研发仍处于发展阶段，创新的材料很少，研究的广度和深度不足，研究内容较为分散，偏重于引进和改性，形成自主知识产权的项目很少。

基于以上现状，本项目将牵头成立中国口腔生物材料及相关衍生美容产品的"产、学、研"创新联盟（以下简称创新联盟），促进中国口腔生物材料的研究及产业健康、快速发展。创新联盟将积极发挥服务功能，为高校和科研院所指明研究方向，为企业提供研究成果，为政府提供决策依据和参考。创新联盟以推动行业内"产、学、研、用"紧密结合为宗旨，积极推动大学与科研机构研发的本领域核心技术和高级创新人才向生产企业转化与输送，促使国内口腔生物医用材料及美容产品生产企业不断推出具有自主知识产权的新产品。创新联盟强调充分发挥临床医疗单位在"产、学、研、用"中的牵头作用，一方面以医院对产品的需求推动科研单位的创新成果向企业转化；另一方面根据临床的实际问题，为口腔生物材料及制品提供研发目标及方向。创新联盟通过企业、大学、科研院所、临床应用单位之间的互补

性合作，形成高效率的合作创新机制；推进口腔生物材料领域共性技术平台的建立，实现技术创新要素的优化组合、有效分工、合理衔接及科技资源共享，完善相关材料的创新产业链，从而提升产业整体技术水平和竞争力，加快中国口腔生物材料产业的结构调整和优化升级，实现产业的跨越式发展。期望到 2035 年，将国产口腔医疗新型先进生物材料与新设备的市场占有率由现阶段的 20% 提升至 50% 的科技转化及创新目标。

11.4.3 技术路线图的绘制

面向 2035 年的口腔卫生保健发展技术路线图如图 11-12 所示。

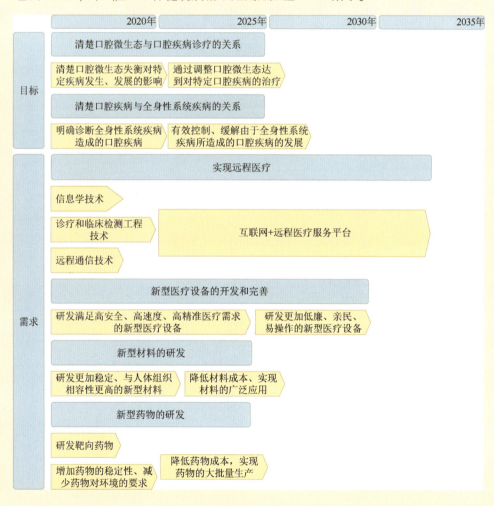

图 11-12　面向 2035 年的口腔卫生保健发展技术路线图

中国工程科技 2035 发展战略研究——技术路线图卷（一）

	2020年	2025年	2030年	2035年

关键共性技术

- 口腔及五官感染性疾病的防治技术
  - 普及教育、宣教
- 口腔医学疾病精准医疗技术
  - 基因检测进行疾病风险预测
  - 降低基因测序成本
  - 开发针对特异群体的靶向乃至基因药物
  - 对大数据进行更新准确分析，提高基因检测的精准度、降低假阳性现象等
- 口腔医疗数据通信、传输、处理技术
  - 研究小容量的嵌入式数据库系统，以及数据缓存与数据同步、交换技术
- 口腔医学纳米诊疗技术
  - 应用纳米技术发展更加灵敏和快速的医学诊断技术和更加有效的治疗方法
  - 利用纳米颗粒技术制备具有多相应功能或者靶向的递药载体
  - 利用纳米技术在更微观的层面上理解生命活动的过程和机理
  - 基于纳米流体和纳米加工技术、发展基因检验、超灵敏标记与检测技术、高通量和多重分析技术
- 口腔医疗过程预警技术
  - 建立完善的医疗风险预警系统，降低风险发生
- 口腔治疗中的微创技术
  - 研发新型器械、导航技术、机器人技术为微创手术创造更好的条件
  - 降本低微创技术
- 基于发育学原理的口腔干细胞技术与再生技术
  - 建立干细胞实验平台、快速、高效进行干细胞诱导实验
  - 发展引导组织再生和促进组织/材料融合的新材料
  - 将干细胞广泛应用于口腔颌面组织再生
- 计算机技术
  - 解决光纤传感器对温度漂移、环境振动灯干扰敏感的问题
- 光纤技术
  - 高效的将非结构化的数据转化为结构化数据
  - 实时数据动态采集、变频传输、视觉理解、单机智能分析与控制、区域协同等终端智能化新技术
  - 医学人工智能的研发
- 增材制造技术
  - 体外生命体组织仿生模型的设计与细胞打印
  - 个性化人体组织代替物及其临床研究
  - 人体器官组织打印及其与宿主组织融合

图 11-12　面向 2035 年的口腔卫生保健发展技术路线图（续）

11.5　战略支撑与保障

针对中国口腔医学发展面临的机遇和挑战，围绕"人人享有基本医疗卫生服务"的社会需求，以深化口腔医药卫生体制改革为动力，面向未来社会，通过开展全国性、前瞻性口腔卫生保健战略研究，可以构建与国民经济和社会发展水平相适应的、与居民健康需求相匹配的且体系完整、分工明确、功能互补、密切协作的整合型口腔卫生保健服务体系。到2035年，才有可能实现中国居民主要口腔健康指标基本达到中等发达国家水平的目标，为国民健康水平的持续提升提供口腔卫生保障。

11.5.1　具体行动

1. 口腔健康行为普及行动

（1）加强口腔健康教育。中华口腔医学会、中国牙病防治基金会、国内大专院校等专业机构负责组织编制与推广规范化的口腔健康教育教材，在口腔医务工作者、口腔专业学生、中小学教师等群体中开展口腔健康教育师资培养，开展覆盖全人群、全生命周期的口腔健康教育。以"全国爱牙日""全民健康生活方式行动日"等健康主题宣传日为契机，将口腔健康教育的集中宣传与日常宣传相结合，创新宣传形式和载体，提高口腔健康教育的普及性，引导国民形成自主自律的健康生活方式。

（2）开展"减糖"专项行动。结合健康校园建设，对中小学校及托幼机构限制销售高糖饮料和零食，食堂减少含糖饮料和高糖食品供应。向居民传授健康食品选择方法和健康烹饪技巧，鼓励企业进行"低糖"或者"无糖"的宣传，提高消费者正确认读食品营养标签是否添加糖的能力。

（3）实施口腔疾病高危行为干预。加强无烟环境的建设，全面推进公共场所禁烟工作，严格公共场所的控烟监督执法。在有咀嚼槟榔习惯的地区，以长期咀嚼槟榔对口腔健康的危害为重点，有针对性地开展宣传教育和口腔健康检查，促进牙周、口腔黏膜病变等疾病的早诊早治。

2. 口腔健康管理优化行动

（1）实施生命早期1000天口腔健康服务。将口腔健康知识作为婚前体检、孕产妇健康管理和孕妇学校课程的重点内容，强化家长是孩子口腔健康第一责任人的理念。强化医疗保健人员和儿童养护人关于婴幼儿科学喂养的知识和技能。发挥妇幼保健机构和口腔专业机构的协同作用，预防和减少乳牙龋病的发生。

（2）推进儿童口腔健康管理服务。动态调整全国儿童口腔疾病综合干预项目的覆盖范围，中央财政新增资金优先用于贫困地区开展工作。充分发挥项目示范带动作用，推广卫生健康部门会同教育部门实施儿童口腔健康检查、窝沟封闭、局部用氟等口腔疾病干预模式。积极探索以防治效果为考核指标的政府购买服务，鼓励地方政府将儿童口腔疾病综合干预作为民生工程，在有条件的地区实现适龄儿童全覆盖。

（3）实施中青年（职业）人群口腔健康管理。以维护牙周健康为重点，推广使用保健牙刷、含氟牙膏、牙线等口腔保健用品，推动将口腔健康检查纳入常规体检项目，倡导定期接受口腔健康检查、预防性口腔洁治、早期治疗等口腔疾病防治服务。

（4）实施老年人口腔健康管理。倡导老年人关注口腔健康与全身健康的关系，对高血压、糖尿病等老年慢性病患者，加强口腔健康管理，积极开展龋病、牙周疾病和口腔黏膜疾病防治、义齿修复等服务。

3. 口腔健康能力提升行动

（1）完善服务体系建设。口腔专科医院、综合医院的口腔科、基层医疗卫生机构和公共卫生机构要建立健全各司其职、优势互补的合作机制。落实分级诊疗制度，依托口腔专科医联体建设，规范口腔疾病诊疗行为。充分发挥国家口腔医学中心和国家口腔区域医疗中心在口腔疾病防治中的技术指导作用，逐步建立省、市、县（区）三级口腔疾病防治指导中心。积极发展口腔疾病防治所等防治结合型专业机构，引导社会办口腔医疗机构并参与口腔疾病防治工作。

（2）加强人力资源建设。充分发挥中华口腔医学会、中国牙病防治基金会的专业资源和人才优势，加强口腔健康教育、口腔疾病防治和口腔护理等方面的实用型、复合型人才的培养培训。以需求为导向，充分利用信息技术优化继续教育实施方式，加大对基层和偏远地区的扶植力度，全面提高基层在职在岗人员能力素质和工作水平。推动和规范口腔医师多点执业，促进口腔健康方面的人才在城乡之间、地区之间、不同所有制医疗卫生机构之间合理流动，创新人才配置机制。

（3）建立监测评价机制。将口腔健康内容纳入现有慢性病与营养监测体系，逐步建立覆盖全国、互联互通的口腔健康监测网络。定期开展口腔疾病防治信息的收集和调查，加强数据分析利用，有效评价防治措施效果和成本效益。建立口腔健康信息网络报告机制，逐步实现居民口腔健康基本状况和防治信息的定期更新与发布。

4. 口腔健康产业发展行动

（1）引领口腔健康服务业优质发展。充分发挥市场在口腔非基本健康领域配置资源的作用，鼓励、引导、支持社会办口腔医疗、健康服务机构参与口腔疾病防治和健康管理服务。

探索将商业健康保险纳入口腔健康服务筹资方，提升保障水平。依托"互联网+"行动，扩展口腔健康服务空间和内容，优化服务流程，推进居民口腔健康档案连续记录和信息交换，满足国民多样化、个性化的口腔健康需求。

（2）推动口腔健康产业创新升级。聚焦口腔科技发展和临床重大需求，加强口腔疾病防治应用研究和转化医学研究，加快种植体、生物3D打印等口腔高端器械材料国产化进程，压缩口腔高值耗材价格空间。推动前沿口腔防治技术发展，突破关键技术，加快适宜技术和创新产品的遴选、转化和应用。支持地方打造"医、教、研、产"融合产业基地，鼓励健康产业集群发展。

11.5.2 保障措施

（1）加强组织领导。各地要高度重视口腔健康工作，完善协调机制，确定工作目标，制订本地区"健康口腔行动"方案，强化组织实施，统筹各方资源，逐步建立政府、社会和个人多元化资金筹措机制，对农村和贫困地区加大支持力度，提高"健康口腔行动"保障力度。

（2）加强宣传引导。大力宣传国家关于口腔健康各项惠民政策，加强口腔健康科普知识的宣传倡导，提高群众的知晓率和参与度，为"健康口腔行动"顺利推进营造良好的舆论氛围。

（3）加强合作交流。加强口腔卫生国际合作研究。积极与世界牙科联盟等国际口腔健康组织及科研院所开展技术交流与合作，展现中国口腔卫生工作成效，合理利用国际资源，提升中国口腔卫生服务水平。

（4）加强效果评估。各省（自治区、直辖市）要制订"健康口腔行动"考核评估方案，定期开展过程与效果评价，对口腔公共卫生项目实施进度和实施效果开展全面评估，及时发现问题，研究解决对策，确保口腔卫生工作有效落实。

第11章编写组成员名单

组　长：张志愿　周学东　牛玉梅

成　员：樊代明　巴德年　程书钧　沈倍奋　杨宝峰　邱蔚六　戴尅戎　付小兵
　　　　周良辅　宁　光　王威琪　刘昌孝　侯惠民　王学浩　李春岩　李兰娟
　　　　叶　玲　蒋欣泉　邓旭亮　金　岩　陈　智　樊明文　孙宏晨　王慧明
　　　　张　琳　马　素　袁　杰　潘　爽　张　磊　刘培红　李艳萍　施　磊
　　　　冯希平　张陈平　束　蓉　李　江　杨　驰　赵　今　余日月　蒋灿华
　　　　袁荣涛　金武龙　王建国　张智若　冯新颜　徐　骎　陆海霞　徐　欣

执笔人：徐　骎

12

面向 2035 年的机器人发展技术路线图

自第一台机器人问世以来，机器人作为集计算机、控制论、机构学、信息传感技术、人工智能、仿生学等多学科研究成果于一体的智能装备，技术不断革新，尤其是在迈进 21 世纪后，机器人产业发展受到世界各国的高度关注，主要经济体纷纷将发展机器人产业规划上升为国家战略，并以此作为保持和重获制造业竞争优势的重要手段。

近年来，随着美国、德国、日本等发达经济体对机器人产业的大量投入，机器人的技术发展日新月异。从陆续推出的机器人产品来看，新技术的突破及多学科技术之间的深度交叉融合正在推动机器人朝着智能化方向发展，机器人能够从事的工作越来越高级，机器人将从过去只能从事简单的重复性劳动，变成能够互联、共享，甚至协同作业。届时，其应用领域将会越来越广泛，从制造业不断向农业、林业、军事、海洋勘探、太空探索、生物医学工程、自动驾驶等领域拓展。

12 面向 2035 年的机器人发展技术路线图

随着改革开放的持续深入，中国融入全球化的步伐将不断加快，国际地位将继续提升，并有望进入世界制造强国之列。同时，中国也是全球经济发展速度最快的国家之一，中国经济将迎来转型发展的重要机遇期。从工业生产到人民生活，科技创新将成为拉动中国经济增长的主要驱动力及解决经济社会各领域突出矛盾的重要手段。机器人作为智能制造的代表性产品，将随着人工智能、新型材料、新型感知等前沿技术的进步及新一代信息技术的发展呈现出更加灵活、高效、安全、与人共融的新特征，并在提供有效社会供给、创造新消费需求两个方面发挥越来越重要的作用。

为满足中国经济社会发展需求，促进中国机器人产业发展，打造完善的产业体系，将中国发展成为世界最大的机器人生产和应用地，中国机器人行业应注重加强基础理论研究、关键技术研发以及重点产品突破，有针对性地制定各项政策措施，为把中国建设成为世界机器人研发、制造强国和应用大国而努力。

12.1 概述

12.1.1 研究背景

机器人作为 20 世纪人类最伟大的发明之一，越来越广泛、深入地影响和改变着人类的生产和生活。随着新一代信息通信技术、新材料、新型传感技术、人工智能等技术的快速发展，机器人技术研发速度加快，产品智能化程度越来越高，应用领域不断扩展。

"面向 2035 年的机器人发展战略研究"是中国工程院和国家自然科学基金委员会联合设立的中国工程科技中长期发展战略研究项目，由中国工程院院士、中国科学院沈阳自动化研究所研究员、博士生导师王天然牵头，其目的是密切跟踪研究全球机器人技术发展动态，研判机器人技术未来的发展趋势和重点，紧抓中国制造业持续转型升级、国计民生不断改善对机器人的需求，提出中国机器人产业中长期发展战略、目标、重点方向、措施建议等，形成中国机器人发展技术路线图。

12.1.2 研究方法

本项目采用文献专利分析法、德尔菲调查法、专家头脑风暴法等，并通过资料收集、实地调研、专家研判相结合的方式，分析机器人产业及技术的历史发展规律，修订和完善机器人技术细化清单，绘制机器人发展技术路线图。

12.1.3 研究结论

面向 2035 年,中国机器人产业应按照制造强国战略的总体部署,紧密围绕经济社会发展和国家安全重大需求,构建完整的产业体系,将中国发展成为全球机器人研发、生产、应用的引领者。为实现这一目标,要瞄准未来社会转型发展,满足 2035 年中国智能制造和智慧生活的需求,超前布局,加强对机器人整机、关键零部件、系统解决方案的研究,加快在人机交互与协作技术、多机器人智能协作技术、微纳机器人技术、情感识别技术、机器人云技术等各项关键技术领域的突破,在创新能力提升、标准检测认证体系建设、高端人才培养等多方面采取相应措施,确保中国机器人行业健康快速可持续发展。

12.2 全球技术发展态势

12.2.1 全球政策与行动计划概况

素有"机器人王国"之称的日本,在机器人技术发展中具有举足轻重的地位。目前,日本在机器人领域,已成为全球最具影响力的国家之一。为保持日本机器人产业的国际领先地位,2015 年 1 月,日本正式发布了《机器人新战略》。该战略指出,要重点关注和推进人工智能、模式识别、机构、驱动、控制、操作系统和中间件等的下一代技术研发,还要关注现有机器人技术体系之外领域(如大数据、安全、材料等)中的技术创新。在《机器人新战略》发布后,日本政府各部门积极采取措施,加强对下一代机器人关键技术的研发部署。

美国作为机器人产业发源地,比号称"机器人王国"的日本在机器人领域的起步至少要早五六年。经过 50 多年的发展,美国已成为世界机器人强国之一,其机器人技术全面、先进、适用性强。随着机器人技术的不断发展,美国开始布局研发和生产更加智能化的机器人。2016 年 10 月,美国的 150 多名研究专家共同完成了《2016 美国机器人发展路线图》,从基础技术、关键能力和应用领域 3 个方面,设计了工业机器人、医疗机器人、服务机器人、太空机器人和国防机器人 5 个领域的技术路线图。2017 年初,美国正式发布了《国家机器人计划 2.0》(简称 NRI-2.0),以替代之前推出的国家机器人计划,主题是无处不在的协作型机器人,关注了更有扩展性的问题。2018 年 10 月,美国国家科学与技术委员会发布了《美国先进制造领先战略》,提出要在未来 4 年发展"先进的工业机器人"。

在欧洲市场，德国引进机器人的时间比英国和瑞典要晚好几年，但战后重建的需要及工业技术水平的提高，为工业机器人的迅速发展提供了非常有利的条件。经过一系列的努力，德国在机器人的设计、制造、系统集成等领域已经处于世界领先水平。尽管德国没有从国家层面提出专门的发展战略，但德国政府对机器人的支持体现在长期稳定的资助中，并且目前的资助主要集中在能够符合工业 4.0 需求、面向未来的新一代机器人技术。例如，德国联邦教育及研究部已开始资助人机互动技术和软件的研究开发。如果该计划成功，下一代机器人不仅能够接受人类的远程管理，而且能解决使用中的高能耗问题，促进制造业的绿色升级。

韩国于 20 世纪 80 年代末开始大力发展工业机器人技术，在政府的资助和引导下，韩国近几年来已跻身机器人强国之列。2012 年 10 月，韩国政府发布了《机器人未来战略 2022》，计划通过推动机器人与各个领域的融合应用，将机器人打造成支柱性产业，重点发展救灾机器人、医疗机器人、智能工业机器人、家庭机器人 4 大类机器人。2014 年 7 月，韩国政府又发布了《智能机器人基本计划（2014—2018 年）》，提出 4 个方面课题，包括提高机器人研发实力、在各产业推广机器人、营造开放的机器人产业链、构筑机器人产业融合系统。2017 年，韩国政府公布机器人技术升级路线图。根据该计划，相关技术已划分为制造业、农业、医疗、安全和软件等 8 个核心部门，以便进行更有效的研究与开发。

12.2.2 基于文献和专利统计分析的研发态势

近年来，随着美国、德国、日本等发达经济体对机器人产业的大量投入，机器人的技术发展日新月异。从陆续推出的机器人产品来看，新技术的突破及多学科技术间的深度交叉融合正在推动机器人朝着智能化方向发展。新一代信息技术、新型传感等技术的快速发展，将使机器人拥有更加聪明的"大脑"和更加敏锐的"感觉器官"，机器人将向具备与人共融、自主学习、适应复杂环境等功能的方向发展，人机交互的层次将日益加深。新材料、新型驱动方式的出现，将使机器人的形态更加灵活多变，既提高了人机交互的安全性，又增强了机器人的环境适应能力，从而满足从太空到深海不同环境下的各类任务需求。总之，未来机器人结构将越来越灵巧，控制系统越来越小，智能化程度越来越高，能够与人类和谐共存，并成为人类最得力的助手和亲密的伙伴。

从文献数据来看，2000年之后，机器人领域相关论文与专利数量均呈现快速上升态势，特别是近几年的增长速度明显加快（2017年机器人领域相关论文与专利数量较2016年有所下降，或因数据检索时仍有部分数据尚未收录到数据库中所致）。1981—2017年全球机器人领域的论文发表数量趋势如图12-1所示，1981—2017年全球机器人领域的专利申请量趋势如图12-2所示。

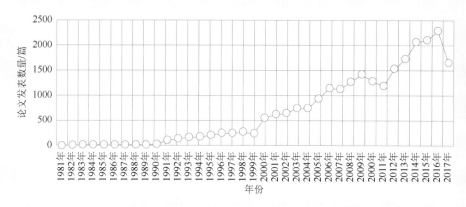

图12-1　1981—2017年全球机器人领域的论文发表数量趋势

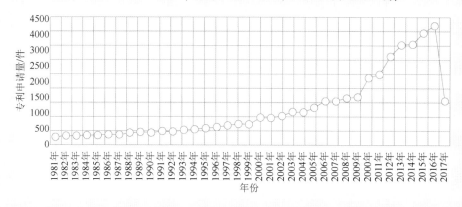

图12-2　1981—2017年全球机器人领域的专利申请量趋势

经过多年发展，全球已至少有48个国家在发展机器人相关产业，但先进技术还是重点集中在美国、日本、德国等少数发达国家手中，他们凭借丰富的经验、雄厚的经济实力与科技优势，稳居世界机器人强国之列。全球知名生产厂商发那科、安川、川崎、库卡、iRobot、ISRG、American Robot、Panasonic等均分布在上述国家。从文献数据同样可以看出，美国、日本、德国在机器人领域的研发实力较强，他们在机器人领域的论文发表数量与专利申请量均处于全球前列（见图12-3和图12-4）。进入21世纪以来，中国在机器人领域的科研相当活跃，论文发表数量和专利申请量均排在全球前五名，但是论文和专利的来源主要集中在高校。由此可见，中国机器人技术的研发主体仍为学术研究，产业化程度较低。

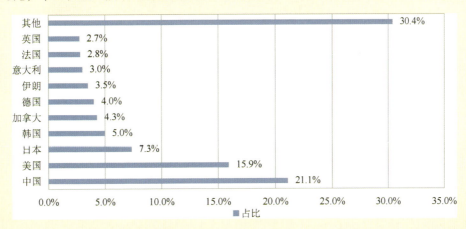

图 12-3　主要对标国家在机器人领域的论文发表数量对比

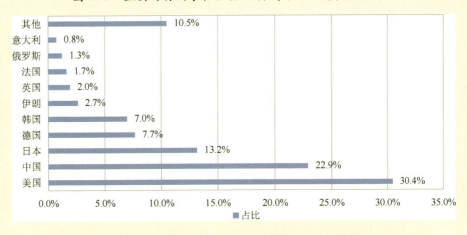

图 12-4　主要对标国家在机器人领域的专利申请量对比

从专利分布图可以看出，机器人技术正在向智能化方向发展。从图 12-5 可以看出，1981—2010 年，机器人领域所申请的专利在移动、焊接、机械臂、齿轮、驱动等技术热点上较为集中；从图 12-6 可以看出，2011—2017 年，机器人领域所申请的专利重点较 2011 年之前有所转移，在视觉传感、压力传感、智能焊接、通信模块、通信系统、远程控制、谐波减速机、洁净机器人等方面的专利相对集中，这些技术的开发更加有利于推动机器人智能化程度的提高。

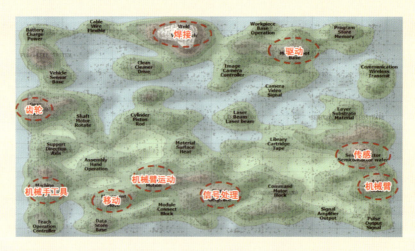

图 12-5　1981—2010 年机器人相关技术的专利分布图

随着机器人智能化程度的不断提高，机器人能够从事的工作越来越高级，机器人将从过去只能从事简单的重复性劳动，变成能够互联、共享甚至协同作业。届时，其应用领域将会越来越广泛，从制造业不断向农业、林业、军事、海洋勘探、太空探索、生物医学工程、自动驾驶等领域拓展。根据麦肯锡全球研究院（McKinsey Global Institute）的预测，到 2025 年，全球机器人应用每年将产生 1.7 万亿 ~ 4.5 万亿美元的经济价值。

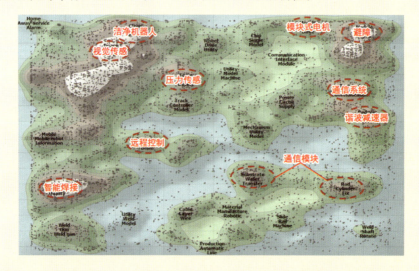

图 12-6　2011—2017 年机器人相关技术的专利分布图

但要让机器人实现智能化，成为人类的得力助手，就目前技术水平来说还有相当大的挑战性。下一步，需要重点突破机器人仿生、机器人环境感知、机器人自主行为等关键技术，进而推动机器人智能化程度的提高。从文献聚类结果及问卷调查结果来看，这些技术具有较强的核心性、带动性、颠覆性和通用性（见表 12-1），是推动机器人向智能化发展的关键技术，是未来机器人领域需要率先突破的技术。

表 12-1 机器人领域关键技术的核心性、带动性、颠覆性及通用性情况

关键技术	核心性分数	带动性分数	颠覆性分数	通用性分数	目前技术领先国家和地区 第一位	第二位	第三位
机器人环境感知技术	87.5	87.5	81.3	87.5	美国	欧盟	日本
机器人仿生技术	84.1	86.4	90.9	88.6	欧盟	美国	日本
机器人自主学习技术	82.1	76.8	80.4	83.9	美国	欧盟	日本
机器人自主行为技术	81.7	85.0	83.3	78.3	美国	欧盟	日本
机器人遥操作技术	78.6	78.6	67.9	82.1	美国	欧盟	日本
多机器人协作技术	78.6	80.4	82.1	82.1	美国	欧盟	日本
机器人云技术	78.6	82.1	73.2	87.5	美国	欧盟	日本
人机交互与协作技术	78.3	83.3	75.0	88.3	美国	日本	欧盟
机器人自主编程技术	78.3	78.3	70.0	86.7	日本	美国	欧盟
机器人结构灵巧化技术	75.0	81.3	68.8	75.0	美国	欧盟	日本
基于脑科学和脑认知的机器人技术	75.0	75.0	84.1	72.7	美国	欧盟	日本
极端环境作业机器人技术	73.3	75.0	71.7	75.0	美国	欧盟	日本
机器人生机电融合技术	72.5	75.0	70.0	72.5	美国	欧盟	日本
混合现实机器人技术	72.5	72.5	70.0	72.5	美国	欧盟	日本
柔性/软体机器人技术	67.9	69.6	80.4	67.9	美国	欧盟	日本
情感识别技术	66.7	66.7	75.0	66.7	美国	欧盟	日本
微纳机器人技术	62.5	72.9	79.2	52.1	美国	欧盟	日本

12.3 关键前沿技术与发展趋势

12.3.1 人与机器人交互与协作技术

人与机器人交互与协作技术是能够使人类与机器人合作进行工作的技术。为突破当前机器人只能利用专用设备进行人机交互的局限，必须大力发展人机交互技术、安全合作技术，需要研究并设计各种智能人机接口如多语种语言、自然语言理解、图像、手写字识别等，提高人与机器人交互的和谐性。该类技术的研究重点是多模态人机自然交互方法与技术，具体包括非编程的、人机直接示教技术，基于语音指令集及机器人自主识别的语音交互技术，基

于手势/姿态指令集及机器人自主识别的视觉交互技术、生机电融合交互技术，以及人机多层次指令融合技术。

12.3.2 多机器人智能协作技术

随着机器人技术、智能化控制技术和模式识别技术、无线网络和云计算技术的飞速发展，以及全球范围内劳动力成本的攀升和巨大的生产需求，新一代机器人的研制成为行业热点。与传统独立工作机器人和简单作业系统相比，未来机器人具有网络化、模块化、智能化和协作式工作特点。其中，网络化将在总线网络控制技术基础上融合物联网技术、4G 或 5G 移动通途技术等实现设备层、操作层和管理层的无缝连接；智能化是指融合 3D 感知技术、多传感器融合技术、智能伺服控制技术、实现复杂环境任务操作智能化和简单化；通过网络控制技术、多机器人系统技术、智能优化和协同技术完成复杂大型任务的多机器人智能协作。

12.3.3 微纳机器人技术

微纳机器人包含面向微纳操作目标的微纳操作机器人和本体为微纳尺度的微纳米型机器人两大类。在制造领域，如何发挥微纳米机器人在微观世界中的作用是机器人技术由宏观向微观发展的新方向。在医疗领域，微纳操作机器人将人类的感知能力延伸到微纳空间，提升了感知和检测细胞多维信息以及操控个体细胞的能力，在新药筛选和个性化疾病诊断和治疗方面具有重要的应用前景。未来一段时间，可针对纳米观测、纳米制造中的关键科学问题，重点发展机器人本体尺寸在微米级到纳米级的微纳米机器人技术，实现其在狭小空间的无线供能、精确运动控制，以及对纳米材料的抓取和定点放置功能；面向规模化纳米制造，发展多纳米机器人的协调控制及规模化、自动化纳米装配制造方法，为从分子到宏观物体的跨尺度制造提供技术方案。

12.3.4 情感识别技术

情感识别技术是指通过融合人类面部表情、语言特征、眼动状态和肢体识别等多类别状态特征，并且通过感知技术综合判断，实现对人类情绪甚至是心理活动的有效识别，使机器人获得类似人类的观察、理解、反应和表达各种情感的能力。情感识别技术在机器人辅助医疗康复、刑侦鉴别等领域具有较为广阔的应用前景。如何对获取的多模式情感信号（如面部表情图像、声音、心率、血压等）进行分析并推断出被观测者的情感状态是情感识别技术的一个关键。

12.3.5 机器人云技术

针对单体机器人的存储和计算能力都仅限于本机,而智能化则要求给更多的知识存储、检索以及推理计算能力,单体机器人很难满足这一需求。云服务能够提供海量的存储、便捷的信息检索以及强大的超级计算能力。机器人与互联网、云服务结合起来,可极大地提高智能化程度和降低成本,拓展了机器人推理计算、知识获取、信息存储的能力,快速便捷实现机器人功能和性能的升级,可实现更多的智能应用,满足不同用户的需要;由于处理复杂运算、存储巨量信息的大脑都在云端完成,机器人本身只需要能执行交互命令、运动控制和数据传输的简单的小型化低成本低功耗处理器。从而极大降低了机器人的成本,使得机器人能够进入千家万户。

12.3.6 机器人仿生技术

生物在复杂、动态、不确定的非结构化环境中表现出极强的适应性和生存能力。通过对自然界生物行为和功能的探索、模仿、综合、再现,是提升机器人的适应性、自主性和机器智能水平的有效手段。探索和借鉴人、四足动物以及其他动物的功能、结构、运动、感知、决策的机理,研究双足、多足、仿人机器人、动物型机器人等仿生机器人的仿生运动、机构与驱动,功能与形态仿生,仿生感知与交互,行为规划与控制,复杂环境适应,研制高性能仿生机器人平台,解决仿生机器人的机构、驱动、感知、控制、导航、智能、环境适应等一批共性科学与技术问题的发展,全面提升机器人的运动、感知、环境适应和作业性能。

12.3.7 机器人环境感知技术

机器人视觉系统是使机器人具有视觉感知功能的系统,机器人视觉可通过视觉传感器获取环境的图像,并通过视觉处理器进行分析和解释,进而转换为符号,让机器人能够辨识物体,并确定其位置。机器人听觉技术指利用传感技术,使机器人具有类似人听觉功能,提高机器人与外界的交互能力。机器人触觉技术指采用触觉传感器,使机器人拥有类似人类皮肤的敏感触觉,能够让机器人对物体的外形、质地和硬度更加敏感,最终胜任医疗、勘探等一系列复杂工作。发展机器人环境感知技术,应重点研究人脸追踪技术、物体识别技术、动作识别技术、场景识别技术、语言识别技术、多语种识别技术、声纹识别技术、触觉传感技术、多传感融合技术等。

12.3.8 机器人生机电融合技术

机电系统对生物体结构、功能和工作原理的模仿或模拟无法使机器人具有生命系统的完整性能。生命与机电系统的融合是实现目标的有效手段。机器人生机电融合技术的研究方向是探索以生命机理为基础的生命感知与驱动理论，阐明生命感知的尺度效应，研究面向生机同体的物理接口与编码/解码技术、面向生机电系统信息融合技术，实现生机电不同载体间信息的双向传递；实现机器人对人意图的准确理解和人对机器人运动的精确感知。基于生命/机电系统高度融合的新型感知器件，将生命系统优点与机电系统结合，全面提升机器人的感知性能。

12.3.9 机器人感知驱动一体化技术

与目前通过外部装配把驱动器与传感器相连接的方式不同，机器人感知驱动一体化是指采用新的传感原理，将传感器与驱动单元融合为一体的设计与实现技术。驱动单元包括电驱动，也包括液、气驱动，以及其他的混合驱动、采用新材料构成的新型驱动、软体驱动等；感知的状态包括常规的运动状态（如位置、速度、加速度）、力/力矩等，还包括新型驱动器的形态/形变、刚度、触觉等状态。

12.3.10 机器人自主学习技术

机器人自主学习是实现机器人知识经验积累、智能发育的过程，机器人自主学习技术可以使机器人突破只能在人为设定任务框架下进行决策的局限性，提高机器人的适应性。重点需要解决3个方面的技术难题：基于人脑智力形成及发育机理的类人智能行为建模；知识的获取、表示与抽象方法，可实现知识存储、更新及在线检索的智能发育模型及自主学习技术；面向与人共融机器人平台的自主知识获取，人机智能行为协同与决策等实用化技术。

12.3.11 机器人自主行为技术

研究广义行为环境的感知与理解技术，解决机器人对动态以及非结构化环境的认知问题；研究面向人机互助的优化决策技术，解决面对复杂环境与任务的行为决策问题；研究机器人的自主学习技术，使机器人在与环境及人的交互过程中、能够自主地积累知识与经验，不断地提升其智能水平。目前，机器人领域尚未出现如"Windows"一样的计算机统一操作系统，针对不同机器人需要开发不同的操作系统，消耗大量的人力、物力。为改变这一局面，应重点解决设计标准及规范缺失与不统一的问题。

12.3.12 机器人自主编程技术

当前机器人的应用中，手工示教编程仍占主导地位，但是随着人们对产品质量和生产效率追求的提高，编程周期长、示教精度低的手工示教编程已不能满足需求，机器人自主编程取代手工示教编程已成为必然的发展趋势。机器人自主编程技术是利用传感器的反馈信息，自动生成作业程序的技术。该类技术的重点发展方向是基于视觉反馈的自主编程技术、基于激光结构光的自主编程技术、多传感器信息融合自主编程技术。

12.3.13 机器人灵巧作业技术

人类经长期学习训练后能对操作对象具有快速连续反应作业的运动技能。通过探究人体对高速物体快速连续反应作业行为机制，开展具有快速连续反应和快速运动能力的灵巧臂单元技术研究，经过学习训练并积累储存相应作业环境下的"知识"，并在作业过程中根据"知识"库中相应信息，解决灵巧臂动作过程中存在的问题。同时重点探索新的高强度轻质材料，进一步提高负载/自重比；重点发展一体化关节、灵巧手、柔性驱动机构、类人结构等。

12.3.14 机器人极端环境适应技术

极端环境下工作的机器人会受到各种各样恶劣环境条件的影响，如核辐射环境、极端温度、极端电压、极端压力等外界因素都将对机器人系统的感知、决策与执行产生不可忽略的影响。通过突破极端环境适应技术，用以解决极端环境下工作问题和取代人类繁重工作，并完成极端环境下各种人类不可能完成或较难完成的作业任务。

12.3.15 柔性/软体机器人驱动与控制技术

柔性/软体机器人技术是指采用流体、凝胶、形状记忆合金等柔韧性材料进行机器人研发、设计和制造的技术。柔性/软体机器人一般采用流体驱动、物理驱动、内燃爆破驱动等驱动方式，因其材料特性，在工业易碎品抓取、管道故障检查、医疗诊断、侦查探测等领域均具有广泛的使用价值，但目前在材料、加工、自主控制等方面，柔性/软体机器人技术仍存在一定的缺陷，并面临着挑战。目前，主要解决的问题包括研究新型柔韧材料，解决材料在应力、应变、寿命等方面存在的问题；强化仿生智能控制算法研究，通过有效计算控制机器人移动、机体刚度与形变程度，更好地适应多变的环境，并解决运用中不能实现实时控制的问题。

12.3.16 基于多元信息融合的机器人控制技术

随着传感器技术、电子技术、信号处理技术及精密机械加工技术的迅速发展，机器人系统集成的传感器越来越多，获取的信息越来越繁杂。特别是在以工业机器人为代表的工业自动化领域，这种发展趋势越来越明显。随着机器人技术的发展，人们希望机器人可以更好地理解环境、感知自身状态，从而更可靠地进行推理决策和行为控制。这就要求在机器人设计中应用多种传感器以获取多方面的信息，并对这些信息进行有效的分析和处理，使机器人做出可靠的推理决策。

12.4 技术路线图

根据中国经济社会发展需求和技术进步趋势分析，制定了中国机器人发展技术路线图。

12.4.1 发展目标与需求

1. 发展目标

1）2025年目标

到2025年，打造完善的机器人产业体系，力争成为世界先进的机器人研发、制造及系统集成中心。具体如下：

（1）市场竞争力提高。拥有自主知识产权的国产工业机器人具有满足70%以上国内市场的供给能力；具有自主知识产权的国产服务机器人实现产业化，在人民生活、社会服务和国防建设中普及应用，部分产品实现出口；国产关键零部件具有满足70%国内市场的供给能力。

（2）技术水平提升。机器人基础前沿技术与世界先进水平同步，部分方向达到领先水平；机器人产品综合技术指标达到国际先进水平。

（3）产业结构优化。做大做强一批从事整机生产、零部件制造、系统集成的企业，在未来5年，有1~2家企业能够进入世界前5名行列；形成完备的标准和检测认证体系；形成一批"专、精、特、新"的关键零部件制造企业，配套能力显著增强。

2）2035年目标

到2035年，中国成为世界最大的机器人生产基地和应用市场，迈入机器人强国行列。

（1）成为世界先进的机器人创新中心，基础前沿理论与技术取得重大突破，关键核心技术实现自主可控。

（2）成为世界领先的机器人生产基地，形成若干个具有国际影响力的智能机器人产业集群，实现智能机器人批量生产。

（3）成为世界最大的机器人应用市场，国产智能机器人实现大规模应用，"互联网+机器人"的生产模式成为主流，机器人在生产和生活中随处可见。

2. 需求

随着工业自动化进程的不断推进，个性化定制、多品种小批量及大批量定制等制造模式已成为未来工业各领域生产制造的必然趋势。由智能工业机器人构成的高柔性制造系统恰好可以满足工业各领域对生产设备数字化、标准化、模块化、网络化的需求，以及对高决策力、高柔性制造系统的需求。

人口老龄化是当前和今后一段时期中国社会发展面临的重大挑战之一。通过机器人技术与应用，既能够减轻制造业工人短缺问题和用工成本上升的压力，又可以有效地缓解人口老龄化带来的家政人员短缺和护理人手不足的问题，使老年人群获得更及时的照顾、更贴心的陪护、更科学的康复保健，过上更有尊严的生活。

在应对自然灾害、重大生产灾难及维护社会公共安全方面，机器人可以替代人类进入危险环境进行长时间、近距离作业，提高任务完成效率，减少人员伤亡；在关乎国家经济、科技、国防、社会等发展战略的多项重大科技专项/工程中，机器人技术的进步与应用可以满足其对装备的种类和特殊性能的需求。

12.4.2 重点任务

瞄准未来社会转型发展，满足2035年中国智能制造和智慧生活的需求，加强对机器人整机、关键零部件、系统解决方案的研究，同时超前布局，加快基础前沿理论的研究进程。

1. 重点产品

到2025年，国产工业机器人更加灵活、易用，在汽车及零部件、电子电器、机械、食品、建材、航空航天、物流等行业实现大批量应用；个人/家用服务机器人可代替人类从事较复杂的劳动,实现规模化应用;形成关于专业服务机器人的不同应用场景下的完整解决方案,在部分领域实现工程化、大规模应用;机器人用高精密减速器、高速高性能控制器、高性能伺服电机和驱动器、传感器等方面的核心技术取得突破,质量稳定性和批量生产能力显著提升。

到2035年,实现人机共融共生、智能交互,机器人产品在工业及服务领域的界限趋于模糊,国产机器人智能作业技术广泛应用;新型传动/驱动机构和新型驱动材料、模块化器官等机器人用新型部件陆续研制成功,并实现规模化应用。

2. 优先开展的基础研究方向

1)基于脑科学和脑认知的机器人技术

机器人是否自主适应复杂环境和任务,关键在于基于脑科学和脑认知的机器人技术的应用。机器人只能通过行为体现智能,其控制必须采用具有"智能特征"的"人机交互与自律协同"的模式。人类大脑90%以上用于控制双手。因此,研究类脑控制系统(Brain of Robotic Operating System,BROS)是机器人智能行为产生的前提和基础。

基于脑科学和脑认知的机器人技术,需要在任务时变、指令时变、环境时变情况下解决人的指令、机器人自律、环境信息、作业任务之间的冲突,主要研究内容包括人脑与人的行为关系、人的行为来源与不变量、人如何用行为表达意图和情绪、机器人的BROS框架、人机交互与自律协同控制、机器人内外部需求任务表达、机器人行为特征描述和分类、机器人的"任务—感知—指令"与行为的"构态—末端—轨迹"特征之间的逻辑关系、机器人认知与逻辑判断和推理能力、智能机器人设计与控制技术等。

2)机器人新材料、新驱动、新感知、新机构技术

驱动和感知是机器人的核心功能。传统机器人的驱动主要依靠金属材料构成的伺服电机,以及与之配套的位置、速度、力/力矩、视觉等感知单元;其本质上仍然是一台机器,在驱动方面能量转化效率低、自重/负重比大、缺乏本质安全,在感知方面缺乏高效及敏锐感知能力。新一代机器人需要"人工肌肉"类驱动器,即在自重/负重比、刚柔特性、响应特性等方面更趋近与人类肌肉的驱动器。研制这类"人工肌肉"驱动器和与之相配套的类皮肤传感器、类肢体机构,需要以材料科学为支撑,与机器人学科的运动学/动力学建模、运动/行为规划与智能控制相结合,是未来的发展方向。

3)类生命机理研究

基于生命系统和机电结构深度融合的类生命机器人不是仿生学(Biomimetics)意义上的机电系统对生物体结构、功能和工作原理的简单模仿或模拟,而是在分子、细胞或者组织尺度上将生命机能融入非生命—机电系统。因此,要实现具有类生命特征的驱动和感知

功能，需要采用具有特异功能的生命细胞和组织作为物质基础，并借鉴自然界具有特殊功能的生物结构，利用现代工程技术手段实现基于生机电融合和类生命机理的功能单元，主要研究方向包括基于类生命机理的驱动、基于类生命机理的感知、实现类生命功能单元的共性使能技术。

12.4.3 技术路线图的绘制

在未来一段时期，中国机器人产业应注重加强基础理论研究、关键技术研发及重点产品的突破，有针对性地制定各项政策措施，为把中国建设成为机器人强国而努力。面向2035年的机器人发展技术路线图如图12-7所示。

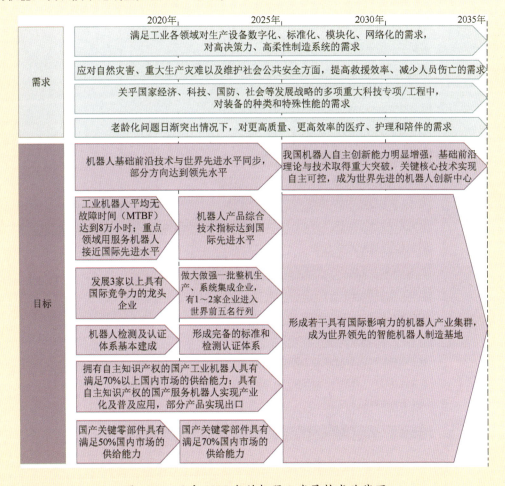

图12-7 面向2035年的机器人发展技术路线图

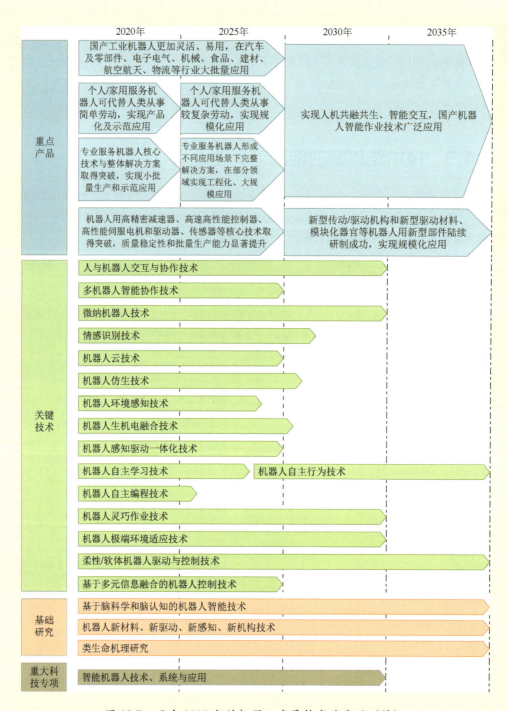

图 12-7　面向 2035 年的机器人发展技术路线图（续）

12 ■ 面向 2035 年的机器人发展技术路线图

图 12-7　面向 2035 年的机器人发展技术路线图（续）

随着新一代信息技术的发展及融合应用，机器人产品的智能化程度日渐提高。为满足未来工业各领域柔性化、小批量、个性化定制的需求，大力发展以智能工业机器人为核心的高柔性制造系统势在必行。中国面向 2035 年的智能工业机器人发展技术路线图如图 12-8 所示。

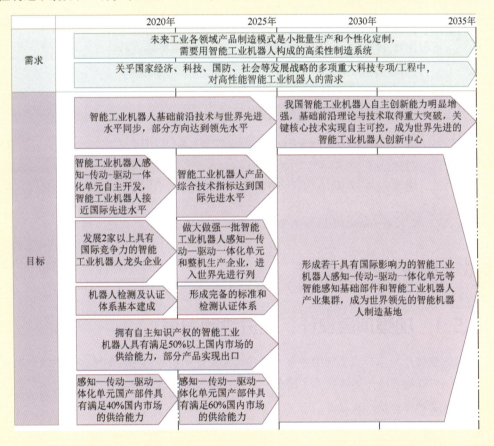

图 12-8　面向 2035 年的智能工业机器人发展技术路线图

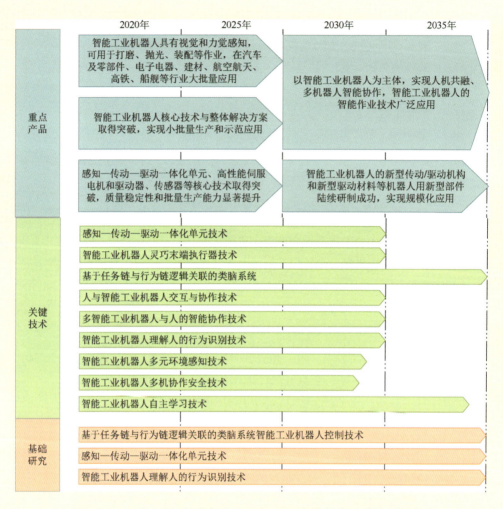

图 12-8　面向 2035 年的智能工业机器人发展技术路线图（续）

12.5　战略支撑与保障

12.5.1　加强顶层设计，促进协同发展

处理好整体规划与分步实施的关系，加强顶层设计和统筹谋划，聚集多方资源和力量，推动机器人"基础理论（源头技术）研究—共性关键技术研发—产业化—推广应用"各环节联动，实现全产业链协同发展。

12.5.2 坚持创新驱动，加快科技成果转化

始终坚持创新驱动发展战略，加快国家机器人创新中心的建设步伐，抓好面向行业的关键共性技术研发；坚持面向世界科技前沿，面向国家重大需求，依托智能机器人重点专项，加快新一代机器人技术的突破；建设智能机器人重点产业园区和应用示范区，推进智能机器人试点示范，加快科技成果转化，抓好科技成果转移/转化的辐射带动能力建设。

12.5.3 加快标准制定，强化检测认证

充分考虑未来机器人与人类更为密切的协作关系及机器人本质安全的要求，围绕机器人安全与可靠性技术、人机协作技术、典型行业集成应用技术等，加快智能机器人标准制定，强化检测认证。支持国家机器人检测与评定中心能力建设，逐步提升和完善中国机器人检测认证能力，加强与国际检测认证机构的交流与合作，助推中国机器人与国际接轨。

12.5.4 规范产业发展秩序，实现健康发展

规范产业发展秩序，加强市场监管和行业管理，积极贯彻落实《关于促进机器人产业健康发展的通知》《工业机器人行业规范条件管理实施办法》等法规；建立并完善行业信息监测与评价体系，支持中国机器人产业联盟等行业组织在贯彻落实产业政策、产业发展研究、行业自律、标准制定/修订、产需对接、国际合作与交流等方面的工作，促进中国机器人产业健康发展。

12.5.5 促进国际交流，拓宽视野

立足于提升中国机器人技术研发水平和应用水平，充分利用政府、行业组织、科研院所、高校、企业等，多渠道、多层次开展技术、标准、知识产权、检测认证等方面的国际交流与合作。鼓励高等院校、科研机构、企业和行业协会加强国际交流与合作，定期举办并积极参加国际交流会议或活动。通过举办世界机器人大会、国际机器人大赛、国际机器人展览会等活动，加强中外机器人重大科技项目合作，强化机器人前沿技术的交流与合作。

12.5.6 注重人才培养，奠定发展基石

研究制定机器人产业人才培养计划，建立从研发、生产到集成应用、操作维护的多层次、多类型的机器人产业人才培养和储备体系。依托国家重大专项、科技计划和示范工程等，实施企业人才素质提升工程，培养机器人高层次技术的研发人才和管理人才。通过建立机器人领域科研人才专家库，建立健全机器人产业科技人才激励机制，优化创新人才成长环境，着力培养一批具有国际领先水平的专家和学术带头人。加强国际交流与学习，加快引进高端人才，鼓励海外专业人才回国或来华创业。

第12章编写组成员名单

组　　长：王天然

副组长：宋晓刚

成　　员：赵　杰　韩建达　高　峰　陈小平　孙立宁　徐　方　王杰高　游　玮　郑文江　常润华　刘宇飞　刘　备

执笔人：陈　丹　雷　蕾　赵军平　贾彦彦

13

面向 2035 年的增材制造发展技术路线图

　　增材制造（3D 打印）技术是 30 多年前出现的一项具有颠覆性的创新制造技术，与传统的等材、减材制造方式呈三足鼎立之势，已成为世界主要技术先进国家重点发展的关键共性技术之一。当前，增材制造技术已经成为产品创新开发的利器及必需工序，由于其对复杂、高性能结构的广泛适应性及对个性化制造的快速响应，已经成为航空航天、太空竞争、深海探测、智能传感器、精准医疗等颠覆性技术的必要创新工具，各国均把增材制造技术作为高技术竞争的战略性技术，纷纷布局增材制造技术及产业发展，制定了增材制造领域的发展规划。

中国增材制造技术经过 20 余年的发展，在设备装机量、论文、专利方面处于世界前列，但总体比较而言，中国的原始创新不多，技术链不够完整，产业发展（包括装备技术和工程应用两方面）与美国和德国相比存在一定差距。特别是在基础研究方面，原始创新能力不足，专用新材料的研发、微纳尺度成形技术等前沿研究尚处于起步阶段，在复合材料、智能材料、创新结构设计、关键器件制造、成形过程精细控制和性能预测设计等方面的基础积累严重不足，上述问题将成为中国增材制造在国际竞争中取得优势地位过程中的最大短板。因此，分析全球增材制造领域的发展水平与态势，总结中国增材制造领域的技术与产业发展状况，对中国增材制造领域的发展具有突出的意义。

《中国增材制造 2035 发展战略研究》是《中国工程科技 2035 发展战略研究》的部分内容，是中国工程院与国家自然科学基金委员会联合进行的中长期发展规划战略研究。旨在为中国工程科技的中长期发展提供科研及产业发展引领方向，结合基于对 2035 年世界工程科技发展愿景分析，切合中国经济社会发展愿景及其对工程科技发展的需求，强力支撑"制造强国"战略实施，提出面向 2035 年的工程科技发展的发展战略。

本章通过文献检索与分析、基于技术动态扫描的全球领域清单分析、专家讨论、德尔菲调查、技术路线图等方式，提出面向 2035 年中国增材制造领域发展的重点需求、产业特征、发展思路、发展目标、重点任务、关键技术、基础研究、对策与建议、技术路线图重要内容，形成中国增材制造 2035 发展战略研究报告。

13.1 概述

13.1.1 研究背景

增材制造产业自 20 世纪末以来一直保持快速增长，在过去近 30 年间的平均年增长率大于 20%，预计 2020 年该产业规模将会增长至 354 亿美元，其中打印设备和耗材约占一半，剩余是软件及服务销售。2017 年，金属增材制造设备的销售额增长了 80%，工业级增材制造设备销售额增长 23%。在全球增长的设备装机量中，美国以 36.8%占据世界第一位，中国、日本和德国依次为第二、三、四位，排名靠前的 4 个国家的相关产业占全球产业的 64.7%，表现出增材制造产业的发展集中地。增材制造在航空高端装备制造领域取得了成功应用，例如，美国 GE 公司采用增材制造技术进行飞机发动机零部件的开发与制造，预计 2023 年增材制造相关零件将会占到其总产量的 1/3 左右。此外，美国、俄国等国家正在使用增材制造技术研发高超飞行器中的超燃发动机。在增材制造的研究方面，美国在增材制造领域的论文发表数量为世界第一位，占世界总论文发表数量的 23.9%；中国在该领域的论文发表数量排世界第二位，占世界总论文发表数量的 18.5%；在专利申请方面，自 2013 年以来，中国呈现快速增长的趋势，专利总量占世界第一位，体现了在增材制造领域的研究与开发活跃度。但中国的论文及专利的平均引证指数较低，产生的影响力较小，多数论文及专利未处于核心技术地位或技术交叉点，处在低水平发展状况。

从国家层面的研发和工程应用整体比较而言，中国在基础技术方面的原始创新并不多，技术链不够完整，产业发展（包括装备技术和工程应用两方面）与美国和德国相比存在一定差距。特别是在基础研究方面，原始创新能力不足，新材料的研发、微纳尺度成形技术等尚处于起步阶段，在复合材料、智能材料、创新结构设计、关键器件制造、成形过程精细控制和性能预测设计等方面的基础积累严重不足，这将成为中国增材制造技术在国际竞争中最大的短板。因此，分析全球增材制造领域发展水平与态势，总结中国增材制造领域的技术与产业发展状况，对中国增材制造领域发展具有重要意义。

13.1.2　研究方法

本项目通过文献检索与分析、基于动态扫描的全球领域清单分析、专家讨论、德尔菲调查、技术路线图等方式，提出面向 2035 年中国增材制造领域的重点需求、产业特征、发展思路、发展目标、重点任务、关键技术、基础研究、重大工程、重大科技专项、对策与建议、技术路线图等重要内容，形成中国增材制造 2035 发展战略研究报告。

13.2　全球技术发展态势

13.2.1　全球政策与行动计划概况

由于增材制造技术在航空航天、太空竞争、深海探测、智能传感器、精准医疗等领域具有广阔的应用前景，各国纷纷布局增材制造技术及产业发展，制定了增材制造领域的发展规划。

美国最早的关于增材制造的技术路线图始于 1998 年，在美国政府的资助下制定了一部面向产业界的发展路线图。2009 年，由美国某大学牵头制定了面向学术界的发展路线图。2015 年 9 月，美国国家增材制造创新机构发布了公开版的技术路线图，勾勒了未来 5 年该机构乃至美国增材制造工业技术发展的路径，该技术路线图包括设计、材料、工艺、价值链和增材制造基因组 5 个领域的规划。2016 年 4 月，在美国国家标准与技术研究院的资助下，宾夕法尼亚州立大学编写了《下一代增材制造材料战略路线图》。该路线图将研究和活动分为 5 大战略领域：材料/工艺及部件集成设计方法论、增材制造工艺/结构及特性联系、部件及给料测试协议、增材制造工艺分析能力、下一代增材制造材料及工艺。2016 年底，美国防部发布了

《增材制造路线图》，该路线图由美国增材制造创新机构——"美国制造"和德勤公司负责制定，美国陆、海、空三军和国防后勤局全程参与，该路线图面向维修与保障、部署与远征、新部件/系统采购这3大类应用，从设计、材料、工艺和价值链4个技术领域出发，旨在系统、高效地提升增材制造技术/制造成熟度的活动，为国防部实施合作与协调投资提供了基础和框架。2017年2月，"美国制造"发布了《增材制造标准化路线图》。该路线图在设计、工艺和材料（原材料、过程控制、后处理和成品性能）、资格和认证、非破坏性评估和维护等主题上确定了89个具有差距的问题并提出了相应的建议。

欧盟AM Platform也先后制定了欧盟增材制造的技术路线图、产业路线图和标准路线图；2016年，欧洲防务局委托西班牙和法国公司执行"增材制造可行性与技术演示验证"项目，2017年12月已交付成果，从防务背景审视增材制造及其潜力。

在增材制造技术及应用方面，当前，美国以原创的增材制造技术和工业应用创新领先，是多类增材制造工艺的原创国，在装备、材料、工艺、应用研究及产业发展方面均保持领先地位。德国以精良的金属/非金属材料增材制造装备而闻名，其非金属材料烧结成形技术领先世界且装备与工艺质量上乘。以色列以重要增材制造技术的原创与工艺发展拥有较大的产业规模；日本结合其粉末冶金技术基础在金属增材制造技术方面加大研发，战略竞争态势逼人。

13.2.2 基于文献和专利统计分析的研发态势

世界增材制造技术的前沿研究主要集中在高性能金属增材制造、复合材料与复合制造增材制造、太空增材制造、微纳增材制造、生物增材制造等方面。美国劳伦斯利弗莫尔国家实验室将微纳增材制造视为维护美国未来全球领先技术的重要支撑。美国国家航空航天局（NASA）提出了"为空间"（for space）和"在空间"（in space）两方面的空间增材制造计划，2014年9月已将增材制造设备送上空间站进行应用研究和测试，2015—2018年详细研究各种可能在空间发展的增材制造技术和应用方向，2020—2025年将重点研究月球表面增材制造技术，2030—2040年将发展火星表面增材制造技术。欧洲航天局（ESA）在2013年发布了"AMAZE"计划，计划从2020年起，利用增材制造技术在月球开始建造供人类居住的基地，期望在2030年前落成，作为太空探索前线基地，并推进人类登陆火星的计划。德国成立直接制造研究中心，主要研究和推动增材制造技术在航空航天领域结构轻量化方面的应用。此外，当前另一个重要的前沿研究方向是生物增材制造，该方向主要以增材制造细胞活体等材料为核心，目标是构建体外三维细胞结构体、人工组织和器官。

13.3 关键前沿技术与发展趋势

增材制造的工艺灵活性与应用宽泛性，将极大地释放设计创新空间；实现制造过程由控形走向控形控性，提供从金相组织层面控制产品性能的新途径；由增材走向增材创材，提供复合材料、梯度功能材料、仿生材料和超材料制造的新方法；由宏观走向微纳结构，提供小批量多品种构件定制的经济性工艺。增材制造可方便地实现功能梯度结构，可创新结构，使材料发挥最大效益；作为材料基因研究的快速、节约型验证平台，引领材料的科技创新；与生命学科的交叉，使创材走向创生，引领精准医疗与生命学科的发展；增材制造工艺流程的简化将为制造模式创新、个性化定制以及建设双创平台提供使能技术。

世界增材制造技术的前沿研究主要集中在高性能金属增材制造、复合材料与复合制造增材制造、太空增材制造、微纳增材制造、生物增材制造等方面。

13.3.1 增材制造材料基因组技术

增材制造将材料/微观结构制备过程与零部件成形制造过程集成，是解决先进陶瓷、高性能难加工材料、生物功能材料等成形制造难题的先进技术，还可为超轻结构、空间桁梁、高效冷却、梯度功能材料等先进结构设计和技术创新提供有效的技术手段。得益于微小熔池及快速凝固特点，增材制造能够利用其远离平衡态的特点，获得新型超硬、超强、超韧、超高温、超耐磨、超低摩擦等不同性能的超级材料。

13.3.2 高性能金属增材制造技术

高性能金属构件多服役于苛刻环境，一般具有超强承载、极端耐热、超高精度、超轻量化和高可靠性等要求，是航空航天、船舶及核工业等先进工业装备的核心部件。现有的构件制备、性能控制存在几方面的问题，如多重能量场对构件制备性能的耦合影响、制备工艺的约束等无法对构件进行精确的控形控性。因此，实现材料与结构一体化设计，对材料与结构进行优化，提高组织与性能的协调性及对构件性能的精确控制是未来增材制造领域的发展方向。高性能金属增材制造技术由于其应用的特殊性对综合性能的要求极高，是增材制造技术目前最重要的应用方向之一。高性能金属增材制造技术主要以轻量化设计、高韧性、高强度、高效率、高稳定性为主要发展方向，现有的金属增材制造技术在材料种类、疲劳强度等方面与实际应用还有较大差距，通过对应的设计方法、装备制造、材料调控、工艺优化实现结构/功能一体化的增材制造技术，重点开展高性能金属增材制造专用材料的研发、轻量化结构设计方法、过程控制软件开发、高效率后处理方法等方面的研究，进一步拓宽其在高铁、核能、船舶、深空探索等领域的创新性应用。

13.3.3 复合材料和复合结构增材制造技术

通过结构复合制备的复合材料，可以实现材料性能的取长补短和功能协同，是高性能新材料发展的重要方向之一。采用增材制造技术进行复合材料与复合结构的制备，可方便地实现方向性强化、局部增强、粒子弥散、多层复合等，且可以自由地进行细节设计与调整。结合航空航天等高端应用领域需求，利用增材制造技术进行高性能功能复合材料构件的制备，并发展基于增材制造技术的材料与结构功能一体化工业制备技术；开展基于增材制造技术原理的金属/合金/非金属与粒子石墨烯纳米片多元复合材料的研发，重点进行基于微纳结构和控形控性设计的隐形和防弹等超材料的制备技术研究，并拓展该技术在军事装备、交通、能源等领域的应用。

13.3.4 微纳增材制造技术

微纳增材制造技术可用于具有复杂架构微纳器件（如微纳传感器、微流控器件、印刷电子、微光学系统、微纳光机电系统、光电子器件等）的快速制造，例如新型超材料（如人工晶体、隐身、定向辐射、光频超磁性等材料）的纳—微—宏跨尺度构件设计的实现，在国防、通信、能源、航空航天、生物、医疗、电子、高清显示、柔性智能器件等领域有着重大和广泛的应用前景。建立微纳增材制造材料设计、制造工艺、材料体系，掌握微观材料化学组分与空间拓扑结构的耦合关系对材料宏观特性的影响，厘清材料微观单元结构特征参数与材料宏观性能之间的映射关系，结合微纳结构设计以及拓扑优化，创建新材料体系，实现原先无法获得的新型结构耦合性能，为微纳技术的广泛工业化应用提供理论、实验与案例基础。

13.3.5 太空增材制造技术

发展太空增材制造技术，突破太空微重力、大温变、强辐射和高真空等极端环境下增材制造关键工艺技术、开发适合太空增材制造的专有材料体系、研制太空增材制造专用设备，解决打印装备的外星适应性问题、能源问题和工艺的适应性调整等，实现太空装备的在轨制造、原位修复与地外制造。

13.3.6 智能材料增材制造（4D打印）技术

利用智能材料在外界刺激下形状和结构随时间变化的特性，构造出具有可控变形的结构体，在军事、医疗、智能化产品等领域的智能构件（如单兵卫星通信天线、导弹发射自组装支架、太空天线、太阳能电池板的展开、可调节飞机机翼、人工血管支架等）的制造上有着重大的应用前景。利用增材制造技术开发具有新功能的创新智能材料，建立打印工艺过程参数对智能材料性能与功能的影响模型，开展智能材料增材制造（4D打印）应用的功能评价和测试技术研究，为智能材料增材制造（4D打印）的工程化应用提供基础。

13.3.7 生物增材制造技术

生物增材制造将逐渐从非活性器械打印向活性组织与器官打印方向发展，从单一组织、材料、细胞打印向多组织、多材料、多细胞一体化打印方向发展，从简单活性组织打印向血管化大型复杂器官打印方向发展，从材料结构打印向智能化创材、创生方向发展，从体外打印向体内原位打印方向发展。

13.3.8 多工艺复合增材制造技术

多工艺复合增材制造技术是一种将产品设计、软件控制以及增材制造与减材制造、等材制造相结合的新技术。利用多工艺复合增材制造技术能够实现工艺、结构、材料上的复合加工，通过多工艺、多尺度、多材料的协同加工技术，实现优势互补，解决表面粗糙度、加工速度、复杂构件加工等难题，提升产品性能，为产品设计和制造扩展更大的创新领域和空间。

13.3.9 非晶态合金增材制造技术

非晶态合金是一种采用超高速凝固技术制备而成的新型功能材料，其特征是原子排列呈短程有序的无序结构凝聚态组织结构，由于它呈玻璃态的非晶态特征而具有传统合金材料无法达到的综合优异性能，以其优异的铁磁性、抗腐蚀性、高耐磨性和高强度而成为一种新的功能材料。开展非晶态合金多种工艺增材制造机理的相关研究，在非晶合金的制备上，开发适合增材制造的非晶合金体系，研制非晶态合金增材制造可行的工艺和装备，将非晶态材料作为结构材料在航空航天等极端工况条件下进行工程应用。

13.3.10 高熵合金材料增材制造技术

多主元高熵合金是由 n（$n \geq 5$）种元素经熔炼、烧结或其他方法组合而成的合金材料。高熵合金拥有多种特性，其微观组织具有微观相结构简化、纳米化与非晶化、晶格严重扭曲的特征，通过适当的合金配方设计，可获得高硬度、高加工硬化、耐高温软化、耐高温氧化、耐腐蚀、高电阻率等特性组合的材料，其特性优于传统合金，且应用范围极其广泛，如高硬度且耐磨、耐温、耐蚀的航空航天及船舶材料等。激光熔覆等增材制造技术所特有的快速凝固动力学条件有利于提升高熵合金涂层简单固溶体形成能力，避免脆性金属间化合物相的形成，同时减轻成分偏析，因此是实现高熵合金成形并开展高端装备制造零部件工程应用的有效方法。

13.3.11 超材料增材制造技术

超材料是一种人工设计制造的、由不同介电常数介质材料在空间周期性排列而成的点阵结构体，目的是利用人造构成要素替代原子及分子，以类似结晶的结构规律来形成新的传输介质，通过改变单胞结构参数，可调控其等效电磁性能，实现人工电磁介质的可控设计，从而调控电磁波在空间的传播，在隐身材料、超级透镜、定向辐射、光频超磁性等方面具有重要作用，在国防、通信、医疗、能源等领域有着重大和广泛的应用前景。由于人工超材料结构具有微观单元结构、空间拓扑结构、材料、外形等方面的多样性与复杂性，需要一种以功能驱动的宏/微结构数字化设计与制造手段去实现，增材制造技术所具备的不受形体复杂度影响的制备方式，适合制备三维周期性强的超材料结构，并能够快速实现根据不同功能需求设计的超材料，满足国防、通信等领域的个性化超材料需求。超材料增材制造技术的实现需要超材料设计技术、高精度增材制造设备及材料、微纳增材制造设备及材料的发展为其提供支撑。

13.3.12 功能梯度材料增材制造技术

运用增材制造技术所具有的实时组织设计制造和控形控性特点，针对航空航天、船舶等领域对构件高耐磨、高强度、轻质、高稳定性一体化制造的需求，实现在构件的不同部位用不同的材质，并且实现不同材质的渐进过渡，使构件具有超常规的优异性能，能够最大限度地发挥材料的综合性能优势，实现材料性能优势互补或独特组合，形成功能梯度构件制造的工业化制备新途径。围绕多材料梯度结构的界面相容性、在热场的作用下功能梯度材料多组分的相溶和扩散耦合作用等现象，建立多材料梯度构件的增材制造制备工艺规范和功能梯度材料的设计原则；开展增材制造工艺/梯度界面组织/性能的影响规律和功能梯度材料耦合界面调控机制的研究；进行高效率的功能梯度材料打印装备技术研发，研究金属/金属、金属/非金属、金属/陶瓷等跨尺度、多材料组合的优化打印工艺；结合工艺规范和材料基因组，开展基于增材制造技术的功能梯度材料匹配设计，进行功能梯度材料的先验设计软件研发，并提出高效率梯度材料打印新方法并研制创新的智能装备。

13.4 技术路线图

13.4.1 整体发展思路

立足中国增材制造工程科技的发展水平和特征，结合中国增材制造工程科技发展的战略目标，搭建增材制造工程科技发展的总体架构，具体分 3 个层面。

（1）加强基础研究、服务工艺创新。加强多类别增材制造的控形控性机理研究，重点开展关于高性能金属增材制造、复合材料增材制造、太空增材制造、生物增材制造的基础研究，使之服务于工艺创新、装备创新及应用创新。

（2）加强核心技术开发，避免空心化发展。加强增材制造核心元器件如激光束/电子束/等离子弧/电弧等能束的发生与整形装置、高精度运动控制组件、装备控制芯片及软件等关键核心元器件开发；加强重点应用方向的创新型工艺开发及装备研发；加强增材制造材料研发与制备技术研究。形成关键技术、重点装备、适用材料，避免空心化发展。

（3）加强工程应用，驱动产业创新。加强面向增材制造的创新设计方法研究与软件开发，集成配套工艺、技术与设备开发与完备的工艺流程建设，促进产业应用；加强面向增材制造技术的分布式制造模式与智能制造体系建设，实现创新发展；加强工艺、装备、材料应用、检测、流程、服务、环境的标准建设，推动增材制造的整体应用，驱动产业创新。

13.4.2 发展目标与需求

到 2025 年，中国增材制造产业直接产值（装备与服务）将达到 500 亿元，制造业扩散效益达到 5000 亿元；增材制造产业链逐步形成，增材制造技术显著影响产品的设计和日用品的制造模式，并成为航空航天等领域装备的重要制造手段。中国的增材制造产业总量进入第一方阵，整体技术水平达到国际先进水平。

到 2035 年，中国增材制造产业直接产值（装备与服务）将达到 1000 亿~1500 亿元，制造业扩散效益达到 6000 亿~10000 亿元，形成完善的产业发展链。在大型飞机、重型运载火箭、船舶、核电等重大装备制造中工程化应用，在装备研发与生产、适用材料和高尖端领域应用方面与美国并驾齐驱；在增材制造的创材/创生方面，走上引领国际发展的轨道；在优异材料研发、材料结构一体化制造、产品与装备大规模跨越性创新、医疗和生命科学方面，形成重大效益，成为制造业异军突起的重要领地。

13.4.3 重点任务

面向 2035 年的增材制造技术发展主要围绕增材制造材料基因组技术、高性能金属增材制造技术、复合材料和复合结构增材制造技术、微纳增材制造技术、太空增材制造技术、智能材料增材制造（4D 打印）技术、生物增材制造技术、多工艺复合增材制造技术、共性技术与标准建设等重点任务展开。

1. 增材制造材料基因组技术

1）二级技术方向

（1）基于增材制造的高通量表征实验平台建设。

（2）增材制造材料表征与模拟技术。

（3）基于材料基因组的增材制造新材料开发。

2）需求

航空航天等领域所用材料具有高性能、高可靠性、高技术成熟度的需求，目前能够使用增材制造方式制备的材料种类极为有限。增材制造材料基因组技术采用数值模拟技术、数据库及数据挖掘技术、人工智能技术揭示材料的工艺过程、微/细观结构、材料性能、服役行为之间的关联规律，阐明成分、微结构和工艺对性能的控制机制，是一种引导并支撑实体材料的研发和应用的集成计算工程技术。

3）发展目标

针对多金属材料集成、多种高性能聚合物、陶瓷等复合材料、创新合金材料、非晶材料、生物材料的增材制造技术，建立材料基因组计划，开展增材制造创新技术研究，形成并建立材料基因组性能数据库；通过学科交叉，开展增材制造中熔池凝固、组织演变、应力演化等基础研究，揭示缺陷产生以及组织的演变机理；掌握多种类材料增材制造过程中的"控形控性"规律，拓宽打印材料范围，开展功能材料创新制备技术研究，提升成形件的强度、韧性、耐温等性能。

2. 高性能金属增材制造技术

1）二级技术方向

（1）移动熔池非平衡凝固组织演变及晶粒取向控制技术。

（2）增材制造合金组织内的结构力学表征及缺陷控制技术。

（3）高性能复杂承力构件材料与结构一体化设计理论与方法。

（4）特种材料的增材制造工艺研发及其质量控制技术。

随着航空、航天、兵器、船舶及核工业等先进工业对材料性能、轻质的要求不断提高，发展高性能大型复杂整体关键金属构件的增材制造技术是增材制造的重要发展方向。由于现阶段存在基础研究水平不高，工艺过程机理研究不够系统深入，尚未实现制备的全程控制，以及创新结构设计、专用材料制备及装备制造技术的革新等基础能力较弱，对增材制造产品缺乏专门的检测评价手段，存在标准规范不完善等问题。

2）需求

高性能金属构件多服役于苛刻环境，一般具有超强承载、极端耐热、超高精度、超轻量化和高可靠性等要求，是航空航天、船舶及核工业等先进工业装备的核心部件。现有的构件制备、性能控制存在几个方面的问题，如多重能量场对构件制备性能的耦合影响、制备工艺的约束、无法对构件进行精确的控形控性。因此，实现材料与结构一体化设计，对材料与结构进行优化，提高组织与性能的协调性及对构件性能的精确控制是未来增材制造领域的发展方向。

3）发展目标

掌握高性能大型复杂整体关键构件增材制造变形开裂预防、力学性能控制、大型装备研发、技术标准等关键技术，实现其在飞机、航空发动机、导弹、卫星、船舶、轨道交通装备等重大设备中的工程应用。

3. 复合材料和复合结构增材制造技术

1）二级技术方向

（1）异质复合材料的铺放、基体固化及界面应力应变的协同控制技术。

（2）碳纳米管、石墨烯等多尺度相材料的融入与工艺控制技术。

（3）复合结构宏观力学与物理性能的计算、预测与控制。

（4）复合结构材料的增材制造工艺、装备及评价测试方法。

2）需求

为实现航空航天、汽车等产品的轻量化和高性能化，需要大量使用复合材料和复合结构。采用增材制造技术进行复合材料和复合结构的制备，可方便地实现方向性强化、局部增强、粒子弥散、多层复合等。复合材料和复合结构技术增材制造可以实现材料性能的取长补短和功能协同，是高性能新材料发展的重要方向之一。

3）目标

建立复合材料和复合结构的增材制造工艺体系，提高复合材料和复合结构增材制造构件性能，实现复合材料和复合结构增材制造构件在航空航天、汽车和医疗领域的可靠应用。实现复合材料增材制造技术突破，在材料工艺控制、低成本、材料质量可靠性等方面基本成熟，成为复合材料制备方法中重要的手段,并在汽车、船舶、飞机以及宇航载人器等轻质高强零部件上实现大范围应用。

4．微纳增材制造技术

1）二级技术方向

（1）高能束直写沉积技术。

（2）掩膜光刻技术、干涉光刻技术。

（3）纳—微—宏跨尺度构件设计技术。

2）需求

利用微纳增材制造技术不仅可实现智能制造所需多品种、小批量的微纳器件（包括微纳传感器、微流控器件、印刷电子、微光学系统、微纳光机电系统、光电子器件等），还可实现组织工程、人工晶体、隐身材料、定向辐射、光频超磁性等新型超材料开发等方面需要的纳—微—宏观跨尺度结构，在国防、通信、能源、航空航天、生物、医疗、高清显示器、柔性智能器件等领域有着重大和广泛的应用前景。

3）目标

通过扩展现有增材制造技术的制造精度至微纳尺度，以及将现有平面微纳制造技术融入三维增材制造思想，发展新型微纳增材制造技术。结合新型微纳米尺度的成形单元（束斑、液滴等）控制技术（双光子、电流体动力学等）扩展现有增材制造技术至微纳制造尺度（如微纳3D电喷印、微纳立体光刻等，其中，利用电流体动力学的3D电喷印技术在微纳尺度上的突破是纳米精度增材制造的重要方向之一），把平面微纳制造技术变为微纳3D直写技术（如微纳3D激光直写、微纳3D电子束沉积、微纳3D激光化学气相沉积等），以及由上述2类技术相结合而得到的混合工艺技术（EFAB）等。

建立微纳增材制造材料设计、制造工艺、材料体系。分析微观材料化学组分与空间拓扑结构的耦合关系对材料宏观特性的影响，厘清材料微观单元结构特征参数与材料宏观性能之间的映射关系，结合微纳结构设计以及拓扑优化，应用微纳增材制造技术来创建新材料体系，实现传统方法难以获得的新型材料耦合性能。

满足新器件、新材料、新能源等领域对微纳增材制造的需求，实现其在国防、通信、能源、航空航天、生物医疗、柔性电子、微纳机电系统、高清显示器、精准医疗等行业的应用。

5．太空增材制造技术

1）二级技术方向

（1）太空增材制造特种金属/非金属材料研发。

（2）高效能太空增材制造设备及其工艺关键研究。

（3）外星材料原位增材制造技术。

（4）空间废物利用再制造技术。

2）需求

随着航天技术的发展，探索深空、建设地外星体基地乃至移民外星球等问题逐渐提上研究日程，实现长期在轨居留的物资和生命保障、空间应用设施（卫星）的建造、太阳系内星球探索基地建设和运行，很大程度上依赖于如何实现高效、可靠、低成本的"太空制造"，从而克服现有火箭运载方式在载重、体积、成本上对空间探索活动的限制，以获得深空探索所需的运载平台、工具与装备。太空制造可直接利用太阳能、原材料等空间资源，实现自我维持；同时，空间微重力环境使得原位制造、组装超大尺寸构件成为可能。增材制造技术所具有的高度制造柔性、高材料利用率等优势都使其成为满足上述需求最可行的技术途径。

3）目标

突破太空微重力、大温变、强辐射和高真空等极端环境下增材制造关键工艺技术，开发适合太空增材制造的专有材料体系，研制太空增材制造专用设备，实现太空超大型装备的在轨制造与原位修复，实现地面大型装备的"太空制造"突破性进展。

6. 智能材料增材制造（4D打印）技术

1）二级技术方向

（1）智能材料的制备工艺及其功能的主动调控技术。

（2）智能机构感知与驱动的自动控制系统的设计与构建技术。

（3）智能材料增材制造装备与工艺。

2）需求

在军事领域中，未来战场具有空、天、陆、海多领域协同作战的特点，也带来了地形复杂、环境恶劣、维修困难等问题。因此，对军事装备的智能化提出了更高的要求。4D打印能够制造具有智能变形的结构体，如可变形的单兵卫星通信天线、单兵导弹发射自组装支架等。此外，太空领域（如大型天线、太阳能电池板的展开，通过飞机机翼智能材料结构件的变形来调控飞行性能等）、医疗领域（如智能可扩展血管支架、医用纳米机器人、智能球囊扩展器等）均对智能增材制造技术具有较高的要求。

3）目标

建立和完善4D打印技术所需的材料与工艺体系，以工程应用需求为牵引，研究并解决4D打印所用材料、工艺、装备和典型应用中的核心科学问题，以及突破相关关键技术，实现4D打印技术在武器隐身、空天智能结构、自适应光学器件、柔性变形机器人、智能桥梁等方面的工程化应用。

7. 生物增材制造技术

1) 二级技术方向

（1）个性化假体增材制造技术。

（2）复杂器官与组织增材制造技术。

（3）脑机融合的智能生物增材制造技术。

（4）体内生物增材制造技术。

2) 需求

疾病、战争、意外事故等所造成的人体组织与器官缺损对现代医疗修复技术提出了巨大挑战，例如，器官移植手术中的供需矛盾高达1∶200。生物增材制造技术与装备作为实现个性化医疗修复的重要技术手段，有望实现生命体的工程化制造，从而成为各国竞相发展的前沿制造技术，生物增材制造技术的创新与跨代突破是满足人类生命健康巨大需求的重要保障。

3) 目标

实现生物增材制造装备的专业化与技术跨代提升，使非活性增材制造医疗产品（如导航模板、个性化金属假体）实现大规模临床应用，简单活性组织增材制造进入临床试验阶段。增材制造的个性化假体、模板全面进入临床应用。阐明复杂组织微观结构打印与组织转化再生的作用关系，建立面向增材制造的活性组织与器官微观结构的仿生设计准则；突破制约多尺度、多细胞、多材料、多组织一体化生物增材制造的技术装备瓶颈，解决复杂活性器官多细胞体系与血管系统的共生融合难题，增材制造的血管化器官进入大型动物实验；发展精确化、智能化生物增材制造技术，实现对细胞、细胞外基质、基因的精确操作调控，组织/器官再生微环境与微纳生物传感、神经元再生相结合，实现增材制造组织的智能化、与宿主组织及神经系统相融共生；完成大部分组织与器官的设计，通过细胞培养与基因、环境调控，制造出具有复杂功能的内脏器官。

8. 多工艺复合增材制造技术

1) 二级技术方向

（1）增/减/等材复合制造工艺集成技术。

（2）增/减/等材复合制造软/硬件平台。

（3）多工艺复合制造控制系统。

2) 需求

增材制造技术由于其逐层累加成形的技术特点，造成产品层间结合力、表面粗糙度、材料特性等难以满足在多个领域的直接应用，多工艺复合增材制造技术是解决表面粗糙度、加工速度、复杂构件加工、提升产品性能的有效途径。

3）目标

通过开展多工艺复合增材制造技术研究，实现增材/增材、增材/减材、减材/增材、等材/增材等多种复合制造工艺，实现增材制造技术与等材制造、减材制造技术的融合，实现高复杂零部件的高性能、高精度制造与修复，在航空航天、汽车、消费电子、日用品等领域实现与等材制造及减材制造成形产品无差别的直接应用。

9．共性技术与标准建设

加强增材制造核心元器件如激光束/电子束/等离子弧/电弧等能量发生器与整形器、高精度运动控制组件、装备控制芯片及软件等关键核心元器件的开发；加强重点应用方向创新型工艺开发及装备研发；加强增材制造材料研发与制备技术研究，形成关键技术、重点装备、适用材料体系，避免空心化发展。加强标准建设，服务产业，使之快速发展。

1）核心元器件研发

开展激光束、电子束、电弧等能量发生器与整形器、阵列式增材制造喷头等核心元器件研发，开展在线检测与智能控制技术研究与系统平台建设。

2）设计技术与软件研发

增材制造技术的突出优势在于其对复杂空间结构的直接制造，航空航天、建筑、机械、船舶及生物医疗等领域对零件的结构形态具有较高的需求，包含拓扑、形状和尺寸特征的结构优化是解决产品轻质化、低排放、高寿命、高比表面积等需求的关键技术之一。面向增材制造技术的特征，引入人工智能、神经网络、模糊数学、不确定数学、基因遗传等理论和方法，进行结构拓扑优化、形状优化的智能优化算法和仿生优化算法研究，开发结构优化设计软件，在航空航天、建筑、机械、船舶及生物医疗领域推广应用；开展增材制造支撑的分布式制造模式研究，助力实现小批量、多品种个性化产品的快速设计与制造。

3）高效且低成本的增材制造工艺、材料、装备、流程、应用技术

面向民用及军用领域，开展高效且低成本的金属/非金属增材制造工艺研究，形成工艺、材料、装备、流程、应用技术的整套流程和产业链，进行基于增材制造技术的制造模式与设计方法研究，实现增材制造技术的工程化与批量化应用。

4）增材制造标准建设

面向增材制造过程中的材料、工艺、装备、应用环节的产品及流程，建立全方位的术语、检测、验证、工艺规范标准，促进产业发展。

13.4.4 拟开展的基础研究

1）增材制造材料基因组成分、结构、性能的构效映射机理

从宏观结构和微观界面研究增材制造材料的成分、工艺、微结构、性能之间的映射关系，研究材料内在原子性质、晶体结构等多要素对材料外在性能的影响机理，为高通量表征和计算建立基础；研究增材制造过程中的微小熔池及能量转换过程中构件性能的映射机理，为增材制造材料的研发提供基础。

2）微小熔池超常冶金动力学与快速凝固行为组织的形成与演化机制

研究微小熔池组织重构机理、快速冷凝行为方式及其对成形组织的影响、环境气体对组织性能的影响及其物理化学作用机理，建立快速冷凝组织的非平衡特性及其趋势表征方法，研究其在时效作用下的显微组织转变机理、在交变应力下的相变到形变机理及其参数控制等。结合增材制造过程中的界面微观特性实验，探索微融池的生灭对异质组分间的非平衡态与应力残留，分析其过程应力弥散效应与微观增韧特性，研究提高复合材料物理与力学性能的过程调控方法与影响参数。

3）高性能金属梯度材料及拓扑结构增材制造的控形控性基础

研究激光作用于打印材料时的形变过程与能量转换效率表征，揭示不同打印材料的能量吸收规律；研究高性能金属梯度材料增材制造过程的组织形变特性，进行组织匹配性设计、复合材料的力学性能优化设计等；研究增材制造过程中温度场变化规律，建立热力耦合模型，结合材料凝固及相变原理，揭示材料变形及开裂机理；研究增材制造过程中合金的组织变化对力学性能的影响规律，揭示冶金缺陷产生机理及其对力学性能的影响。

4）零件宏观性能与复合材料微观结构一体化设计增材制造工艺相匹配的规律

研究宏观结构与界面之间的结合性能控制方法，研究多材料界面相的成形机理、物理性能；建立材料物性参数、微观结构与打印力学性能的对应关系，重点研究复合材料多材料体系的界面融合优化方法，开展基于整体力学性能要求与几何拓扑形状的微观结构设计。

5）微纳增材制造新材料的组分与性能的复合表征技术研究

以功能驱动新材料的宏/微/纳结构数字化设计，把多种材料制造成具有微纳尺度精度的介观几何图形并拓扑扩展，"自下而上"地制备宏观新材料。具体包括微观组成单元材料（包括聚合物、金属、陶瓷等）即被打印材料的关键物理尺度基础特性研究、材料介观几何图形的微观组成单元组合结构的特征参数表达、材料介观图形及其拓扑优化计算与迭代算法研究、新材料的宏观与微观关联特性研究。

6）微纳尺度效应下增材制造工艺的控形控性机理研究

研究碳纳米管、石墨烯等微纳尺度材料的加入对增材制造产品整体性能的影响规律，建

立其多参数耦合力学表征模型，并应用该模型进行复合材料力学性能的优化设计；计算、仿真得到的新材料体系及各领域所需的智能微纳器件，并研发基于跨尺度/多材料微纳专用增材制造设备，研究不同原理的微纳增材制造适配的材料结构成形工艺对零件的影响机理与优化、材料成形中表/界面问题等内容。

7）太空极端环境对增材制造工艺及其组织性能的影响研究

研究以高性能聚合物及复合材料为代表的轻质、高强材料方面的太空增材制造，研究所打印零件的太空辐射屏蔽性能、耐受性能、力学性能等综合性能，研发符合宇航器环境要求的太空增材制造聚合物及复合材料专用设备，并开展典型装备/样件的在轨测试；研究微重力环境下的送丝机构稳定性控制、极冷/极热环境下的激光器组件精度、真空环境下的融滴定向移动控制及其路径、过程控制机理等，探索金属材料在太空极端环境下增材制造的可行性；探索在外星球使用可利用资源进行原位打印的可行性，解决外星球的矿物成分、成因及冶炼条件与地球环境存在差异的问题，开展针对外星球重力下的打印材料组织性能问题、不同大气环境下的界面组织氧化问题以及大跨域温变环境下的打印工艺性能控制机理及其影响参数等研究。

8）智能化的微观机理与功能调控机制

智能材料所体现出的智能功能特性往往由其微观层面上的物理与化学特性所决定，因此，进行材料智能化的微观机理研究，并在此基础上进行相应功能调控机制的研究，是智能材料4D 打印研究的基础内容；不同零件的功能需求对智能材料的选型和设计的要求有极大的不同，深入研究特定要求下的外界激励和自驱动形式与智能材料设计及其控制方法的关系，是建立 4D 打印技术材料与工艺体系的基本前提。

9）增材制造生物组织的功能再生调控与相融匹配性的设计机理

从非生命体打印向活性生命体打印转变是生物增材制造的发展方向。但生物增材制造的可降解支架、活性组织植入后在诱导新组织生长的同时会逐渐降解消失，如何实现增材制造的人工组织的力学、结构、材料及生物学的时效行为与缺损区组织功能相匹配，是决定修复成败的关键，有待深入研究与探索。多材料多结构梯度支架打印是解决软/硬组织界面固定的有效途径，这种梯度特性对多细胞分区成长、干细胞定向分化的影响需要从机理层面进一步明确。

10）增材制造器官血管化调控机理及智能传感支架脑机融合行为研究

在软质生物材料（如水凝胶）内部打印相互连通的微血管系统是增材制造技术从简单组织走向复杂器官的重大挑战，亟须深入理解血管微流道打印与营养供给、血管再生调控与机体血管系统建立循环的内在机理；开展微纳传感器件、神经单元和活性组织一体化增材制造研究，重点探索生物组织与器官功能的发挥受脑神经信号控制和支配的方法，深入理解生物组织再生的机理，促进人工组织与机体脑神经系统的融合的研究。

13.4.5 技术路线图的绘制

面向 2035 年的增材制造发展技术路线图如图 13-1 所示。

里程碑	子里程碑	2020年	2025年	2030年	2035年
目标	总体目标	增材制造产业预计将形成直接产值（装备与服务）达到500亿元，制造业扩散效益达5000亿元，增材制造产业链逐步形成，增材制造技术显著影响产品设计和日用品的制造模式，并成为航空航天等领域装备的重要制造手段。我国的增材制造产业总量进入第一方阵，整体技术水平达到国际先进水平		增材制造产业预计将形成直接产值（装备与服务）达到1000亿~1500亿元，制造业扩散效益达6000亿~10000亿元，形成完善的产业发展链，在大型飞机、重型运载火箭、船舶、核电等重大装备制造工程化应用，在装备研发与生产、适用材料和高尖端领域应用方面与美国并驾齐驱，在增材制造的创材创生方面，走上引领国际发展的轨道，在优异材料研发、材料结构一体化制造、产品与装备大规模跨越性创新、医疗和生命科学方面形成重大效益，成为制造业异军突起的重要领地	
	子目标		掌握高性能大型复杂整体关键构件增材制造变形开裂预防、力学性能控制、大型装备研发、技术标准建立等关键技术，实现其在飞机、航空发动机、导弹、卫星、船舶、轨道交通等重大设备中的工程应用		
		初步实现复合材料增材制造的规模化产业应用，在树脂基、金属基、陶瓷基等复合材料打印方面都有一定的技术储备和工程应用，特别在航空方面能够实现常规复合材料的代替品，满足苛刻运行条件下复合材料制备	实现复合材料增材制造技术突破，在材料工艺控制、低成本、材料质量可靠性等方面基本成熟，成为复合材料制备方法中重要的手段，并在汽车、船舶、飞机等载人器件上有大量应用极大的促进复合材料的应用范围和可靠性		
		建立微纳增材制造材料体系，通过扩展现有增材制造的制造精度至微纳尺度及将现有平面微纳制造技术融入三维增材制造思想，发展新型微纳增材制造技术，提高微纳3D打印增材制造精度和制备性能	满足新器件、新材料、新能源等领域对微纳3D打印的需求，实现微纳3D打印在国防、通信能源、航空航天、智能传感器、高清显示器、生物医疗等众多领域应用		
		突破太空微重力、大温变、强辐射和高真空等极端环境下增材制造关键工艺技术、开发适合太空增材制造的专有材料体系、研制太空增材制造打印专用设备	实现太空超大型装备的在轨制造与原位修复。实现地面大型装备的太空制造突破性进展		实现外星材料原位增材制造
		初步建立4D打印技术材料与工艺体系，研究并解决4D打印的相关核心科学问题与关键技术，初步实现4D打印技术的工程化应用	完善我国4D打印技术材料与工艺体系，实现4D打印技术在环境自适应机构、结构健康监测、柔性机械、自执行系统等领域的大范围工程化应用，并以此为契机，促进传统制造业进行创新变革与新型应用		
		实现个性化非活性增材制造医疗产品的大规模临床应用，增材制造的可降解组织支架、活性简单组织进入临床试验阶段，复杂细胞、器官打印模型应用于新药研发领域	阐明微观结构与组织转化再生的关系，攻克多材料、多结构、多尺度、多细胞生物增材制造的工艺与装备瓶颈，增材制造的血管化器官进入动物实验阶段，发展精确化、智能化生物增材制造技术，探索组织与神经复合再生难题，发展体内增材制造技术		

图 13-1 面向 2035 年的增材制造发展技术路线图

13 面向 2035 年的增材制造发展技术路线图

里程碑	子里程碑	2020年	2025年	2030年	2035年

需求

- 航空航天、船舶及核工业等先进工业装备的高性能构件多服役于苛刻环境，一般具有超强承载，极端耐热、超高精度、超轻量化和高可靠性等要求。现有的构件制备、性能控制存在几方面的问题，如多重能量场对构件制备性能的耦合影响、制备工艺的约束，无法对构件进行精确的控形控性。因此实现材料与结构一体化设计，对材料与结构进行优化，提高组织与性能的协调性及对构件性能的精确控制是未来增材制造领域的发展方向

- 航空航天、汽车产品为实现轻量化和高性能化，需要构建大量使用复合材料和复合结构，采用增材制造技术进行复合材料与复合材料的制备，可方便地实现方向性强化、局部增强、粒子弥散、多层复合等。复合材料与复合结构增材制造可以实现材料性能的取长补短和功能协同，也是高性能新材料发展的重要方向之一，对复合材料材料增材制造具有重大需求

- 智能装备创新设计需要包括微纳传感器、微流控器件、微光学系统、微纳光机电系统、光电子器件等多品种、小批量的微纳器件，组织工程、人工晶体、隐身材料、定向辐射、光频超磁性等新型超材料开发等方面需要的纳-微-宏尺度结构，国防、通信、能源、航空航天、生物、医疗、电子、柔性智能器件等领域对微纳增材制造具有重大需求

- 长期在轨居留的物资和生命保障、空间应用设施（卫星）的建造、太阳系内星球探索基地建设和运行，很大程度依赖于如何实现高效、可靠、低成本的"空间制造"，从而克服现有火箭运载方式在载重、体积、成本上对空间探索活动的限制，以获得深空探索所需的运载平台、工具与装备。外星材料原位制造、地面装备的太空增材制造等具有重要需求

- 在军事领域：未来的国防军事对装备的智能化和先进性提出极高的要求，而4D打印能够制造具有智能变形的结构体，在该领域具有巨大的发展空间；在民用领域：对于增材制造强国的中国而言，发展4D打印技术将成为未来社会经济发展的重要契机，可以作为传统制造业的变革方向和新技术创业者的导引

- 生命与健康成为人类的最大需求，人体组织与器官缺损对现代医疗修复技术提出了巨大挑战。生物增材制造技术与装备作为实现个性化医疗修复的重要技术手段，有望实现生命体的工程化制造，因而成为各国竞相发展的前沿制造技术，生物增材制造技术的创新与跨代突破是满足人类生命健康巨大需求的重要保障

重点任务与关键技术

增材制造材料基因组
- 高通量集成计算与材料设计平台
- 基于材料基因组织的新型增材制造材料研发与制备
- 增材制造材料基因组性能数据库建设
- 增材制造控形控性技术

金属增材制造
- 高性能大型金属增材制造材料及装备研发
- 非晶合金、高熵合金增材制造材料与装备研发
- 高性能复杂承力构件材料-结构一体化设计理论与方法
- 高性能金属构件工程化应用及功能评价

复合材料与复合结构增材制造
- 多尺度相异质材料融入、铺放、界面应力应变与工艺控制技术
- 复合材料增材制造、工艺与装备
- 功能梯度材料、结构增材制造技术
- 复合材料与复合结构设计与评测技术
- 复合材料增材制造工程化应用及功能评价

微纳增材制造
- 面向微纳尺度增材制造的喷头设计和制造技术、驱动控制技术、喷射成形技术
- 高效、低成本、高精度微纳增材制造工艺开发
- MEMS传感器、芯片增材制造技术
- 微纳增材制造技术工程化应用及功能评价

太空增材制造
- 空间环境增材制造材料、工艺与装备
- 外星材料原位增材制造技术
- 空间废弃物利用再制造技术
- 超大型装备空间制造技术

图 13-1 面向 2035 年的增材制造发展技术路线图（续）

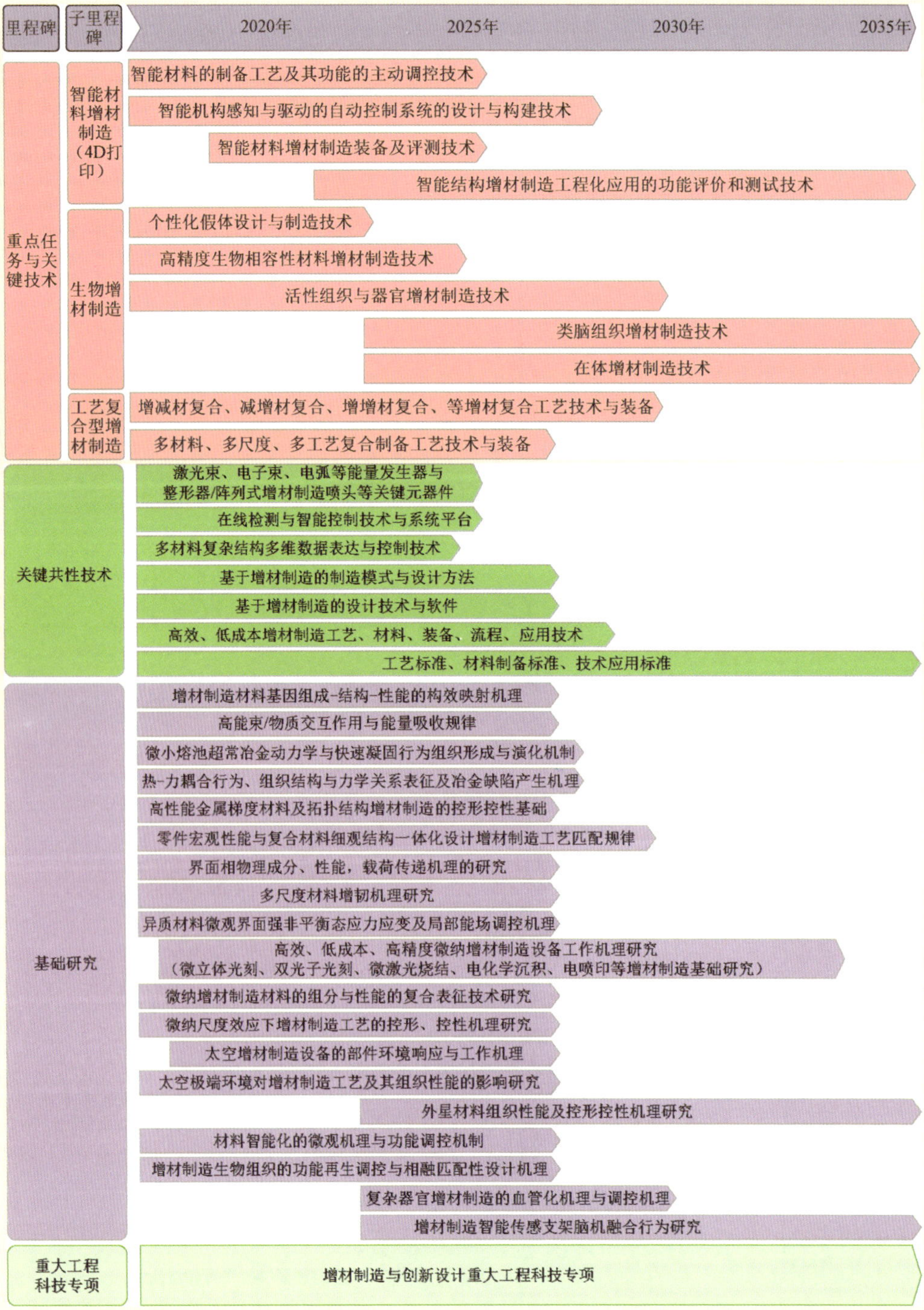

里程碑	子里程碑	2020年 — 2025年 — 2030年 — 2035年
重点任务与关键技术	智能材料增材制造（4D打印）	智能材料的制备工艺及其功能的主动调控技术 智能机构感知与驱动的自动控制系统的设计与构建技术 智能材料增材制造装备及评测技术 智能结构增材制造工程化应用的功能评价和测试技术
	生物增材制造	个性化假体设计与制造技术 高精度生物相容性材料增材制造技术 活性组织与器官增材制造技术 类脑组织增材制造技术 在体增材制造技术
	工艺复合型增材制造	增减材复合、减增材复合、增增材复合、等增材复合工艺技术与装备 多材料、多尺度、多工艺复合制备工艺技术与装备
关键共性技术		激光束、电子束、电弧等能量发生器与整形器/阵列式增材制造喷头等关键元器件 在线检测与智能控制技术与系统平台 多材料复杂结构多维数据表达与控制技术 基于增材制造的制造模式与设计方法 基于增材制造的设计技术与软件 高效、低成本增材制造工艺、材料、装备、流程、应用技术 工艺标准、材料制备标准、技术应用标准
基础研究		增材制造材料基因组成-结构-性能的构效映射机理 高能束/物质交互作用与能量吸收规律 微小熔池超常冶金动力学与快速凝固行为组织形成与演化机制 热-力耦合行为、组织结构与力学关系表征及冶金缺陷产生机理 高性能金属梯度材料及拓扑结构增材制造的控形控性基础 零件宏观性能与复合材料细观结构一体化设计增材制造工艺匹配规律 界面相物理成分、性能、载荷传递机理的研究 多尺度材料增韧机理研究 异质材料微观界面强非平衡态应力应变及局部能场调控机理 高效、低成本、高精度微纳增材制造设备工作机理研究 （微立体光刻、双子光刻、微激光烧结、电化学沉积、电喷印等增材制造基础研究） 微纳增材制造材料的组分与性能的复合表征技术研究 微纳尺度效应下增材制造工艺的控形、控性机理研究 太空增材制造设备的部件环境响应与工作机理 太空极端环境对增材制造工艺及其组织性能的影响研究 外星材料组织性能及控形控性机理研究 材料智能化的微观机理与功能调控机制 增材制造生物组织的功能再生调控与相融匹配性设计机理 复杂器官增材制造的血管化机理与调控机理 增材制造智能传感支架脑机融合行为研究
重大工程科技专项		增材制造与创新设计重大工程科技专项

图 13-1　面向2035年的增材制造发展技术路线图（续）

13.5 战略支撑与保障

1. 夯实基础，补齐短板，加强基础与关键技术的研究

加强多类别增材制造的控形控性机理研究，重点开展高性能金属增材制造、复合材料增材制造、太空增材制造、生物增材制造的基础研究，服务于工艺创新、装备创新及应用创新。加强增材制造核心元器件如激光束/电子束/等离子弧/电弧等能量发生器与整形器、高精度运动控制组件、装备控制芯片及软件等关键核心元器件开发；加强重点应用方向的创新型工艺开发及装备研发；加强增材制造材料研发与制备技术研究。形成关键技术、重点装备、适用材料体系，避免空心化发展。

2. 提高站位，自主研发，服务国家重大需求

自中美贸易战以来，由于增材制造技术对航空航天等战略性重大装备的发展有重大作用，美国对部分增材制造技术和装备实施了禁运。我们必须瞄准国家战略需求，开展航空航天、航海、核电、高铁、医疗等重要应用领域需求的针对性研究，发展优质（高性能材料：轻量化、高强度、高耐温等）、高效、低成本、宏微观结构的增材制造创新技术，形成"增材制造+"的全面创新的局面，引领制造业的创新发展。

3. 创新驱动，人才为本，加强复合型人才的培养

加强增材制造领域的高端人才引进，加强研究型、应用型、复合型多层次人才培养，开展基础教育阶段创新设计教育，培养创新意识。

4. 拓宽渠道，共赢共享，破解制约产业发展的瓶颈

通过政策引导，鼓励金融机构与基金对增材制造领域早期投入，防范国际金融机构与增材制造行业国际大公司对国内优质技术与企业的并购和空间挤压；优先加大对增材制造行业原创性科研项目与重大产业化应用项目方面的扶持力度，帮助企业破解在核心技术掌握和发展资金方面的瓶颈。

5. 集中发展，重点布局，推进集散制造模式建设

建立增材制造技术服务中心，在创新设计集中区域、创客空间等区域布局增材制造设备，为创新设计提供优质服务。在全国建立增材制造技术应用的示范中心，展示"增材制造+"对目标行业的创新应用、转型升级产生的影响和成效。鼓励增材制造技术与不同行业进行应用结合，推动产业发展。通过服务中心、示范中心、创客空间、家庭等多点布局，实现分布式制造的基础格局。

6. 完善法律，规范市场，加强知识产权保护

增材制造影响下的集散制造模式使得产品的设计和制造更加自由，在数据安全、知识产权、社会安全等方面提出了新的要求。应加快完善适合增材制造的法律法规，规范市场行为和个体行为，加强知识产权保护，加快增材制造相关专利的审批进度，促进产业健康发展。加快增材制造医疗器械的审批，加强医疗领域增材制造应用的监管，促进增材制造技术安全、高效地为生命健康服务。

7. 集中扶持，行业立项，进行有组织的创新

在具有显著应用前景的航空航天、军工、医疗和高附加值民用产品等领域，选择资源与配套条件较好、前期技术积累较强且科研院所与优质企业相对集中的地区，以此为依托，整合和建立开放性的研究中心与产业园区，针对与国家创新发展相关的典型尖端问题，设立专项，进行有组织的创新。

结合国家的长远发展和重大利益设立专项，针对重大工程、重大需求和重大装备进行源头创新，破除关键技术壁垒和规模产业化技术瓶颈。

第13章编写组成员名单

组　长：卢秉恒

成　员：王华明　吕　坚　林　峰　史玉升　黄卫东　张丽娟　李涤尘　马宏伟
　　　　魏正英　林　鑫　贺健康　田小永　冷劲松　连　芩　闫春泽　杨　静
　　　　陆　声　杜宝瑞　王德福　赵　新　陈盛贵

执笔人：曹　毅　梁吉祥

参 考 文 献

第 1 章

[1] Georghiou L. The UK technology foresight programme[J]. Futures, 1996, 28(4): 359-377.
[2] Martin B. Technology foresight in a rapidly globalizing economy[J]. 2001.
[3] Pietrobelli C, Puppato F. Technology foresight and industrial strategy[J]. Technological Forecasting and Social Change, 2016, 110(3): 117-125.
[4] Quiroga M C, Martin D P. Technology foresight in traditional Bolivian sectors: innovation traps and temporal unfit between ecosystems and institutions[J]. Technological Forecasting and Social Change, 2016: S0040162516301329.
[5] Phaal R, Farrukh C, Probert D. Roadmapping for strategy and innovation[J]. University of Cambridge, 2010.

第 2 章

[1] 国家发展改革委. 关于当前更好发挥交通运输支撑引领经济社会发展作用的意见[EB/OL]. [2015-5-27]. https://www.ndrc.gov.cn/xxgk/zcfb/tz/201505/t20150527_963843.html.
[2] 中共中央、国务院. 中共中央 国务院印发《国家新型城镇化规划（2014－2020 年）》[EB/OL]. [2014-3-16]. http://www.gov.cn/gongbao/content/2014/content_2644805.htm.
[3] 中共中央、国务院. 关于加快推进生态文明建设的意见[EB/OL]. [2015-4-25]. http://www.gov.cn/xinwen/2015-05/05/content_2857363.htm .
[4] 国务院. 国务院关于积极推进"互联网+"行动的指导意见[EB/OL]. [2015-7-4]. http://www.gov.cn/zhengce/content/2015-07/04/content_10002.htm.
[5] 国务院. 国家中长期科技和技术发展规划纲要（2006-2020 年）[EB/OL]. [2016-2-9]. http://www.gov.cn/jrzg/2006-02/09/content_183787.htm.
[6] 国务院. 国务院关于印发《中国制造 2025》的通知[EB/OL]. [2015-5-9]. http://www.gov.cn/zhengce/content/2015-05/19/content_9784.htm.
[7] 张军, 王云鹏, 鲁光泉, 等. 中国综合交通运输工程科技 2035 发展战略研究[J]. 中国工程科学, 2017, 19(1): 43-49.
[8] "中国工程科技发展战略研究"总体项目组. 支撑强国目标的中国工程科技发展战略路径谋划[J]. 中国工程科学, 2017, 19(1): 27-33.
[9] Sun L, Yin Y. Discovering themes and trends in transportation research using topic modeling[J]. Transportation Research Part C: Emerging Technologies, 2017, 77: 49-66.
[10] 宿凤鸣. 中国交通 2050 现代化发展愿景[J]. 综合运输, 2017, 39(06): 8-10+14.
[11] Traffic Beyond. 2045: Trends and choices[J]. US Department of Transportation, 2015.
[12] Act S T. Fixing America's surface transportation act[C]. Washington: 114th Congress of the United States of America, 2015.
[13] Transportation government. US department of transportation. Research, development and technology strategic plan (FY 2017-2021) [EB/OL]https://www.transportation.gov/administrations/assistant-secretary-research-and-technology/dot-five-year-rdt-strategic-plan
[14] Group U S F T A. Vision 2050: an integrated national transportation system[J]. Environmental Policy Collection, 2001.
[15] EC-European Commission. Roadmap to a single European transport area-towards a competitive and resource efficient transport system[J]. White Paper, Communication, 2011.

第 3 章

[1] Howe B M, Lukas R, Duennebier F, et al. Aloha cabled observatory installation[C]. Santander: Oceans. IEEE, 2011:1-11.
[2] 杨璐, 黄海燕, 李潇, 等. 德国海洋生态环境监测现状及对我国的启示[J]. 海洋环境科学, 2017, 36(5): 796-800.
[3] Toma D M, Río J D, Carreras N, et al. Multi-platform underwater passive acoustics instrument for a more cost-efficient

[4] 姜华荣. 德国环保状况与海洋环境保护[J]. 海洋技术学报, 2004, 23(1): 106-108.

[5] 中国科学院对地观测与数字地球科学中心.加拿大海洋观测网络 2011—2016 年战略及管理计划[EB/OL].[2012-1-9]. http://www.ceode.cas.cn/qysm/qydt/201201/t20120109_3424854.html

[6] "中国工程科技发展战略研究"海洋领域课题组. 中国海洋工程科技 2035 发展战略研究[J].中国工程科学, 2017, 19(1): 108-117.

[9] Hartman S E, Lampitt R S, Larkin K E, et al. The porcupine abyssal plain fixed-point sustained observatory (PAP-SO): variations and trends from the Northeast Atlantic fixed-point time-series[J]. Ices Journal of Marine Science Journal Du Conseil, 2012, 69(5): 776-783.

[10] Shapiro A C, Nijsten L, Schmitt S, et al. GLOBIL: WWF's global observation and biodiversity information portal[J]. ISPRS - International Archives of the Photogrammetry, Remote Sensing and Spatial Information Sciences, 2015, XL-7/W3(7): 511-514.

[11] Orych A, Walczykowski P, Jenerowicz A. Using XEVA video sensors in acquiring spectral reflectance coefficients[C]. Hong Kong: The International Conference Environmental Engineering, 2014.

[12] Allen S. Australia's integrated marine observing system observation methods and technology review[C]. Santander: Oceans. IEEE, 2011:1-3.

[13] 彭望琭. 遥感概论[M]. 北京: 高等教育出版社, 2002.

[14] Wilson M E, Mcclain C, Monosmith B, et al. Optical design of the ocean radiometer for carbon assessment[C]. SPIE Optical Engineering + Applications. International Society for Optics and Photonics, 2011:81530S-81530S-8.

[15] Li X, Wang Z, Chen C. Observations of atmospheric trace gases by MAX-DOAS in the coastal boundary layer over Jiaozhou Bay[J]. Proceedings of SPIE - The International Society for Optical Engineering, 2014, 9299(3): 92990L-92990L-9.

[16] Wang M, Son S H, Shi W. Observations of ocean diurnal variations from the Korean geostationary ocean color imager (GOCI)[C]. SPIE Sensing Technology + Applications. 2014:911102.

[17] Gayathri C B, Singh D, Dhanusha M D S, et al. Design of high speed underwater optical communication using on-off keying algorithm[C]. International Conference on Communications and Signal Processing. IEEE, 2015: 1355-1360.

[18] 马永波. 钻井船建造关键技术研究[D]. 哈尔滨: 哈尔滨工程大学, 2011.

[19] 赵伟国, 刘玉田, 王伟胜. 海洋可再生能源发电现状与发展趋势[J]. 智能电网, 2015, 3(6): 493-499.

[20] 傅晓洲. 大洋多金属结核的形成机理研究概述[J]. 科技传播, 2012(13): 111-113.

[21] 肖业祥, 杨凌波, 曹蕾等. 海洋矿产资源分布及深海扬矿研究进展[J]. 排灌机械工程学报, 2014, 32(4): 319-326.

[22] 方银霞, 金翔龙, 黎明碧. 天然气水合物的勘探与开发技术[J]. 中国海洋平台, 2002, 17(2): 13-17.

[23] 张焕芝, 何艳青, 孙乃达, 等. 天然气水合物开采技术及前景展望[J]. 石油科技论坛, 2013, 32(6): 15-19.

[24] 周剑秋, 尹侠, 李庆生, 等. 海洋天然气水合物模拟设备的开发及应用[J]. 石油机械, 2006, 34(7): 22-24.

[25] 江发昌. 无线充电传感器网络系统及应用[D]. 杭州: 浙江大学, 2012.

[26] 朱光文. 海洋环境监测与现代传感器技术[J]. 海洋技术学报, 2000, 19(3): 38-43.

[27] 微迷网.智能传感器研究现状及发展前景分析[EB/OL]. [2018-4-10]. http://news.21csp.com.cn/c16/201804/11368285.htm.

[28] 田宝强. 波浪驱动无人水面机器人关键技术研究[D]. 沈阳: 中国科学院沈阳自动化研究所, 2015.

第 4 章

[1] Kaiwartya O, Abdullah A H, Cao Y, et al. Internet of vehicles: motivation, layered architecture, network model, challenges and future aspects[J]. IEEE Access, 2016, 4: 5356-5373.

[2] Palmisano S J. A smarter planet: the next leadership agenda[J]. IBM, 2008, 6: 1-8.

[3] Vermesan O, Friess P, Guillemin P, et al. Internet of things strategic research roadmap[J]. Internet of Things-global Technological and Societal Trends, 2011, 1(2011): 9-52.

[4] 新华网. 中共中央 国务院印发《国家新型城镇化规划（2014-2020 年）》[J]. 人民政府公报, 2014(5): 7-7.

[5] Naranjo P G V, Pooranian Z, Shojafar M, et al. Focan: a fog-supported smart city network architecture for management of applications in the internet of everything environments[J]. Journal of Parallel and Distributed Computing, 2017.

[6] Shihan X, Dongdong H, Zhibo G. Deep-Q: traffic-driven QoS inference using deep generative network[C]. Budapest: ACM Conference on SIGCOMM, 2018.

[7] Rossini G, Rossi D. Evaluating CCN multi-path interest forwarding strategies[J]. Computer Communications, 2013, 36(7): 771-778.

[8] Perry J, Ousterhout A, Balakrishnan H, et al. Fastpass: a centralized zero-queue datacenter network[C]. ACM Conference on Sigcomm, 2014.

[9] Zorzi M, Zanella A, Testolin A, et al. Cognition-based networks: a new perspective on network optimization using learning and distributed intelligence[J]. IEEE Access, 2015, 3: 1512-1530.

[10] Liang K, Zhao L, Chu X, et al. An integrated architecture for software defined and virtualized radio access networks with fog computing[J]. IEEE Network, 2017, 31(1): 80-87.

[11] Wang L, Jajodia S, Singhal A, et al. K-zero day safety: a network security metric for measuring the risk of unknown vulnerabilities[J]. IEEE Transactions on Dependable and Secure Computing, 2014, 11(1): 30-44.

[12] Suthaharan S. Big data classification: Problems and challenges in network intrusion prediction with machine learning[J]. ACM Sigmetrics Performance Evaluation Review, 2014, 41(4): 70-73.

[13] Cahn A, Hoyos J, Hulse M, et al. Software-defined energy communication networks: From substation automation to future smart grids[C]. 2013 IEEE International conference on smart grid communications (SmartGridComm), 2013: 558-563.

[14] Shahriar N, Ahmed R, Chowdhury S R, et al. Generalized recovery from node failure in virtual network embedding[J]. IEEE Transactions on Network and Service Management, 2017, 14(2): 261-274.

第5章

[1] Nazemi H, Joseph A, Park J, et al. Advanced micro-and nano-gas sensor technology: a review[J]. Sensors, 2019, 19(6): 1285.

[2] Du C, Hu W, Wang Z L. Recent progress on piezotronic and piezo-phototronic effects in III-Group nitride devices and applications[J]. Advanced Engineering Materials, 2017: 1700760.

[3] 张霞. MEMS 微机械加速度计的研究现状综述[J]. 功能材料与器件学报, 2013, 19(6): 275-283.

[4] 蔡世波, 鲍官军, 胥芳, 等. 机器人柔顺关节研究综述[J]. 高技术通信, 2018, 28 (03): 233-243.

[5] 景军, 王晓聪, 徐永红, 等. 内嵌状态机的 MEMS 传感器及其在体位监测中的应用研究[J]. 高技术通信, 2018, 28 (03): 244-250.

[6] 赵正平. MEMS 智能传感器技术的新进展[J]. 微纳电子技术, 2019, 56 (1): 1-7.

[7] 盛文军. 压力传感器发展现状综述[J]. 科技经济导刊, 2018, 26(18): 38-54+56.

[8] Yamazaki H, Hayashi Y, Masunishi K, et al. A review of capacitive MEMS hydrogen sensor using Pd-based metallic glass with fast response and low power consumption[J]. Electronics and Communications in Japan, 2018.

[9] Sun S, Guo L, Chang X, et al. A wearable strain sensor based on the ZnO/graphene nanoplatelets nanocomposite with large linear working range[J]. Journal of Materials Science, 2019.

[10] Fuji Y, Hara M, Higashi Y, et al. An ultrasensitive spintronic strain-gauge sensor and a spin-MEMS microphone[J]. Electronics and Communications in Japan, 2019.

[11] JGuoqiang W, Beibei H, Don C D, et al. Development of 6-Degree-of-Freedom (DOF) inertial sensors with A 8-inch advanced MEMS fabrication platform[J]. IEEE Transactions on Industrial Electronics, 2018: 1-1.

[12] Chen F, Yuan W, Chang H, et al. Low noise vacuum MEMS closed-loop accelerometer using sixth-order multi-feedback loops and local resonator sigma delta modulator[C]. IEEE 27th International Conference on, 2014: 761-764.

[13] Liu H, Li Q, Zhang S, et al. Electrically conductive polymer composites for smart flexible strain sensors: a critical review[J]. Journal of Materials Chemistry C, 2018, 6(45): 12121-12141.

[14] Kim J, Campbell A S, Wang J. Wearable non-invasive epidermal glucose sensors: a review[J]. Talanta, 2018, 177: 163-170.

[15] Kassal P, Steinberg M D, Steinberg I M. Wireless chemical sensors and biosensors: a review[J]. Sensors and Actuators B:

[16] 闫继宏, 石培沛, 张新彬, 等. 软体机械臂仿生机理、驱动及建模控制研究发展综述[J]. 机械工程学报, 2018, 54(15): 1-14.

[17] 彭军, 李津, 李伟, 等. 柔性可拉伸应变传感器研究进展与应用[J]. 化工新型材料, 2018, 46(11): 39-43.

[18] Proctor T J, Knott P A, Dunningham J A. Multiparameter estimation in networked quantum sensors[J]. Physical review letters, 2018, 120(8): 080501.

[19] Kaur M, Kaur M, Sharma V K. Nitrogen-doped graphene and graphene quantum dots: a review on synthesis and applications in energy, sensors and environment[J]. Advances in colloid and interface science, 2018.

[20] 周奕华, 吴丽辉, 钱俊, 等. 基于石墨烯量子点的全印刷纸质生物传感器[J]. 南京工业大学学报 (自然科学版), 2018, 40(2): 137-144.

[21] 关磊, 郝达锦, 王莹, 等. 石墨烯量子点的制备及应用研究进展[J]. 化工新型材料, 2018, 46(4): 1-4.

[22] Li Z, Zhao L, Jiang Z, et al. Mechanical behavior analysis on electrostatically actuated rectangular microplates[J]. Journal of Micromechanics and Microengineering, 2015, 25(3): 035007.

[23] Li Z, Zhao L, Jiang Z, et al. Capacitive micromachined ultrasonic transducer for ultra-low pressure measurement: Theoretical study[J]. AIP Advances, 2015, 5(12): 127231.

[24] Zhao L, Hu Y, Hebibul R, et al. Density measurement sensitivity of micro-cantilevers influenced by shape dimensions and operation modes[J]. Sensors and Actuators B: Chemical, 2017, 245: 574-582.

第6章

[1] 俞珠峰. 洁净煤技术发展及应用[M]. 化学工业出版社, 2004.

[2] 樊金璐. 能源革命背景下中国洁净煤技术体系研究[J]. 煤炭经济研究, 2017(11):11-15.

[3] 彭苏萍等. "十三五"能源新技术战略性新兴产业培育与发展规划研究[M]. 北京：科学出版社, 2017.

[4] 彭苏萍, 张博, 王佟, 等. 煤炭资源可持续发展战略研究[M]. 北京：煤炭工业出版社, 2015.

[5] 彭苏萍等. 西部煤炭资源清洁高效利用发展战略研究[M]. 北京：科学出版社, 2019.

[6] 彭苏萍等. 能源新技术战略性新兴产业重大行动计划研究[M]. 北京：科学出版社, 2019.

[7] 彭苏萍. 煤炭资源强国战略研究[M]. 北京：科学出版社, 2018.

[8] 中国工程院, 国家自然科学基金委员会. 中国工程科技2035发展战略：能源与矿业领域报告[M]. 北京：科学出版社, 2019.

[9] 郭丹凝. 我国洁净煤技术预见研究[D]. 北京：中国矿业大学（北京）硕士研究生学位论文, 2018.

[10] 王恩现, 李贺, 李雪松, 郭丹凝, 孙旭东. 我国洁净煤技术研究的文献计量与可视化分析[J]. 煤炭经济研究, 2019, 39(12):41-47.

[11] 张军. 培育与发展煤炭洁净转化战略性新兴产业的思考[J]. 神华科技, 2015(2): 3-6.

[12] 周一工, 徐炯. 700℃高效超超临界火力发电技术发展的概述[J]. 上海电气技术, 2012, 5(2): 50-54.

[13] 黄瓯, 彭泽瑛. 700℃高超超临界技术的经济得益分析[J]. 热力透平, 2010(3): 170-174.

[14] Gierschner G, Ullrich C, Tschaffon H. Development of the 700℃ coal power plant from the perspective of an European utility[C]. 4th Eu South Africa Clean Coal Working Group Meeting Johannesburg , 2012:48.

[15] 钟犁, 肖平, 江建忠,等. 我国700℃关键部件验证试验平台方案设计及建设试运相关问题研究[J]. 中国电机工程学报, 2017(6): 1739-1745.

[16] 许世森. 整体煤气化联合循环(IGCC)发电工程[M]. 中国电力出版社, 2010.

[17] 中国工程科技发展战略研究院. 2019中国战略性新兴产业发展报告[M]. 北京：科学出版社, 2018.

[18] 叶云云, 廖海燕, 王鹏, 等. 我国燃煤发电CCS/CCUS技术发展方向及发展路线图研究[J]. 中国工程科学, 2018, 20(3): 80-89.

[19] 张博, 郭丹凝, 彭苏萍. 中国工程科技能源领域 2035 发展趋势与战略对策研究[J]. 中国工程科学, 2017, 19(1), 64-72.

[20] 张博, 彭苏萍, 王佟, 宋梅. 构建煤炭资源强国的战略路径与对策研究[J]. 中国工程科学, 2019 21(1), 88-96.

[21] 袁亮, 张平松. 煤炭精准开采地质保障技术的发展现状及展望[J]. 煤炭学报, 2019,44(08):2277-2284.

第7章

[1] Z Sun, Y Xiao, H Agterhuis, J Sietsma, Y Yang. Recycling of metals from urban mines–a strategic evaluation[J]. Journal of Cleaner Production, 2016, 112: 2977-2987.

[2] Bhutta M, Omar A, Yang X. Electronic waste: a growing concern in today's environment[J]. Economics Research International, 2011.

[3] 中国科学院先进制造领域战略研究组. 科学技术与中国的未来：中国至 2050 年先进制造技术发展路线图[M]. 北京: 科学出版社, 2009.

[4] 中国科学院化学学部, 国家自然科学基金委化学科学部. 展望 21 世纪的化学工程[M], 北京: 化学工业出版社, 2004.

[5] 中国科学院. 2006 高技术发展报告. 北京: 科学出版社, 2007.

[6] 陈家镛. 湿法冶金手册. 北京: 冶金工业出版社, 2005.

[7] 张懿. 绿色过程工程[J]. 过程工程学报, 2001, 1 (1): 10-15.

[8] 国务院.《国家中长期科学和技术发展规划纲要（2006-2020 年）》[EB/OL]. http://www.gov.cn/gongbao/content/2006/content_240244.htm.

[9] 国务院. 国务院关于印发《中国制造 2025》的通知[EB/OL]. [2015-5-19] http://www.gov.cn/zhengce/content/2015-05/19/content_9784.htm.

第8章

[1] Allen M R, Ingram W J. Constraints on future changes in climate and the hydrologic cycle[J]. Nature, 2002, 419(6903): 224-232.

[2] Arnold J G, Williams J R, Maidment D A. Continuous-time water and sediment routing model for large basins[J]. Journal of Hydraulic Engineering, 1995, 21(2): 171-183.

[3] Barnett T P, Pierce D W, Hidalgo H G, et al.. Human-induced changes in the hydrology of the western United States[J]. Science, 2008, 319(5866): 1080-1083.

[4] Fu B J, Wang S, Liu Y, et al. Hydrogeomorphic ecosystem responses to natural and anthropogenic changes in the Loess Plateau of China[J]. Annual Review of Earth and Planetary Sciences, 2017, 45: 223-243.

[5] Gao P, GeiSSen V, Ritsema C J, et al. Impact of climate change and anthropogenic activities on stream flow and sediment discharge in the Wei River basin, China[J]. Hydrology and Earth System Sciences, 2013, 17(3): 961-972.

[6] Jia Y, Wang H, Zhou Z, et al. Development of the WEP-L distributed hydrological model and dynamic assessment of water resources in the Yellow River basin[J]. Journal of Hydrology, 2006, 331(3-4):0-629.

[7] Nijssen B, O' Donnell G M, Hamlet A F, et al. Hydrologic sensitivity of global rivers to climate change[J]. Climatic Change, 2001(50): 143-175.

[8] Walling D E. Recent trends in the suspended sediment loads of the world's rivers[J]. Global and Planetary Change, 2003, 39(1): 111-126.

[9] Wang S, Fu B, Piao S, et al. Reduced sediment transport in the Yellow River due to anthropogenic changes[J]. Nature Geoscience, 2015.

[10] Shilong P, Philippe C, Yao H, et al. The impacts of climate change on water resources and agriculture in China[J]. Nature, 2010, 467(7311):43-51.

[11] Taikan O, Shinjiro K. Global hydrological cycles and world water resources[J]. Science, 2006, 313(5790): 1068-1072.

[12] Yu Xinxiao, Zhang Xiaoming, Niu Lili. Simulated multi-scale watershed runoff and sediment production based on GeoWEPP model[J]. International Journal of Sediment Research,2009, 24(4):465-478.

[13] 胡春宏. 黄河泥沙优化配置[M]. 北京: 科学出版社, 2012.

[14] 胡春宏. 黄河水沙变化与治理方略研究[J]. 水力发电学报, 2016, 35(10): 1-11.

[15] 胡春宏, 王延贵, 张燕菁, 等. 中国江河水沙变化趋势与主要影响因素[J]. 水科学进展, 2010, 21(4): 524-532.

[16] 康玲玲, 张胜利, 魏义长, 等. 黄河中游水利水土保持措施减沙作用研究的回顾与展望[J]. 中国水土保持科学, 2010, 8(2): 111-116.

[17] 李鹏, 李占斌, 郑良勇, 等. 黄土坡面径流侵蚀产沙动力过程模拟与研究[J]. 水科学进展, 2006, 17(4): 444-449.

[18] 李铁键. 流域泥沙动力学机理与过程模拟[D]. 北京: 清华大学, 2008.

[19] 刘晓燕, 党素珍, 张汉. 未来极端降雨情景下黄河可能来沙量预测[J]. 人民黄河, 2016, 38(10): 13-17.

[20] 刘晓燕, 杨胜天, 李晓宇, 等. 黄河主要来沙区林草植被变化及对产流产沙的影响机[J]. 中国科学: 技术科学, 2015, 45(10): 1052-1059.

[21] 刘晓燕, 杨胜天, 王富贵, 等. 黄土高原现状梯田和林草植被的减沙作用分析[J]. 水利学报, 2014, 45(11): 1293-1300.

[22] 中国工程院战略咨询中心. 全球工程前沿[M]. 北京: 高等教育出版社, 2018.

[23] 史红玲, 胡春宏, 王延贵, 等. 黄河流域水沙变化趋势分析及原因探讨[J]. 人民黄河, 2014, 36(4): 1-5.

[24] 水利部黄河水利委员会. 黄河水沙变化研究[R], 2014.

[25] 水利部黄河水利委员会. 黄河流域综合规划（2012—2030 年）[M]. 郑州: 黄河水利出版社, 2013.

[26] 姚文艺, 冉大川, 陈江南. 黄河流域近期水沙变化及其趋势预测[J]. 水科学进展, 2013, 24(05): 607-616.

[27] 姚文艺, 焦鹏. 黄河水沙变化及研究展望[J]. 中国水土保持, 2016, 9: 55-64.

[28] 赵文林. 黄河泥沙[M]. 郑州: 黄河水利出版社, 1996.

[29] 张建云. 中国水文预报技术发展的回顾与思考[J]. 水科学进展, 2010, 21(4): 435-443.

[30] 张胜利, 康玲玲, 魏义长. 黄河中游人类活动对径流泥沙影响研究[M]. 郑州: 黄河水利出版社, 2010.

第9章

[1] 郭靓, 张东, 么遥, 等. 国际智慧城市发展趋势与启示[J]. 中国经贸导刊, 2018, 27: 35-36.

[2] 金世斌, 吴国玖, 黄莉. 智慧城市建设的国际经验与趋势展望[J]. 上海城市管理, 2016, 25(02): 12-17.

[3] 冷智花. 世界城市化发展路径及启示[N]. 中国社会科学报, 2017-06-12(7).

[4] Angelidou M. The role of smart city characteristics in the plans of fifteen cities[J]. Journal of Urban Technology, 2017(4): 3-28.

[5] Yamamura S, Fan L, Suzuki Y. Assessment of urban energy performance through integration of BIM and GIS for smart city planning[J]. Procedia engineering, 2017, 8: 1462-1472.

[6] Anthopoulos L G, Reddick C G. Smart city and smart government: synonymous or complementary[C]. Proceedings of the 25th International Conference Companion on World Wide Web. International World Wide Web Conferences Steering Committee, 2016, 6: 351-355.

[7] Bibri S E, Krogstie J. Smart sustainable cities of the future: an extensive interdisciplinary literature review[J]. Sustainable Cities and Society, 2017, 31: 183-212.

[8] Mehmood Y, Ahmad F, Yaqoob I, et al. Internet-of-things-based smart cities: Recent advances and challenges[J]. IEEE Communications Magazine, 2017, 9: 16-24.

[9] Petrolo R, Loscri V, Mitton N. Towards a smart city based on cloud of things, a survey on the smart city vision and paradigms[J]. Transactions on Emerging Telecommunications Technologies, 2017, 1: 16-26.

[10] 邓跃进, 龚婧. 地理信息与位置服务标准在智慧城市中的应用[J]. 信息技术与标准化, 2017, 10: 21-24.

[11] 陈爱明. 智慧城市中 5G 移动通信网络规划分析[J]. 现代工业经济和信息化, 2018, 8(18): 116-117.

[12] 赵强. 打造智慧城市, 为美好生活赋能[N]. 中国自然资源报, 2019-03-12(3).

[13] 王立河, 陈伟, 谷国栋. "智慧吉首"大数据分析平台功能设计[J]. 智能建筑与智慧城市, 2019, 2: 68-69+75.

[14] 黄智生. 大数据时代的语义技术[J]. 数字图书馆论坛, 2016, 10: 9-15.

[15] 孙芊, 马建伟, 李强, 等. 面向智慧城市的电力数据挖掘多场景应用[J]. 电力系统及其自动化学报, 2018, 30(08): 119-125.

[16] 王楷源. 大数据在智慧城市中的应用——以交通系统为例[J]. 中国建材, 2018, 9: 139-141.

[17] 朱哲. 大数据时代背景下智慧城市的规划[J]. 智能城市, 2018, 4(4): 5-6.

[18] 魏福生, 杨小雄, 黄汉华. 无人机倾斜摄影测绘技术在城市实景三维建模中的应用[J]. 经纬天地, 2018, 5: 3-7.

[19] 牛强, 卢相一, 魏伟. 虚拟智慧城市初论——基于虚拟城市空间的智慧城市建设方式探索[J]. 城市建筑, 2018, 284(15): 26-30.

[20] Al Nuaimi E, Al Neyadi H, Mohamed N, et al. Applications of big data to smart cities[J]. Journal of Internet Services and Applications, 2015, 1: 25-31.

[21] 席广亮, 甄峰, 罗亚, 等. 智慧城市支撑下的"多规合一"技术框架与实现途径探讨[J].科技导报, 2018, 36(18): 63-70.

[22] 黄奇帆. 智慧城市是创新 2.0 时代的城市形态[J]. 办公自动化, 2015, 3: 9-11.

[23] 栾恩杰, 袁建华, 满璇, 等. 中国经济社会发展对工程科技 2035 的需求分析[J]. 中国工程科学, 2017, 19(1): 21-26.

[24] Ahvenniemi H, Huovila A, Pinto-Seppä I, et al. What are the differences between sustainable and smart cities[J]. Cities, 2017, 60: 234-245.

[25] 隋广钺. 新形势下海绵城市建设要点分析研究[J]. 城市建设理论研究(电子版), 2018, 18: 178-182.

[26] 张湘勇, 董志刚, 刘沙沙. 智慧城市从"安全"开始[J]. 保密工作, 2019, 1: 24-26.

[27] 许守任, 安达, 梁智昊. 面向 2035 的信息与电子领域技术预见分析[J]. 中国电子科学研究院学报, 2016, 11(4): 366-370.

[28] 徐辉, 贾鹏飞. 面向城市规划的大数据技术应用探讨[J]. 北京规划建设, 2017, 6: 67-71.

[29] Capdevila I, Zarlenga M I. Smart city or smart citizens? The Barcelona case[J]. Journal of Strategy and Management, 2015, 3: 266-282.

[30] 曹莉, 景悦林. 感知泛在物联网[J]. 通信电源技术, 2011, 28(3): 84-86.

[31] Marouli C, Lytras M. Smart cities and internet technology research for sustainable and inclusive development[J]. E-Planning and Collaboration: Concepts, Methodologies, Tools and Applications: Concepts, Methodologies, Tools and Applications, 2018, 10: 434-440.

[32] 陈帮鹏. "大数据"时代的计算机信息处理技术探讨[J]. 科技风, 2019, 8: 95-102.

[33] Elhoseny H, Elhoseny M, Riad A M, et al. A framework for big data analysis in smart cities[C]. International Conference on Advanced Machine Learning Technologies and Applications. Springer, Cham, 2018, 10: 405-414.

[34] 王振宇, 高东健. 智慧城市大数据平台[J]. 中国新通信, 2018, 19: 30-34.

[35] Cheng B, Longo S, Cirillo F, et al. Building a big data platform for smart cities: experience and lessons from santander[C]. 2015 IEEE International Congress on Big Data, 2015: 592-599.

[36] 张城恺, 王峥, 龚轶. 智慧城市建设新进展[J]. 经济师, 2018, 11: 20-22+27.

[37] Sta H B. Quality and the efficiency of data in "Smart-Cities"[J]. Future Generation Computer Systems, 2017, 12: 409-416.

[38] 万碧玉. 城市仿真助力新型智慧城市建设[J]. 中国建设信息化, 2018, 21: 14-15.

[39] Koutsopoulos I, Papaioannou T G, Hatzi V. Modeling and optimization of the smart grid ecosystem[J]. Foundations and Trends in Networking, 2016, 10(2-3): 115-316.

[40] 张劲文, 江波, 吴晓敏, 等. 新时代、新征程——数字中国、智慧社会——2018(第四届)中国智慧城市国际博览会取得丰硕成果[J]. 中国经贸导刊, 2018, 25: 47-50.

[41] 习近平. 决胜全面建成小康社会 夺取新时代中国特色社会主义伟大胜利——在中国共产党第十九次全国代表大会上的报告[N]. 人民日报, 2017-10-28(1-5).

[42] "中国工程科技 2035 发展战略研究"总体项目组. 支撑强国目标的中国工程科技发展战略路径谋划[J]. 2017, 19, 1: 27-33.

[43] 桂德竹, 张成成. 测绘地理信息助力"数字城市"向"智慧城市"转型升级的若干思考[R] //徐德明, 王春峰, 张辉峰, 等. 智慧中国地理空间智能体系研究报告[M]. 北京: 社会科学文献出版社, 2012.

第 10 章

[1] 秦大河, Thomas S. IPCC 第五次评估报告第一工作组报告的亮点结论[J]. 气候变化研究进展, 2014, 10(1): 1-6.

[2] 丁一汇, 任国玉, 石广玉 等. 气候变化国家评估报告（Ⅰ）:中国气候变化的历史和未来趋势[J]. 气候变化研究进展, 2006, 1: 3-8+50.

[3] 刘洋, 王占海, 姜文来, 等. 1956—2009 年东北地区热量资源时空变化特征分析[J]. 中国农业资源与区划, 2013, 34(2): 13-20.

[4] 肖辉林, 郑习健. 土壤变暖对土壤微生物活性的影响[J]. 土壤与环境, 2001, 2: 138-142.

[5] Piao S, Ciais P, Huang Y, et al. The impacts of climate change on water resources and agriculture in China. Nature, 2010, 467(7311): 43-51.

[6] Shi P, Wang B, Ayres M P, et al. Influence of temperature on the northern distribution limits of scirpophaga incertulas walker (Lepidoptera: Pyralidae) in China. Journal of Thermal Biology, 2012, 37(2): 130-137.

[7] 覃志豪, 唐华俊, 李文娟. 气候变化对我国粮食生产系统影响的研究前沿[J]. 中国农业资源与区划, 2015, 1: 1-8.

[8] 李正国, 唐华俊, 杨鹏, 等. 东北三省耕地物候期对热量资源变化的响应[J]. 地理学报, 2011, 66(7): 928-939.

[9] Zhao C, Liu B, Piao S, et al. Temperature increase reduces global yields of major crops in four independent estimates[J]. Proceedings of the National Academy of Sciences, 2017, 114(35): 9326-9331.

[10] 李正国, 杨鹏, 周清波, 等. 基于时序植被指数的华北地区作物物候期/种植制度的时空格局特征[J]. 生态学报, 2009, 29(11): 6216-6226.

[11] 李祎君, 王春乙. 气候变化对我国农作物种植结构的影响[J]. 气候变化研究进展, 2010, 6(2): 123-129.

[12] 郑文晖. 文献计量法与内容分析法的比较研究[J]. 情报杂志, 2006, 5: 31-33.

[13] IFPRI. IFPRI strategy 2018-2020[R], 2018.

[14] World Bank Group. World bank group climate change action plan 2016-2020[R], 2016.

[15] Wu Y, Xi X, Tang X, et al. Policy distortions, farm size, and the overuse of agricultural chemicals in China. Proceedings of the National Academy of Sciences, 2018, 115(27): 7010-7015.

[16] 气候变化国家评估报告编写委员会. 气候变化国家评估报告[M]. 北京: 科学出版社, 2007.

[17] 周广胜. 气候变化对中国农业生产影响研究展望[J]. 气象与环境科学, 2015, 38(01): 80-94.

第 11 章

[1] 中共中央、国务院. "健康中国 2030 "规划纲要[EB/OL]. [2016-12-30]. http://www.mohrss.gov.cn/SYrlzyhshbzb/zwgk/ghcw/ghjh/201612/t20161230_263500.html.

[2] 国家卫计委发布我国口腔健康调查结果. 健康管理[J], 2017, 9: 8.

[3] 人民健康网. 岳林: 实现健康口腔目标,为健康中国做贡献[EB/OL]. [2018-9-4]. http://health.people.com.cn/n1/2018/0904/c14739-30271995.html.

[4] 中华人民共和国中央人民政府. 解读《健康口腔行动方案（2019-2025 年）》[EB/OL]. [2019-2-16]. http://www.gov.cn/zhengce/2019-02/16/content_5366240.htm?gs_ws=weixin_636890546177818522.

[5] 中华人民共和国中央人民政府. 卫生健康委印发健康口腔行动方案（2019—2025 年）[EB/OL]. [2019-2-16]. http://www.gov.cn/xinwen/2019-02/16/content_5366239.htm.

[6] 董正谋. 纳米技术在口腔医学领域中的现状与展望[J]. 牙体牙髓牙周病学, 2010, 20(2): 114-117.

[7] 白石, 莫安春, 鲜苏琴, 等. 纳米抗菌复合膜的理化性能及对口腔细菌抗菌性能的实验研究[J]. 华西口腔医学杂志, 2008, 26(4): 358-361.

[8] 杨凯, 温玉明. 颈淋巴结靶向抗癌纳米微粒的研制及其对口腔癌颈淋巴结转移灶靶向治疗的研究[J]. 现代口腔医学杂志, 2006, 20(4): 337-340.

[9] 张震康. 展望 21 世纪中国口腔医学发展的趋势[J]. 中华口腔医学杂志, 2000, 1: 4-6.

[10] 倪波, 范应威, 马琼, 等. 光学相干断层成像在临床医学中的应用[J]. 激光生物学报, 2018, 27(6): 481-497.

[11] Hou F, Yu Y, Liang Y. Automatic identification of parathyroid in optical coherence tomography images[J]. Lasers in Surgery and Medicine, 2017, 49(3): 305-311.

[12] 满毅. 数字化技术在口腔种植修复中的应用[J]. 口腔医学, 2017, 37(7): 577-582.

[13] 王珍珍, 逯宜, 宋君, 等. 光栅投影技术及逆向工程在重建和测量牙颌数字化模型中的应用[J]. 华西口腔医学杂志, 2015, 33(1): 71-74.

[14] 王勇. 口内数字印模技术[J]. 口腔医学, 2015, 35(9): 705-709.

[15] 冯莉. 计算机辅助设计和制作系统在口腔修复学中应用的现状与展望[J]. 现代口腔医学杂志, 2007, 21(4): 430-431.

[16] 培军, 李彦生, 王勇, 等. 国产口腔修复 CAD / CAM 系统的研究与开发[J]. 中华口腔医学杂志, 2002, 5: 47-50+86.

[17] 张弦弦, 李彦. 碳纳米管在口腔生物材料领域中的研究进展[J]. 国际生物医学工程杂志 2008, 31(4): 246-249.

[18] 动脉网. 美国口腔领域 8 大趋势解读, 如何正确开一家受人欢迎的牙科诊所. [EB/OL]. [2018-5-6]. https://vcbeat.net/Y2ViNmNkZTk0NmYyZjViZGY4MWFkOTViZWRlOTUwZTM=

[19] 吕培军. 口腔医学机器人的现状与未来[J]. 中华口腔医学杂志, 2018, 53(8): 513-518.

[20] 朱建华, 王晶, 刘筱菁, 等. 机器人辅助侧颅底肿物穿刺活检的精度研究[J]. 中华口腔医学杂志, 2018, 83(8): 519-523.

[21] 徐欣, 郑欣, 郑黎薇, 等. 口腔精准医学: 现状与挑战[J]. 华西口腔医学杂志, 2015, 33(3): 315-321.

[22] 赵晓航, 钱阳明. 生物样本库——个体化医学的基础[J]. 转化医学杂志, 2014, 3(2): 69-73+83.

[23] 张倩, 季丽芬. Er, Cr:YSGG 激光在口腔疾病治疗中的应用进展[J]. 医学综述, 2019, 25(6): 1197-1207.

[24] 孙京宇, 郭竹玲. 牙齿美白技术的临床应用与新进展[J]. 全科口腔医学电子杂志, 2018, 5(24): 22-23.

[25] 郭瑞美. 口腔疾病临床诊疗中放射影像技术的应用探析[J]. 影像研究与医学应用, 2018, 2(15): 89-90.

[26] 范祺, 国内口腔种植技术的研究进展[J]. 中国社区医师, 2019, 35(5): 13-14.

[27] 厉松, 苏茹甘. 数字化技术在口腔正畸临床中的应用[J]. 口腔疾病防治, 2019, 27(2): 7-11.

[28] 张洪, 盛亚, 张弓. 个性化唇侧自锁托槽的设计与有限元分析[J]. 机械设计与制造, 2018, 3: 71-74.

[29] 白玉兴. 三维数字化技术在正畸诊断和治疗设计中的应用[J]. 中华口腔医学杂志, 2016, 51(6): 326-330.

[30] 刘一帆, 郑秀丽, 于海, 等. 数字化印模技术在口腔修复中的应用[J]. 实用口腔医学杂志, 2016, 32(6): 879-885.

[31] 张婷婷, 胡建. 数字化导板与动态导航在口腔种植应用中的研究进展[J]. 国际口腔医学杂志, 2019, 46(1): 99-104.

[32] Liu Z, Sun GW. Application of computer-assisted navigation in oral and maxillofacial tumor adjacent to skull base[J]. Journal of Endotoxin Research, 2018, 34(4): 419-423.

[33] 21 经济网. 口腔上游受控国外 期待政策限制适当放松[EB/OL]. [2016-2-17]. http://www.21jingji.com/2016/2-17/5MMDAzMzdfMTM4NzE5MQ.html.

[34] 刘文婕. 浅谈口腔卫生法规和政策需求调研[J]. 全科口腔医学杂志, 2017, 4(18): 11.

[35] 郑迎秋, 郭晓瑨, 王健, 等. 口腔氧化锆纳米粉体的制备及性能研究[J]. 口腔医学研究, 2017, 33(3): 331-335.

[36] 刘泉, 黄文, 韦柳华, 等. 纳米银涂层基台在种植牙中应用研究[J]. 现代口腔医学杂志, 2017, 31(5): 277-280.

第 12 章

[1] 于海斌. 迎接"机器人革命"[N]. 光明日报, 2014-9-11(16).

[2] 何玉庆, 赵忆文, 韩建达, 等. 与人共融——机器人技术发展的新趋势[J]. 机器人产业, 2015, 5: 74-80.

[3] 董永. 基于多源信息融合的机器人控制模态设计[D]. 大连: 大连理工大学, 2016.

第 13 章

[1] Pietrobelli C, Puppato F. Technology foresight and industrial strategy[J]. Technological Forecasting and Social Change, 2016, 110(3): 117-125.

[2] Quiroga M C, Martin D P. Technology foresight in traditional Bolivian sectors: innovation traps and temporal unfit between ecosystems and institutions[J]. Technological Forecasting and Social Change, 2016: S0040162516301329.

[3] Phaal R, Farrukh C, Probert D. Roadmapping for strategy and innovation[J]. University of Cambridge, 2010.

[4] Wohlers T, Caffrey T, Campbell R I, et al. Wohlers Report 2019: 3D Printing and Additive Manufacturing State of the Industry Annual Worldwide Progress Report[M]. Wohlers Associates, 2019.

[5] 卢秉恒. 增材制造技术——现状与未来[J]. 中国机械工程. 2020, 31(01): 19-23.

[6] 田小永，王清瑞，李涤尘，等. 可控变形复合材料结构 4D 打印[J]. 航空制造技术. 2019, 62(Z1): 20-27.